普通高等教育“十四五”规划教材

软件工程导论

熊焕亮　吴沧海　赵应丁◎主　编
李佳航　易文龙　钱文彬◎副主编

中国铁道出版社有限公司
CHINA RAILWAY PUBLISHING HOUSE CO., LTD.

内 容 简 介

本书主要介绍软件工程的概念、原理和典型的方法学以及软件项目管理技术，旨在培养读者的软件工程思想及软件开发能力。本书理论与实践相结合，内容翔实，可操作性强，并融入课程思政内容。全书分为 11 章。第 1 章是软件工程学概述；第 2 ～ 6 章阐述软件生命周期各个阶段的任务、过程、结构化方法和相关工具；第 7 ～ 10 章讲述面向对象方法学引论，面向对象分析、设计和实现，第 11 章介绍软件项目管理的相关知识。

本书适合作为高等院校计算机科学与技术、软件工程及相关专业“软件工程”课程的教材，也可供有一定实际经验的软件工作人员和从事应用软件开发工作的广大计算机用户阅读和参考。

图书在版编目（CIP）数据

软件工程导论 / 熊焕亮，吴沧海，赵应丁主编 . —北京：中国铁道出版社有限公司，2022.11（2025.1重印）

普通高等教育“十四五”规划教材

ISBN 978-7-113-29683-4

Ⅰ. ①软…　Ⅱ. ①熊…　②吴…　③赵…　Ⅲ. ①软件工程-高等学校-教材　Ⅳ. ① TP311.5

中国版本图书馆 CIP 数据核字（2022）第 175433 号

书　　名：**软件工程导论**
作　　者：熊焕亮　吴沧海　赵应丁

策　　划：曹莉群　　　　　　**编辑部电话：**（010）63549501
责任编辑：贾　星
封面设计：高博越
责任校对：安海燕
责任印制：赵星辰

出版发行：中国铁道出版社有限公司（100054，北京市西城区右安门西街8号）
网　　址：https://www.tdpress.com/51eds
印　　刷：三河市国英印务有限公司
版　　次：2022年11月第1版　2025年 1 月第 4 次印刷
开　　本：787 mm×1 092 mm　1/16　印张：13.75　字数：358千
书　　号：ISBN 978-7-113-29683-4
定　　价：39.80元

前言

20 世纪 60 年代，为了解决当时出现的软件危机，人们提出了软件工程的概念，并将其定义为“为了经济地获得可靠的和能在实际机器上高效运行的软件，而建立和使用的健全的工程规则”。经过 60 多年的发展，人们对软件工程逐渐有了更全面、更科学的认识，软件工程已经成为一门包括理论、方法、过程等内容的独立学科，并出现了相应的软件工程支撑工具。

然而，即使在 21 世纪的今天，软件危机的种种表现依然没有彻底地得到解决，实践中很多项目依然挣扎在无法完成或无法按照规定的时间、成本完成预期质量的泥潭中，面临着失败的风险。究其原因，依然是软件工程的思想和方法并未深入到计算机科学技术，特别是软件开发领域中，并用于指导人们的开发行为。

为了振兴中国的计算机和软件产业，培养具备软件工程思想和技术，并具有相应开发经验的人才，国家近年来一直十分重视软件工程相关课程的建设和人才培养。除了开设专门的软件工程专业，也倡导在计算机科学技术相关专业开设软件工程课程，使得软件工程思想和技术在中国的 IT 人才中得到普及。

习近平总书记在全国高校思想政治工作会议上明确指出，要坚持把立德树人作为中心环节，把思想政治工作贯穿教育教学全过程，实现全程育人、全方位育人，努力开创我国高等教育事业发展新局面。这就要求高校在专业课教学中融入思政教育，使高校的课程在传授专业知识的同时，发挥思想政治教育的作用。因此，本书适当融入了课程思政元素，充分发挥教材“立德树人”的作用。

本书在内容编排上，既考虑到了内容的系统性和完整性，又重点突出。对于软件开发过程中起重要作用的各种图形工具都作为独立的小节集中介绍，便于读者掌握。

本书共 11 章，内容涵盖结构化软件工程方法学与面向对象软件工程方法学。具体涉及软件与软件工程、软件过程、可行性研究与项目开发计划、结构化分析、结构化设计、面向对象方法与 UML、面向对象分析、软件体系结构与设计模式、面向对象设计、软件实现、软件测试、软件维护与软件工程管理。

本书由江西农业大学熊焕亮、吴沧海、赵应丁主编，江西农业大学李佳航、易文龙、钱文彬任副主编，衡阳师范学院焦铬、哈尔滨学院潘莹参与编写，具体分工如下：第1、2章由吴沧海编写，第3~5章由熊焕亮编写，第6章由赵应丁编写，第7章由钱文彬编写，第8章由李佳航编写，第9章由焦铬编写，第10章由潘莹编写，第11章由易文龙编写。江西农业大学贾晶老师参与了文稿的校对，研究生王健强和陈灵丹协助完成教材图形的绘制。本书在编写的过程中，得到了江西农业大学软件学院领导的大力支持，软件学院教工第一支部各位党员同志以及软件开发教研室的老师对本书提出了有益的建议，谨在此表示感谢。

由于软件工程是一门新兴学科，软件工程的教学方法本身还在探索之中，加之编者的水平和能力有限，本书难免有疏漏及不足之处。恳请各位同仁和广大读者给予批评指正，也希望各位能将实践过程中的经验和心得与我们交流。

编　者

2022年1月

目　录

第1章 软件工程学概述

学习目标

基本要求：了解软件的特点；了解软件危机产生的原因及其表现形式；了解软件生命周期各阶段的内容；了解软件过程模型；理解软件工程的定义及特点。

重点：软件危机的产生、表现及原因；软件工程的定义；软件生命周期概念及软件过程模型；软件工程方法学概念。

难点：软件过程模型。

软件工程是一门研究用工程化方法构建和维护有效、实用和高质量的软件的学科，涉及程序设计语言、数据库、软件开发工具、系统平台、标准、设计模式等多方面的内容。

1.1 软件及软件危机

1.1.1 软件

软件因可编程通用计算机的发明而生，人们通常把软件理解为计算机系统中与硬件相对的部分，包括程序及其文档，以及相关的数据。在软件的存在形式之上，究其所表达和实现的实质内容，软件是以计算为核心手段实现应用目标的解决方案。

软件是一种人工制品，但不同于一般物品，它是一种纯粹的逻辑制品。作为一种人工制品，其需要以适应其所处环境的方式完成应用目标；作为逻辑制品，其困难不在于物理限制而在于逻辑构造。软件不同于传统产品，其复制成本几乎为零，其主要成本在于它的“创造”“成长”和“演化”。纵观软件的发展历程，其复杂性呈爆炸性增长趋势，成为人类所创造的最复杂的制品之一。

1.1.2 软件危机简介

20世纪60年代中期以前，通用硬件相当普遍，软件为解决每个具体的应用而专门编写。软件规模较小，编写者往往是软件的使用者。软件设计行为往往是个人行为，软件设计过程主要依靠程序员个人的构想和经验。设计过程没有相关文档资料，最后只有程序清单被保存下来。

从20世纪60年代中期到70年代中期是计算机系统发展的第二个时期，这个时期的一个重要特征是出现了“软件作坊”。但是，“软件作坊”基本上仍然沿用早期形成的个体化软件开发方法。随着计算机应用的日益普及，软件数量急剧膨胀。各种软件维护工作接踵而来，如修改程序运行时发现的错误，满足用户新的需求或者适应硬件或操作系统的更新而修改程序，等等。这些维护工作成本高，资源消耗极大。更严重的是，许多程序的个体化特性使得它们最终变得不可维护。软件危机就这样出现了。1968 年北大西洋公约组织计算机科学家在联邦德国召开国际会议，讨论软件危机问题，在这次会议上正式提出并使用了“软件工程”这个名词，由此，一门新兴的工程学科诞生了。

软件危机（Software Crisis）是早期计算机科学的一个术语，是指在计算机软件的开发和维护过程中所遇到的一系列严重问题，这些问题可能导致软件产品的寿命缩短，甚至夭折。软件开发是一项高难度、高风险的活动，由于它的高失败率，故有所谓“软件危机”之说。

概括地说，软件危机包含下述两方面的问题：如何开发软件，以满足人们对软件日益增长的需求；如何维护数量不断膨胀的已有软件。

具体地说，软件危机主要有下述表现：

- 项目运行超出预算。
- 项目运行超过时间。
- 软件质量低下。
- 软件通常不匹配需求。
- 项目无法管理，且代码难以维护。

以上列举的仅仅是软件危机的一些明显的表现，与软件开发和维护有关的问题远远不止这些。

1.1.3 产生软件危机的原因

在软件开发和维护的过程中存在这么多严重问题，是我们不愿意看到的。产生软件危机的原因究竟是什么呢？

1. 用户需求不明确

在软件开发过程中，用户需求不明确问题主要体现在四个方面：

- 在软件开发出来之前，用户自己也不清楚软件开发的具体需求；
- 用户对软件开发需求的描述不精确，可能有遗漏、有二义性，甚至有错误；
- 在软件开发过程中，用户还提出修改软件开发功能、界面、支撑环境等方面的要求；
- 软件开发人员对用户需求的理解与用户本来愿望有差异。

2. 缺乏正确的理论指导

缺乏有力的方法学和工具方面的支持。由于软件开发不同于大多数其他工业产品，其开发过程是复杂的逻辑思维过程，其产品极大程度地依赖开发人员高度的智力投入。过度依靠程序设计人员在软件开发过程中的技巧和创造性，加剧软件产品的个性化，也是发生软件开发危机的一个重要原因。

3. 软件开发规模越来越大

随着软件开发应用范围的增广，软件开发规模越来越大。大型软件开发项目需要组织一定的人力共同完成，而多数管理人员缺乏开发大型软件系统的经验，多数软件开发人员又缺乏管理方面的经验。各类人员的信息交流不及时、不准确，有时还会产生误解。软件开发项目开发人员不能有效地、独立地处理大型软件开发的全部关系和各个分支，因此容易产生疏漏和错误。

4. 软件开发复杂度越来越高

软件开发不仅仅是在规模上快速地发展扩大，其复杂性也急剧地增加。软件开发产品的特殊性和人类智力的局限性，导致人们无法处理“复杂问题”。所谓“复杂问题”的概念是相对的，一旦人们采用先进的组织形式、开发方法和工具提高了软件开发效率和能力，新的、更大的、更复杂的问题又摆在人们的面前。

了解软件危机产生的原因，建立起关于软件开发和维护的正确概念，仅仅是解决软件危机的开始，全面解决软件危机还需要一系列综合措施。

1.1.4　解决软件危机的途径

软件工程作为一个新兴的工程学科，主要研究软件生产的客观规律性，建立与系统化软件生产有关的概念、原则、方法、技术和工具，指导和支持软件系统的生产活动，以期达到降低软件生产成本、改进软件产品质量、提高软件生产率水平的目标。软件工程学从硬件工程和其他人类工程中吸收了许多成功的经验，明确提出了软件生命周期的模型，发展了许多软件开发与维护阶段适用的技术和方法，并应用于软件工程实践，取得良好的效果。

在软件开发过程中人们开始研制和使用软件工具，用以辅助进行软件项目管理与技术生产，人们还将软件生命周期各阶段使用的软件工具有机地集合成为一个整体，形成能够连续支持软件开发与维护全过程的集成化软件支援环境，以期从管理和技术两方面解决软件危机问题。

此外，人工智能与软件工程的结合成为 20 世纪 80 年代末期活跃的研究领域。基于程序变换、自动生成和可重用软件等新技术也已取得一定的进展，把程序设计自动化的进程向前推进了一步。在软件工程理论的指导下，有些国家已经建立起较为完善的软件工业化生产体系，形成了强大的软件生产能力。软件标准化与可重用性得到了工业界的高度重视，在避免重复劳动，缓解软件危机方面起到了重要作用。

总之，为了解决软件危机，既要有技术措施（方法和工具），又要有必要的组织管理措施。软件工程正是从管理和技术两方面研究如何更好地开发和维护计算机软件的一门新兴学科。

1.1.5　软件危机实例

在软件工程历史上，发生了许许多多的软件危机，其中较为典型的实例有：

（1）1995 年，Standish Group 研究机构以美国境内 8 000 个软件项目作为调查样本，调查结果显示，有 84% 的软件计划无法于既定时间周期及经费预算内完成，超过 30% 的项目于运行中被取消，项目预算平均超出 189%。

（2）IBM OS/360。IBM OS/360 操作系统被认为是一个典型的案例。到现在为止，它仍然被使用在 360 系列的计算机中。这个经历了数十年、极度复杂的软件项目甚至产生了一套不包括在原始设计方案之中的工作系统。OS/360 是第一个超大型的软件项目，它使用了 1 000 名左右的程序员。布鲁克斯在随后他的著作《人月神话》中承认，在他管理这个项目的时候，他犯了一个价值数百万美元的错误。

（3）美国银行信托软件系统开发案。美国银行 1982 年进入信托商业领域，并规划发展信托软件系统。项目原计划预算 2 000 万美元，开发时程 9 个月，预计于 1984 年 12 月 31 日以前完成，后来至 1987 年 3 月都未能完成该系统，期间已投入 6 000 万美元。美国银行最终因为此系统不稳定而不得不放弃，并将 340 亿美元的信托账户转移出去，并失去了 6 亿美元的信托商机。

1.2　软件工程

1.2.1　软件工程的概念

软件工程是指导计算机软件开发和维护的工程学科。采用工程的概念、原理、技术和方法来开发与维护软件，把经过时间考验而证明正确的管理技术和当前能够得到的最好的技术方法结合起来，这就是软件工程。

1.2.2 软件工程基本原理

1983年，美国著名的软件工程专家B.W.Boehm提出了软件工程的7条基本原理。Boehm认为这7条基本原理是确保软件产品质量和开发效率的原理的最小集合。

下面简要介绍软件工程的7条基本原理。

1. 用分阶段的生命周期计划严格管理

有人经统计发现，在不成功的软件项目中有一半左右是由于计划不周造成的，可见把“用分阶段的生命周期计划严格管理”作为第一条基本原理是吸取了前人的教训而提出来的。在软件开发与维护的漫长的生命周期中，需要完成许多性质各异的工作。这条基本原理意味着，应该把软件生命周期划分成若干个阶段，并相应地制订出切实可行的计划，然后严格按照计划对软件的开发与维护工作进行管理。Boehm认为，在软件的整个生命周期中应该制订并严格执行6类计划，它们是项目概要计划、里程碑计划、项目控制计划、产品控制计划、验证计划、运行维护计划。不同层次的管理人员都必须严格按照计划各尽其职地管理软件开发与维护工作，绝不能受客户或上级人员的影响而擅自背离预订计划。

2. 坚持进行阶段评审

软件的质量保证工作不能等到编码阶段结束之后再进行。主要理由：（1）大部分错误是在编码之前造成的。据Boehm等的统计，设计错误占软件错误的63%，编码错误仅占37%；（2）错误发现与修改得越晚，所需付出的代价也越高。因此，在每个阶段都进行严格的评审，以便尽早发现在软件开发过程中所犯的错误。

3. 实现严格的产品控制

在软件开发过程中不应随意改变需求，因为改变一项需求需要付出较高的代价。但是，在软件开发过程中改变需求又是难免的，由于外部环境的变化，相应地改变用户需求是一种客观需要，这就要采用科学的产品控制技术来顺应这种要求。在改变需求时，为了保持软件各个配置成分的一致性，必须实行严格的产品控制，其中主要是实行基准配置管理。基准配置又称为基线配置，它是经过阶段评审后的软件配置成分（各个阶段产生的文档或程序代码）。基准配置管理也称为变动控制，一切有关修改软件的建议，特别是涉及基准配置的修改建议，都必须按照严格的规程进行评审，在获得批准以后才能实施修改。

4. 采用现代程序设计技术

从提出软件工程的概念开始，人们一直把主要精力用于研究各种新的程序设计技术。20世纪60年代末提出的结构化程序设计技术，已经成为公认的先进的程序设计技术。以后又进一步发展出各种结构分析（SA）与结构设计（SD）技术。实践表明，采用先进的技术既可提高软件开发的效率，又可降低软件维护的成本。

5. 结果应能清楚地审查

软件是一种看不见、摸不着的逻辑产品。软件开发小组的工作进展情况可见性差，难以准确地度量，软件开发过程的评价和管理极其困难。为了更好地进行管理，应根据软件开发的总目标及完成期限尽量明确地规定开发小组的责任和产品标准，从而使所得到的结果能够清楚地审查。

6. 开发小组的人员应少而精

软件开发小组的组成人员的素质应该高，且人数不宜过多。开发人员的素质和数量是影响软件质量和开发效率的重要因素，应少而精，原因在于：（1）高素质开发人员的效率比低素质开发人员的效率要高几倍到几十倍，开发工作中犯的错误也要少得多；（2）当开发小组为N人时，

可能的通信信道为 $N(N-1)/2$。可见，随着开发小组人员数 N 的增大，因交流情况、讨论问题而造成的通信开销将急剧增大。

7. 承认不断改进软件工程实践的必要性

遵循上述 6 条基本原理，就能够按照当代软件工程基本原理实现软件的工程化生产。但是，它们只是对现有经验的总结和归纳，并不能保证软件开发与维护的过程能赶上时代前进的步伐和跟上技术的不断进步。因此，Boehm 提出应把“承认不断改进软件工程实践的必要性”作为软件工程的第 7 条基本原理。根据这条基本原理，不仅要积极采纳新的软件开发技术，还要注意不断总结经验，收集进度和消耗等数据，进行出错类型和问题报告统计。这些数据既可以用来评估新的软件技术的效果，也可以用来指明必须着重开发的软件工具和应该优先研究的技术。

1.2.3　软件工程方法学

通常把在软件生命周期全过程中使用的一整套技术方法的集合称为方法学（Methodology），也称为范型（Paradigm）。在软件工程领域中，这两个术语的含义基本相同。

软件工程方法学包含 3 个要素：方法、工具和过程。

（1）方法是完成软件开发的各项任务的技术方法，回答“怎样做”的问题；

（2）工具是为运用方法而提供的自动的或半自动的软件工程支撑环境；

（3）过程是为了获得高质量的软件所需要完成的一系列任务的框架，它规定了完成各项任务的工作步骤。

目前最具影响的软件工程方法学，分别是传统方法学、面向对象方法学和形式化方法学。

1. 传统方法学

传统方法学也称为生命周期方法学或结构化范型。

结构化开发方法是最早、最传统的软件开发方法，也是迄今为止信息系统中应用最普遍、最成熟的一种，它引入了工程思想和结构化思想，使大型软件的开发和编程都得到了极大的改善。

这种方法学采用结构化技术（结构化分析、结构化设计、结构化实现）来完成软件开发的各项任务，并使用适当的软件工具或软件工程环境来支持结构化技术的运用。把软件生命周期的全过程依次划分为若干个阶段，然后顺序地完成每个阶段的任务。结构化开发方法的基本思想可概括为：自顶向下、逐步分解，通常采用的模型是瀑布模型。

结构化开发方法的优点：

（1）从系统整体出发，强调在整体优化的条件下“自上而下”地分析和设计，保证了系统的整体性和目标的一致性；

（2）遵循用户至上原则；

（3）严格区分系统开发的阶段性，每一阶段的工作成果是下一阶段的依据，便于系统开发的管理和控制；

（4）文档规范化，按工程标准建立标准化的文档资料，便于软件在以后的维护。

结构化开发方法适用于规模较大、结构化程度较高的系统的开发。

结构化开发方法的缺点：

（1）重用性差：结构化分析与设计清楚的定义了系统的接口，当系统对外界接口发生变动时，可能会造成系统结构产生较大变动，难以扩充新的功能接口；

（2）软件可维护性差：由于软件的可修改性差，导致维护困难，造成维护时费用和成本高，可维护性变差；

（3）开发的软件难以满足用户需要：用传统的结构化方法开发大型软件时，往往涉及各种不同领域的知识，在开发需求模糊或需求不断变化的系统时，所开发出的软件系统往往不能真正满足用户的需要。

目前，传统方法学仍然是人们在开发软件时使用十分广泛的软件工程方法学。这种方法学历史悠久，为广大软件工程师所熟悉，而且在开发某些类型的软件时也比较有效，因此，在相当长一段时期内这种方法学还会拥有生命力，其开发过程如图 1.1 所示。此外，如果没有完全理解传统方法学，也就不能深入理解这种方法学与面向对象方法学的差别以及面向对象方法学为何优于传统方法学。

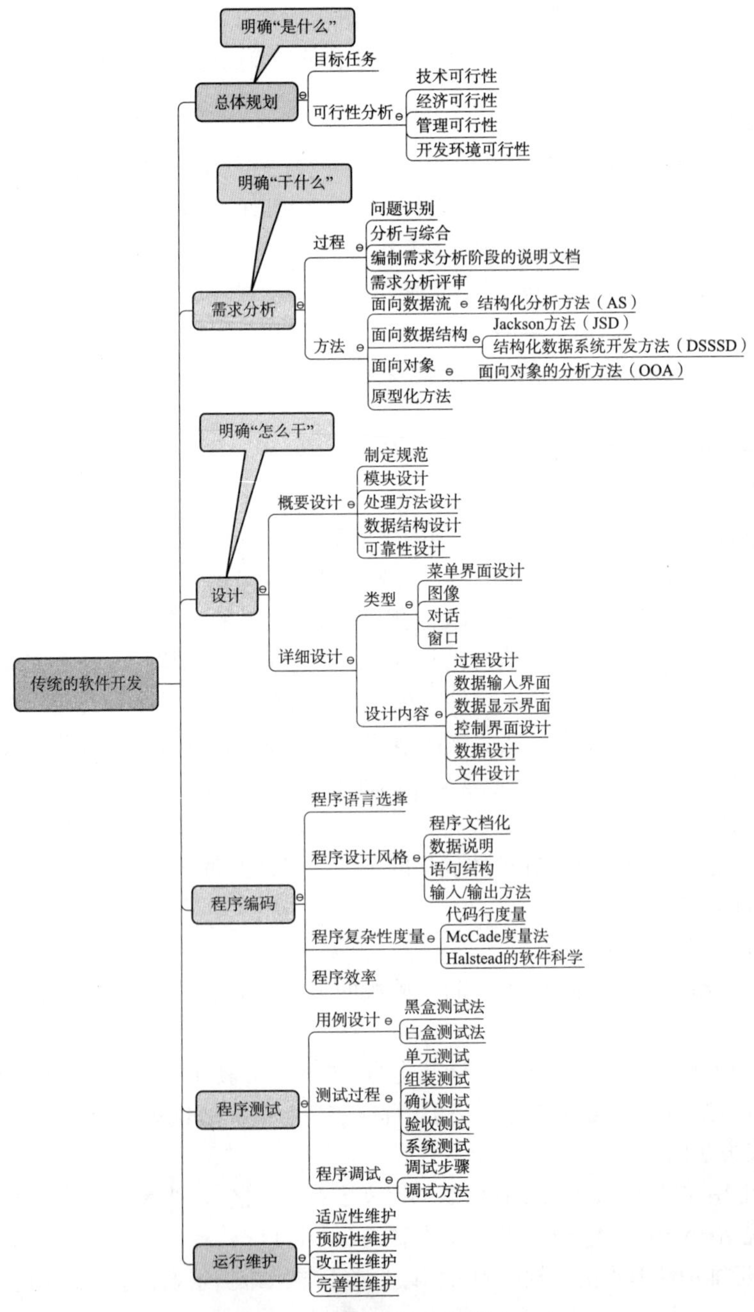

图 1.1　传统的软件开发过程

2. 面向对象方法学

当软件规模庞大，或者对软件的需求是模糊的或会随时间变化而变化的时候，使用传统方法学开发软件往往难以成功。传统方法学只能获得有限成功的一个重要原因在于其要么面向行为（即对数据的操作），要么面向数据，没有既面向数据又面向行为的结构化技术。众所周知，软件系统本质上是信息处理系统。离开了操作便无法更改数据，而脱离了数据的操作是毫无意义的。数据和对数据的处理原本是密切相关的，把数据和操作人为地分离成两个独立的部分，会增加软件开发与维护的难度。面向对象方法把数据和行为看成是同等重要的，它是一种以数据为主线，把数据和对数据的操作紧密地结合起来的方法。

面向对象开发方法又称为快速原型化，客观世界是由各种各样的对象组成的，每种对象都有各自的内部状态和运动规律，不同对象之间的相互作用和联系就构成了各种不同的系统，其大致的过程如图 1.2 所示。面向对象开发方法的出发点和基本原则，是尽量模拟人类习惯的思维方式，使开发软件的方法与过程尽可能接近人类认识世界、解决问题的方法与过程，从而使描述问题的问题空间（也称为问题域）与实现解法的解空间（也称为求解域）在结构上尽可能一致。

概括地说，面向对象方法学具有下述 4 个要点：

（1）把对象（Object）作为融合了数据及在数据上的操作行为的统一的软件构件；

（2）把所有对象都划分成类（Class）；

（3）按照父类（或称为基类）与子类（或称为派生类）的关系，把若干个相关类组成一个层次结构的系统（也称为类等级），在类等级中，下层派生类自动拥有上层基类中定义的数据和操作，这种现象称为继承；

（4）对象封装后，彼此间仅能通过发送消息互相联系。

用面向对象方法学开发软件的过程，是一个主动地多次反复迭代的演化过程。面向对象方法在概念和表示方法上的一致性，保证了在各项开发活动之间的平滑（即无缝）过渡。面向对象方法普遍进行的对象分类过程，支持从特殊到一般的归纳思维过程；通过建立类等级而获得的继承性，支持从一般到特殊的演绎思维过程。

面向对象方法学的优点：

（1）编程容易。因为面向对象更接近于现实，所以可以从现实的东西出发，进行适当的抽象；

（2）面向对象可以使工程更加模块化，实现低耦合高内聚思想；

（3）符合人们认识事物的规律，系统开发循序渐进，反复修改，确保较好的用户满意度。

面向对象方法学的缺点：

（1）开发过程对于管理要求较高，整个开发过程要经过“修改—评价—再修改”的多次反复；

（2）用户过早看到系统原型，误认为系统就是这个模样，易使用户对软件、对公司失去信心；

（3）开发人员易将原型取代系统分析；缺乏规范化的文档资料，不利于以后的维护。

面向对象方法学适用于开发处理过程明确、简单的系统，以及涉及面窄的小型系统；不适合于大型、复杂系统以及存在大量运算、逻辑性强的处理系统。

3. 形式化方法学

为了解决软件质量低下的问题，人们提出了软件工程化的思想，也就是目前主流的软件开发方式，引入了从需求分析到最后编码实现这一系列的过程，以及需要遵守的一系列规范，并定义了能力成熟度模型集成（Capability Maturity Model Integration，CMMI）等规范性等级。然而，软件工程里面有很多内容的规范是非常主观的，没有一个确定的评定标准，另外很多步骤只能尽量争取正确，但根本无法确保正确。软件工程化确实解决了一部分问题，但没有从根本上解决软件质量低下的问题。有没有一种方法可以从根本上解决问题呢？有，就是软件工程形式化方法学。

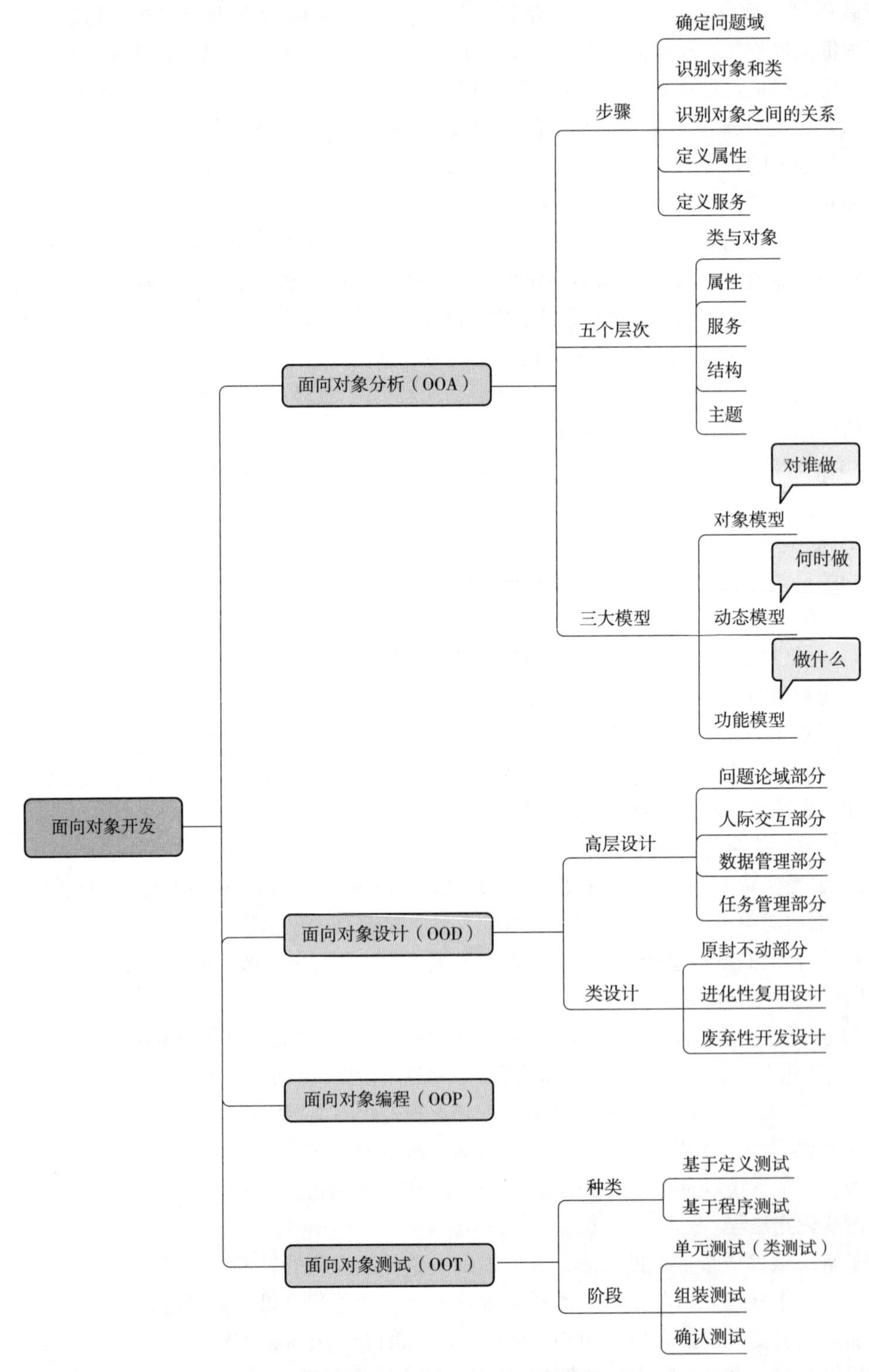

图 1.2　面向对象方法学开发过程

从广义上讲，形式化方法学是指将离散数学的方法用于解决软件工程领域的问题，主要包括建立精确的数学模型以及对模型的分析活动。狭义地讲，形式化方法学是运用形式化语言，进行形式化的规格描述、模型推理和验证的方法。软件工程形式化的目的就是把要解决的问题先用逻辑学和集合论等数学的方式抽象表示出来，也就是形式化。之后就可以自动化的方式完成一些原本需要大量人工完成的步骤。它的效果是可以减少软件开发的成本，同时大大减少软件中的错误。由于数学是稳定的、抽象的，可以应用到各个领域，可以作为一个相对正确性的基础，因此就可以将其他事物的正确性建立在数学的正确性之上。

软件开发实际上就是把现实世界的需求映射成软件模型的过程，包括形式规约、形式证明与检测、程序求精三方面的过程。形式化规格说明是对软件系统对象、对象的操作方法，以及对象行为的描述。当规格说明用非形式化方法描述时，可称为“规格说明”，当规格说明用形式化方法描述时，可称为形式规约。形式证明与检测技术主要包括定理证明与模型检测。定理证明采用逻辑公式来表示系统规约及其性质，其中的逻辑由一个具有公理和推理的形式化系统给出，进行定理证明的过程就是应用这些公理或推测规则来证明系统具有某些性质。模型检测是一种基于有限状态模型并检测该模型的性质的技术。程序求精是将自动推理和形式化方法学相结合，从抽象形式规约推演出具体的面向计算机的程序代码的全过程。目前应用比较广泛的 3 种形式化方法包括基于时态逻辑的方法、Z 语言及其分析方法、Petri 网方法。软件工程形式化方法的前景十分远大，一旦实现在工业中的广泛应用，将彻底颠覆整个软件行业，大幅度提高生产效率和减少错误。

软件工程形式化方法也存在着一些问题以及推广上的障碍。尽管软件形式化方法总体上能够节省成本，但它在前期设计规格说明阶段投入较多，传统观念根深蒂固的人可能会觉得这样做不值得。对于软件工程师来说，习惯了传统的开发方式，而软件形式化方法需要换一种思路去思考问题，可能前期不太适应。另外，形式化方法中用到的自动化工具本身可能存在问题，无法保证翻译器能够正确地将数学模型翻译成可执行代码，这样也就无法保证最终的正确性。

1.3 软件生命周期

如同任何事物都有一个发生、发展、成熟，直至衰亡的全过程一样，软件系统或软件产品也有一个定义、开发、运行维护，直至被淘汰的全过程，我们把软件将要经历的这个全过程称为软件的生命周期。把整个软件生命周期划分为若干阶段，使得每个阶段有明确的任务，使规模大、结构复杂和管理复杂的软件的开发变得容易控制和管理。通常，软件生命周期包括可行性分析与项目开发计划、需求分析、设计（概要设计和详细设计）、编码、测试、维护等活动，可以将这些活动以适当的方式分配到不同的阶段去完成。

1. 可行性分析与项目开发计划

这个阶段主要确定软件的开发目标及其可行性分析。必须要回答的问题是：要解决的问题是什么？该问题有可行的解决办法吗？若有解决的办法，则需要多少费用、多少资源、多少时间？要回答这些问题，就要进行问题定义、可行性分析，制订项目开发计划。

可行性分析与项目计划阶段的参加人员有用户、项目负责人和系统分析师。该阶段产生的主要文档有可行性分析报告和项目开发计划。

2. 需求分析

需求分析阶段的任务是准确地确定软件系统必须做什么，确定软件系统的功能、性能、数据和界面等要求，从而确定系统的逻辑模型。该阶段的参加人员有用户、项目负责人和系统分析师。该阶段产生的主要文档有软件需求说明书。

3. 概要设计

在概要设计阶段中，开发人员要把确定的各项功能需求转换成需要的体系结构。在该体系结构中，每个结构都是意义明确的模块，即每个模块都和某些功能需求相对应，因此，概要设计就是设计软件的结构，明确软件的组成模块、这些模块的层次结构、这些模块的调用关系，以及每个模块的功能。同时，还要设计该项目的应用系统的总体数据结构和数据库结构，即应用系统要存储什么数据，这些数据是什么样的结构，它们之间有什么关系。

概要设计阶段的参加人员有系统分析师和软件设计师。该阶段产生的主要文档有概要设计说明书。

4. 详细设计

详细设计阶段的主要任务是具体描述每个模块完成的功能，把功能描述转变为精确的、结构化的过程描述。包括该模块的控制结构，先做什么，后做什么，有什么样的条件判定，有些什么重复处理等，并用相应的表示工具把这些控制结构表示出来。

详细设计阶段的参加人员有软件设计师和程序员。该阶段产生的主要文档有详细设计文档。

5. 编码

编码阶段就是把每个模块的控制结构转换成计算机可接受的程序代码，即写成某种特定程序设计语言表示的源程序清单。

6. 测试

测试是保证软件质量的重要手段，其主要方式是在设计测试用例的基础上检查软件的各个组成部分。测试阶段的参加人员通常是另一部门（或单位）的软件设计师或系统分析师。该阶段产生的主要文档有软件测试计划、测试用例和软件测试报告。

7. 维护

软件维护是软件生存周期中时间最长的阶段。已交付的软件投入正式使用后，便进入其生存周期中的维护阶段，此阶段可以持续几年甚至几十年。在软件运行过程中，可能由于多方面的原因，需要修改升级软件，其原因主要有以下几点：

（1）运行中发现了软件隐含的错误而需要修改；

（2）为了适应变化了的软件工作环境而需要做适当变更；

（3）因为用户业务发生变化而需要扩充和增强软件的功能；

（4）为将来的软件维护活动做预先准备等。

1.4 软件过程模型

为了使软件生命周期中的各项任务能够有序地按照规程进行，需要一定的工作模型对各项任务给以规程约束，这样的工作模型被称为软件过程模型，或软件生命周期模型。它是一个有关项目任务的结构框架，规定了软件生命周期内各项任务的执行步骤与目标。典型的软件过程模型有瀑布模型、快速原型模型、增量模型、螺旋模型、喷泉模型、组件模型和形式化方法模型等。

1.4.1　瀑布模型

瀑布模型是将软件生命周期中的各个活动规定为依线性顺序连接的若干阶段的模型，包括需求分析、设计、编码、测试、运行与维护。它规定了由前至后、相互衔接的固定次序，如同瀑布流水逐级下落，如图 1.3 所示。

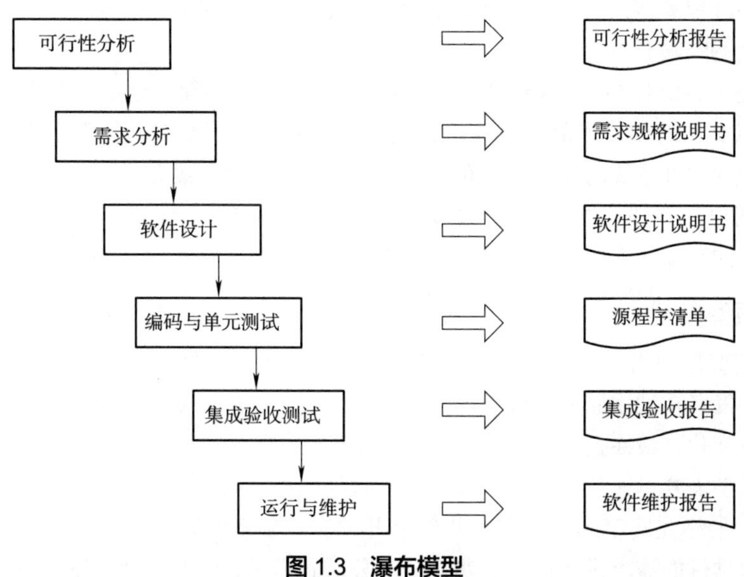

图 1.3　瀑布模型

瀑布模型中的“瀑布”是对这个模型的形象表达，即山顶倾泻下来的水，自顶向下、逐层细化。其中，自顶向下中的顶，可以理解为软件项目初期对软件问题的模糊认识，需要经过需求分析，才能使软件问题逐步清晰，而获得对软件规格的明确定义，由此使软件项目由定义期过渡到开发期，并经过软件开发而最终得到需要实现的软件产品最底层结果。瀑布模型中的逐层细化，其含义则是对软件问题的不断分解而使问题不断具体化、细节化，以方便问题的解决。

1. 瀑布模型的特点

（1）线性化模型结构。瀑布模型所考虑的软件项目是一种稳定的线性过程。项目被划分为从上至下按顺序进行的几个阶段，阶段之间有固定的衔接次序，并且前一阶段输出的成果被作为后一阶段的输入条件。

（2）各阶段具有里程碑特征。瀑布模型中的阶段只能逐级到达，不能跨越。每个阶段都有明确的任务，都需要产生出确定的成果。

（3）基于文档的驱动。文档在瀑布模型中是每个阶段的成果体现，因此，文档也就成为了各个阶段的里程碑标志。由于后一阶段工作的开展是建立在前一阶段所产生的文档基础之上，因此，文档也就成为了推动下一阶段工作开展的前提动力。

（4）严格的阶段评审机制。在某个阶段的工作任务已经完成，并准备进入到下一个阶段之前，需要针对这个阶段的文档进行严格的评审，直到确认以后才能启动下一阶段的工作。

2. 瀑布模型的作用

瀑布模型是一种基于里程碑的阶段过程模型，它所提供的里程碑的工作流程，为软件项目按规程管理提供了便利，例如，按阶段制订项目计划，分阶段进行成本核算，进行阶段性评审等；并对提高软件产品质量提供了有效保证。瀑布模型的作用还体现在文档上。每个阶段都必须完成规定的文档，并在每个阶段结束前都要对所完成的文档进行评审。这种工作方式有利于软件错误的尽早发现和尽早解决，并为软件系统今后的维护带来了很大的便利。应该说，瀑布模型作为经典的软件过程模型，为其他过程模型的推出提供了一个良好的拓展平台。

3. 瀑布模型的局限

瀑布模型是一种线性模型，要求项目严格按规程推进，必须等到所有开发工作全部做完以后才能获得可以交付的软件产品。应该讲，通过瀑布模型并不能对软件系统进行快速创建，对于一些急于交付的软件系统的开发，瀑布模型有操作上的不便。瀑布模型主要适合于需求明确，且无大的需求变更的软件开发，例如，编译系统、操作系统等。但是，对于那些分析初期需求模糊的项目，例如，那些需要用户共同参加需求定义的项目，瀑布模型也有使用上的不便。

1.4.2 快速原型模型

快速原型模型是利用原型辅助软件开发的一种新思想。经过简单快速分析，快速实现一个原型，用户与开发者在试用原型过程中加强通信与反馈，通过反复评价和改进原型，减少误解，弥补漏洞，适应变化，最终提高软件质量。

快速原型模型需要迅速建造一个可以运行的软件原型，以便理解和澄清问题，使开发人员与用户达成共识，最终在确定的客户需求基础上开发客户满意的软件产品。快速原型模型允许在需求分析阶段对软件的需求进行初步而非完全的分析和定义，快速设计开发出软件系统的原型，该原型向用户展示待开发软件的全部或部分功能和性能；用户对该原型进行测试评定，给出具体修改意见以丰富细化软件需求；开发人员据此对软件进行修改完善，直至用户满意认可之后，进行软件的完整实现及测试、维护。图 1.4 为快速原型模型示意图。

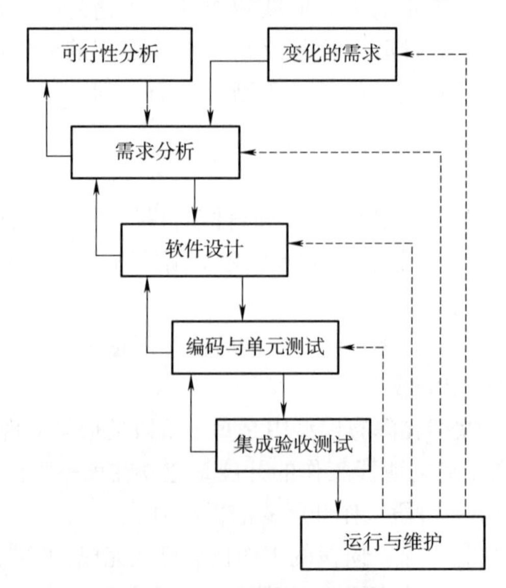

图 1.4 快速原型模型

快速原型模型的优点在于其克服瀑布模型的缺点，减少由于软件需求不明确带来的开发风险，互动性更高，更容易了解客户需求，反复循环，直至达到用户满意。但也存在不足及可能带来的风险：①所选用的开发技术和工具不一定符合主流的发展；②快速建立起来的系统结构加上连续的修改可能会导致产品质量低下。

1.4.3　增量模型

增量模型融合了瀑布模型的基本阶段和快速原型模型实现的迭代特征，它假设可以将需求分为一系列增量产品，每一增量可以分别开发。该模型采用随着时间的进展而交错的线性序列，每一个线性序列产生软件的一个可发布的“增量”，如图 1.5 所示。当使用增量模型时，第一个增量往往是核心的产品。客户对每个增量的使用和评估都作为下一个增量发布的新特征和功能，这个过程在每一个增量发布后不断重复，直到产生了最终的完善产品。增量模型强调每一个增量均发布一个可操作的产品。

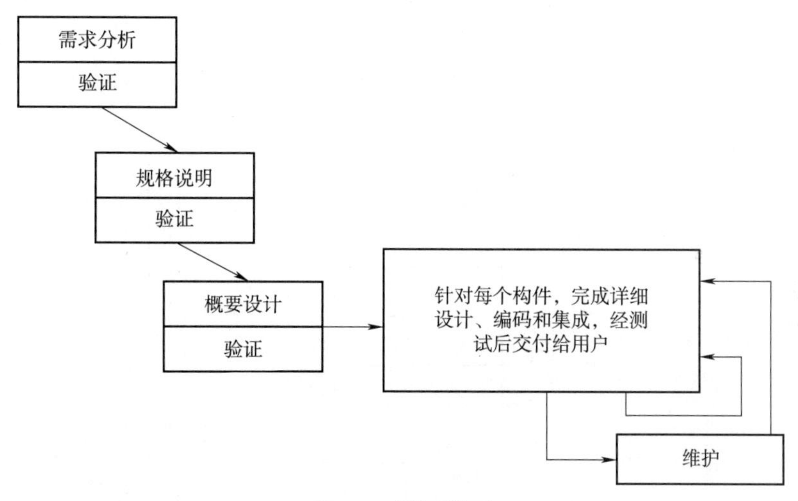

图 1.5　增量模型

增量模型作为瀑布模型的一个变体，具有瀑布模型的所有优点。此外，它还有以下优点：

第一个可交付产品版本所需要的成本和时间很少；开发由增量表示的小系统所承担的风险不大；由于很快发布了第一个产品版本，因此可以减少用户需求的变更，运行增量投资，即在项目开始时，可以仅对一个或两个增量投资。

增量模型有以下不足之处：如果没有对用户的变更要求进行规划，那么产生的初始增量可能会造成后来增量的不稳定；如果需求不像早期思考的那样稳定和完整，那么一些增量就可能需要重新开发，重新发布；管理发生的成本、进度和配置的复杂性可能会超出组织的能力。

1.4.4　螺旋模型

对于复杂的大型软件，开发一个原型往往达不到要求。螺旋模型将瀑布模型和演化模型结合起来，加入了两种模型均忽略的风险分析，弥补了这两种模型的不足。

螺旋模型将开发过程分为几个螺旋周期，每个螺旋周期大致和瀑布模型相符合，如图 1.6 所示。每个螺旋周期分为如下 4 个工作步骤。

（1）制订计划。确定软件的目标，选定实施方案，明确项目开发的限制条件。

（2）风险分析。分析所选的方案，识别风险，消除风险。

（3）实施工程。实施软件开发，验证阶段性产品。

（4）用户评估。评价开发工作，提出修正建议，建立下一个周期的开发计划。

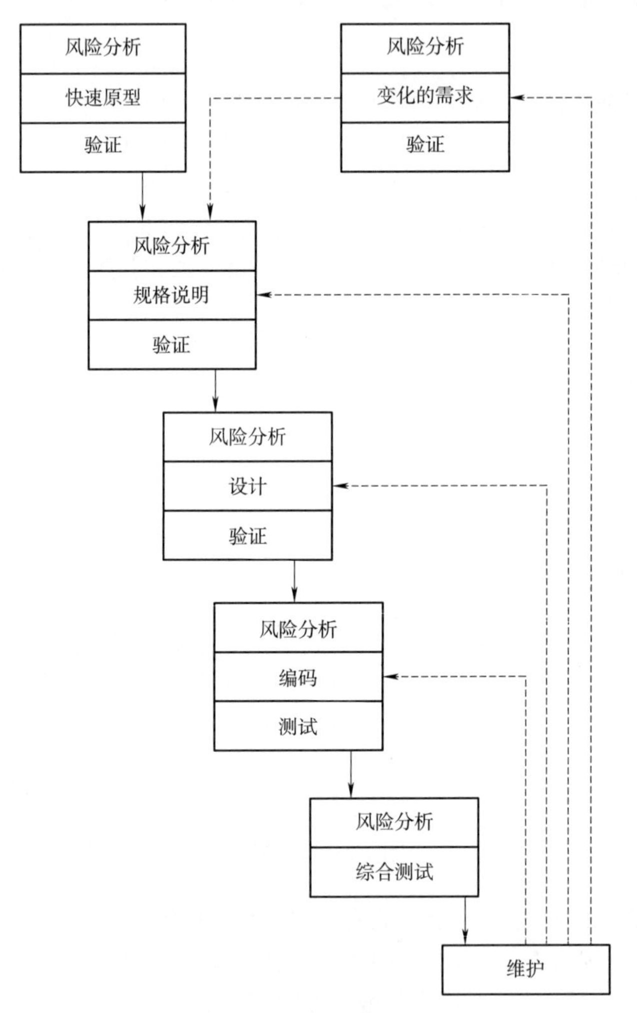

图 1.6　简化的螺旋模型

螺旋模型强调风险分析，使得开发人员和用户对每个演化层出现的风险有所了解，从而做出应有的反应。因此，该模型特别适用于庞大、复杂并且具有高风险的系统。

与瀑布模型相比，螺旋模型支持用户需求的动态变化，为用户参与软件开发的所有关键决策提供了方便，有助于提高软件的适应能力，并且为项目管理人员及时调整管理决策提供了便利，从而降低了软件开发的风险。在使用螺旋模型进行软件开发时，需要开发人员具有相当丰富的风险评估经验和专门知识。另外，过多的迭代次数会增加开发成本，延迟提交时间。

1.4.5　喷泉模型

喷泉模型是一种以用户需求为动力，以对象作为驱动的模型，适合于面向对象的开发方法。

它克服了瀑布模型不支持软件重用和多项开发活动集成的局限性。喷泉模型使开发过程具有迭代性和无间隙性，如图 1.7 所示。迭代意味着模型中的开发活动常常需要重复多次，在迭代过程中不断地完善软件系统。无间隙是指开发活动（如分析、设计、编码）之间不存在明显的边界，不像瀑布模型那样，需求分析活动结束后才开始设计活动，在设计活动结束后才开始编码活动。

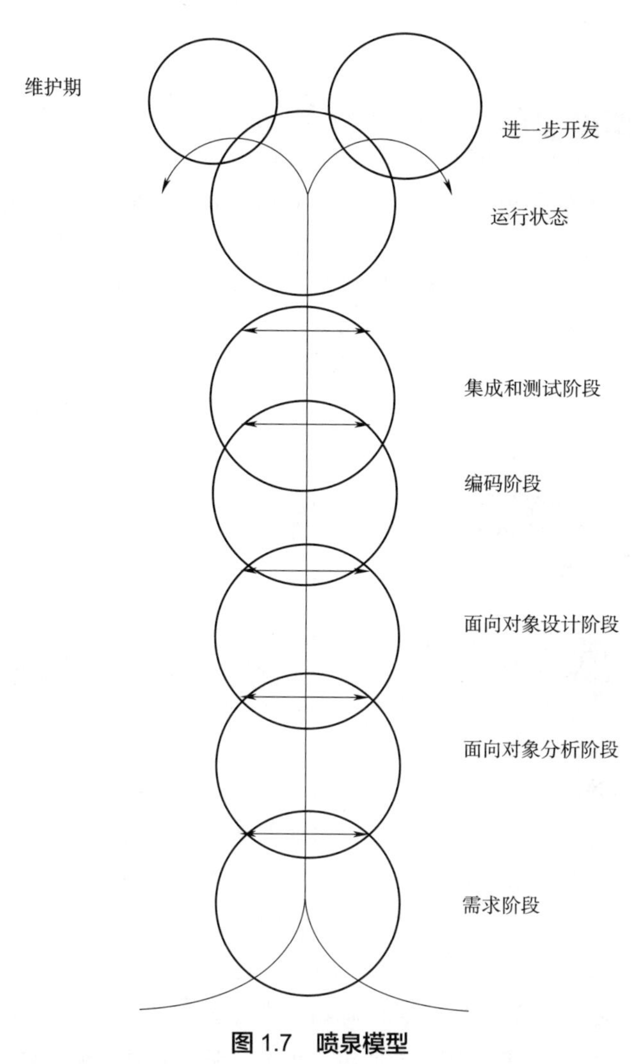

图 1.7　喷泉模型

喷泉模型的各个阶段没有明显的界线，开发人员可以同步进行。其优点是可以提高软件项目的开发效率，节省开发时间。其缺点是喷泉模型在各个开发阶段是重叠的，在开发过程中需要大量的开发人员，不利于项目的管理。此外，这种模型要求严格管理文档，使得审核的难度加大。

1.5 中国软件的发展机遇

伴随着信息化时代的到来，我国的软件工程技术飞速发展，软件行业也迎来重要的发展机遇。

（1）中国拥有巨大的软件消费市场。中国各行各业蓬勃发展，欣欣向荣。信息技术的应用已渗透到人们生活、工作、出行的方方面面。因此，各行各业对软件的需求比任何时候都要强烈。巨大的软件消费市场无疑驱动软件行业技术的发展和成熟、各类软件人才队伍的快速增大。

（2）新型计算领域更有机会实现“弯道超车”。第五代通信技术的发展和成熟，以及大数据技术、人工智能等新技术的迅猛发展，催生各种新型计算模式，如移动计算已逐渐成为主流。这给我们国家软件行业的发展带来了新的机遇，使我们在这些新兴软件行业实现“弯道超车”成为可能。

本章小结

软件作为一种极为特殊的逻辑产品，其研发过程极其复杂，涉及对象不仅涵盖技术人员本身，还与使用软件产品的终端用户等群体密切相关。软件的这种特殊性导致了早期的软件危机的发生。软件危机的发生和存在极大地阻碍了软件信息技术的普及使用。

软件工程是指导计算机软件开发和维护的工程学科。我们采用工程的概念、原理、技术和方法来开发与维护软件，把经过时间考验而证明正确的管理技术和当前能够得到的最好的技术方法结合起来，期望消除或者减轻软件危机的发生。软件工程在长期的发展过程中，积累了许多好的经验和做法，总结凝练了一些为大众所认可的原理和方法，以及软件开发模型。每种模型有自己的逻辑和特点，以及相适应的应用场合。

清醒地认知当前我国软件开发及管理的水平和现状，抓住时代赋予我们的宝贵机会，可以在一些新型领域实现“弯道超车”。

习题

一、填空题

1. 面向对象开发方法有________、________、________和________。

2. 结构化方法总的指导思想是________。它的基本原则是功能的________与________。它是软件工程最早出现的开发方法，特别适合于________的问题。

3. 从软件工程诞生以来，已经提出了多种软件开发方法，如________、________、______，它们对软件工程及软件产业的发展起到了不可估量的作用。

4. 螺旋模型将开发过程分为几个螺旋周期，在每个螺旋周期内分为四个工作步骤。第一，________。确定目标，选定目标，选定实施方案，明确开发限制条件。第二，________。分析所选主案，识别风险，通过原型消除风险。第三，________。实施软件开发。第四，________。评价开发工作，提出修改意见，建立下一个周期的计划。

5. 瀑布模型是将软件生存周期各个活动规定为依线性顺序连接的若干阶段的模型。它包括了________、________、________、________、________、________、________、________，它规定了由前至后、相互衔接的固定次序，如同瀑布流水，逐级下落。

6. 软件开发实际上就是把现实世界的需求映射成________的过程，包括________、________与________三方面的活动。

7. 喷泉模型是一种以________为动力，以________作为驱动的模型，适合于________的开发方法。它克服了________不支持软件重用和多项开发活动集成的局限性。喷泉模型使开发过程具有________和________。

二、选择题

1. 软件工程是一种（　　）分阶段实现的软件程序开发方法。

A. 自底向上　　B. 自顶向下

C. 逐步求精　　D. 面向数据流

2. 软件生存周期模型的模型中，（　　）适合于大型软件的开发，它吸收了软件工程“演化”的概念。

A. 喷泉模型　　B. 基于知识的模型

C. 变换模型　　D. 螺旋模型

3.（　　）是计算任务的处理对象和处理规则的描述。

A. 软件　　B. 硬件　　C. 文档　　D. 程序

4. 软件工程中描述生存周期模型的瀑布模型一般包括计划、（　　）、设计、编码、测试、维护等几个阶段。

A. 需求分析　　B. 需求调查

C. 可行性分析　　D. 问题定义

5. 软件生存周期包括可行性分析和项目开发、需求分析、概要设计、详细设计、编码、（　　）、维护等活动。

A. 应用　　B. 检测

C. 测试　　D. 以上答案都不正确

三、问答题

1. 软件危机的主要表现有哪些？产生的原因有哪些？
2. 软件产品的特性是什么？
3. 什么是软件生存周期？它有哪几个活动？
4. 什么是软件开发方法？有哪些主要方法？
5. 软件工程目标是什么？
6. 软件工程内容有哪些？
7. 结构化开发方法的优缺点有哪些？面向对象方法的优缺点有哪些？

第2章 可行性研究

学习目标

基本要求： 理解可行性研究的必要性；掌握可行性研究的任务及具体步骤；了解系统流程图的作用及符号表示；掌握数据流图的绘制方法及数据字典的编制方法。

重点： 可行性研究的任务及步骤；系统流程图和数据流图的绘制方法；数据字典的编制方法。

难点： 数据流图的绘制方法及数据字典的编制方法。

"可行性"是指在当前社会环境下，在现有的经济、技术条件下，研制的软件是否有意义，是否具备必要的条件。客观上，并非任何问题都有简单有效的解决办法。现实中，许多问题无法在预定的系统规模或时间期限之内解决。如果问题无可行解，那么这项工程所花费的任何时间和各类资源，都是无谓的浪费。

2.1 可行性研究的目标及内涵

2.1.1 可行性研究的目标任务

可行性研究的目的不是解决问题，而是用最小的代价在尽可能短的时间内确定问题是否有解，以及是否值得求解。

可行性研究就是要回答问题，"所定义的问题有可行的解决办法吗？"为此，首先需进一步分析和澄清问题定义，在此基础上，分析员应该导出系统的逻辑模型。然后从系统逻辑模型出发，探索若干种可供选择的解法。对每种解法都应该仔细研究它的可行性。

一般来说，至少应该从以下四个方面研究解法的可行性：

1. 技术可行性

技术可行性要分析各种技术因素，是否能支持项目的开展和完成。例如，使用现有的技术能否实现这个系统，是否有胜任开发该项目的熟练技术人员，能否按期得到开发该项目所需的软件、硬件资源等类似的问题。

2. 经济可行性

对经济可行性进行评估，所要考虑的主要问题在于这个系统的经济效益能否超过它的开发成本，否则盲目进行下去，将会引起亏损。为此需要对项目进行价格 / 利益分析，即投入 / 产出分析。由于利益分析取决于软件系统的特点，因此在软件开发之前，很难对新系统产生的效益做出精确的定量描述，所以往往采用一些估算方法。

3. 操作可行性

对操作可行性进行评价，需要考虑系统的操作方式在这个用户单位或组织内是否行得通，具体来说，包括用户能否正常使用，时间进度上是否可行，以及组织和文化上的可行性等。操作可行性评价系统运行后会引起各方面的变化，如对组织机构管理模式、用户工作环境等产生的影响。

4. 社会可行性

社会可行性主要讨论法律方面和使用方面的可行性，如被开发软件的权利归属问题，软件所使用的技术是否会造成侵权、破坏以及其他责任问题等。

分析员应该为每个可行解制定一个粗略的实现进度，并对以后的行动方针提出建议。可行性研究所需的时间取决于工程的规模，所需要的成本约占工程总成本的 5%~10%。

2.1.2　进一步认识可行性研究

在现实生活中，我们能看到诸多领域和行业，都存在可行性研究的影子。开矿山，办工厂、搞企业、进行建设等，一般不会轻率决定，仓促上马。大都要进行一个不可或缺的程序，即要开展可行性研究，可行就干，不行便停止。开展可行性研究是做出正确投资决策的可靠依据。开展可行性研究这种做法，其实就是我们一贯提倡的调查研究。

辩证唯物主义认为：物质是第一性的，意识是第二性的，意识是对物质的反映。毛泽东同志早在《实践论》一文中就写道：“人们要想得到工作的胜利即得到预想的结果，一定要使自己的思想合于客观外界的规律性，如果不合，就会在实践中失败。”我们的主观认识、计划、设想，必须如实反映客观事物的面貌，这是我们工作取得胜利的前提。怎样做到反映客观事物的本质和面貌，除了对客观事物进行调查研究而外，没有别的办法。因此，我们制定方案，提出计划，都要建立在调查研究的基础上，否则，很可能是主观主义的空想，纵有良好的愿望，也难免遭受惨重的失败。

由于客观事物非常复杂，事物之间的联系无限众多，有本质联系，也有非本质联系，有直接联系，也有间接联系。且不要说客观事物的客观过程还没有暴露出来，就已经暴露出的各种现象进行分析，做到主观完全符合客观也是不可能的，但要力求在主要方面反映事物的本质。可行性研究试图解决的是主观正确反映客观、主客观相一致的问题。可行性研究是符合辩证唯物主义认识论的。

2.2　可行性研究的过程

可行性研究是软件工程过程的开端，非常重要，意义非凡。可行性研究的具体过程包括如下一些工作内容。

1. 复查系统的规模和目标

分析员访问关键人员，仔细阅读和分析有关资料，以便进一步复查确认系统的目标和规模，改正含糊不清的叙述，清晰地描述对系统目标的一切限制和约束，确保解决问题的正确性，即保证分析员正在解决的问题确实是用户需要解决的问题。

2. 研究目前正在使用的系统

现有的系统是信息的重要来源，通过对现有系统的文档资料的阅读、分析和研究，如实地考虑该系统，总结出现有系统的优点和不足，从而得出新系统的雏形。这是了解一个陌生应用领域的最快方法，它既可以使新系统脱颖而生，又不全盘照抄。

3. 导出新系统的高层逻辑模型（数据流图，数据字典）

优秀的设计通常总是从现有的物理系统出发，导出现有系统的高层逻辑模型。逻辑模型是由数据流图来描述的，此时的数据流图不需要细化。

4. 进一步定义问题

信息系统的逻辑模型实质上表达了分析员对新系统的看法。那么用户是否也有同样的看法呢？分析员应该以数据流图和数据字典作为基础，和用户一起再次复查问题定义、工程规模和目标。如果分析员存在对问题的误解，或者用户存在需求遗漏，此时就是发现和改正这些错误的时候了。

5. 导出和评价供选择的解法（物理解决方案）

分析员从系统的逻辑模型出发，导出若干较高层次的（较抽象的）物理解法供比较和选择。筛选可行方案时要选出在技术、可操作、经济效益等方面均可行的解决方案，并制定实现系统的粗略进度表，估计生命周期每个阶段的工作量。

6. 推荐行动方案

根据可行性研究的结果，做出关键性决定，以表明是否进行这项软件工程的开发。

向用户推荐一种方案，在推荐的方案中应清楚地表明：①本项目的开发价值；②推荐这个方案的理由；③制定实现进度表，这个进度表不需要也不可能很详细，通常只需要估计生命周期每个阶段的工作量。

7. 草拟开发计划

分析员应该为所推荐的方案草拟一份开发计划，其内容包括工作进度表，估计对各类开发人员及各种资源的需求情况，应该阐述清楚什么时候需要以及需要多久，此外，还应该估算各阶段的成本开销。

8. 撰写可行性研究报告提交审查

将上述可行性研究各个步骤的工作结果写成清晰的文档，汇总形成软件项目可行性研究报告，并请用户组织的负责人及评审组仔细审查上述文档，以决定是否继续这项工程及是否接受分析员推荐的方案。

2.3 可行性研究的图表工具

2.3.1 系统流程图

系统流程图是概括性地描绘物理系统的传统工具，它的基本思想是用图形符号以黑盒子形式描绘组成系统的每个部件。系统流程图表达的是数据在系统各部件之间流动的情况，而不是对数据进行加工处理的控制过程，因此，尽管系统流程图的某些符号和程序流程图的符号形式相同，但是它却是物理数据流图而不是程序流程图。

1. 图形符号

当以概括的方式抽象描绘一个实际系统时，只需要使用表 2.1 中列出的基本符号。

表 2.1　系统流程图基本符号

符　号	名　称	说　明
	处理	如程序、处理机、人工加工
	输入 / 输出	表示输入或输出
	连接	同一页上图的连接
	换页连接	不同页上图的连接
	数据流	指明数据流动方向

当需要具体描述一个物理系统时，还需要使用表 2.2 中列出的系统符号。

表 2.2　系统流程图系统符号

符　号	名　称	说　明
	穿孔卡片	穿孔卡片输入 / 输出，或穿孔卡片文件
	文档	打印输出，或打印终端输入数据
	磁带	磁带输入 / 输出，或表示磁带文件
	联机存储	任何种类磁盘存储，如磁盘、磁鼓等
	磁盘	磁盘输入 / 输出，或磁盘上文件、数据库
	磁鼓	磁鼓输入 / 输出，或磁鼓上文件、数据库
	显示	显示器部件
	人工输入	人工输入数据，如填写表格
	人工操作	人工完成的处理
	辅助操作	使用辅助设备进行的脱机操作
	通信链路	通过远程通信线路传送数据

2. 实例

某装配厂有一座存放零件的仓库，仓库中现有的各种零件的数量以及每种零件的库存量临界值等数据记录在库存清单主文件中。当仓库中零件数量有变化时，应该及时修改库存清单主文件，如果哪种零件的库存量少于它的库存量临界值，则应该报告给采购部门以便订货，规定每天向采购部门送一次订货报告。

该装配厂使用小型计算机处理更新库存清单主文件和产生订货报告任务。零件库存量的每次变化称为事务，由放在仓库中的 CRT 终端输入到计算机中；系统中库存清单程序对事务处理，更新存储在磁盘上的库存清单主文件，并且把必要的订货信息写在磁盘上。最后，每天应用报告生成程序打印订货报告。此库存清单系统的系统流程图如图 2.1 所示。

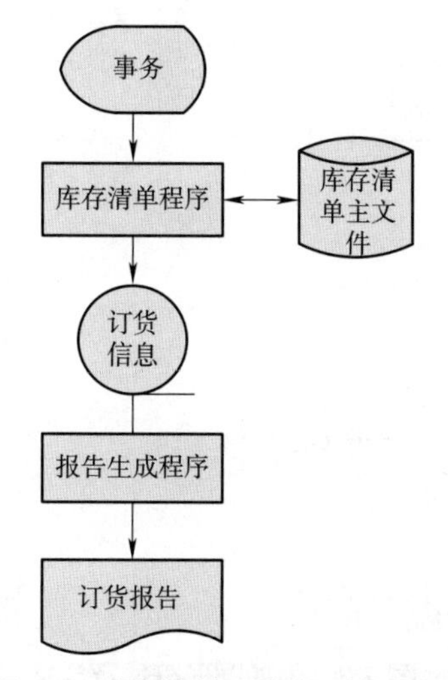

图 2.1　库存清单系统的系统流程图

2.3.2 数据流图

数据流图（Data Flow Diagram，DFD）是一种图形化工具，描绘信息和数据从输入、移动到输出所经过的变换。数据流图中没有任何具体的物理部件，只是描绘数据在软件中流动和被处理的逻辑过程。数据流图是系统逻辑功能的图形表示，是逻辑模型。

1. 图形符号

如图 2.2 所示，数据流图有 4 种基本图形符号：正方形或立方体，表示数据源点或终点；圆角矩形或圆形表示数据加工处理；开口矩形或两条平行横线，表示数据存储；箭头，表示数据流。

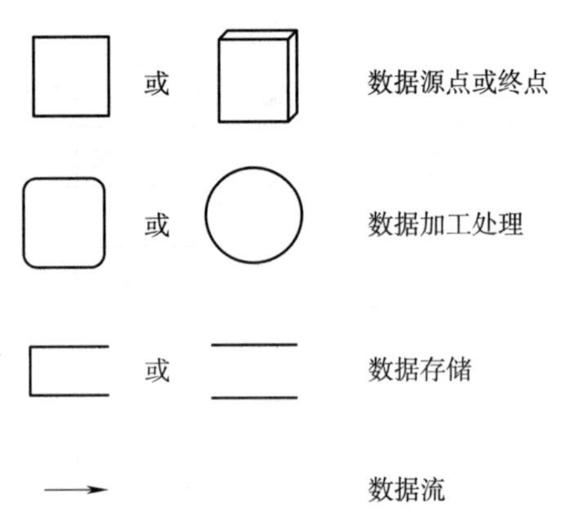

图 2.2　基本图形符号及含义

除了上述 4 种基本图形符号外，有时也使用附加图形符号，如图 2.3 所示，每种符号的含义和作用在图形符号下面均有说明。这些图形符号使得数据流图表达能力更加丰富和强大。

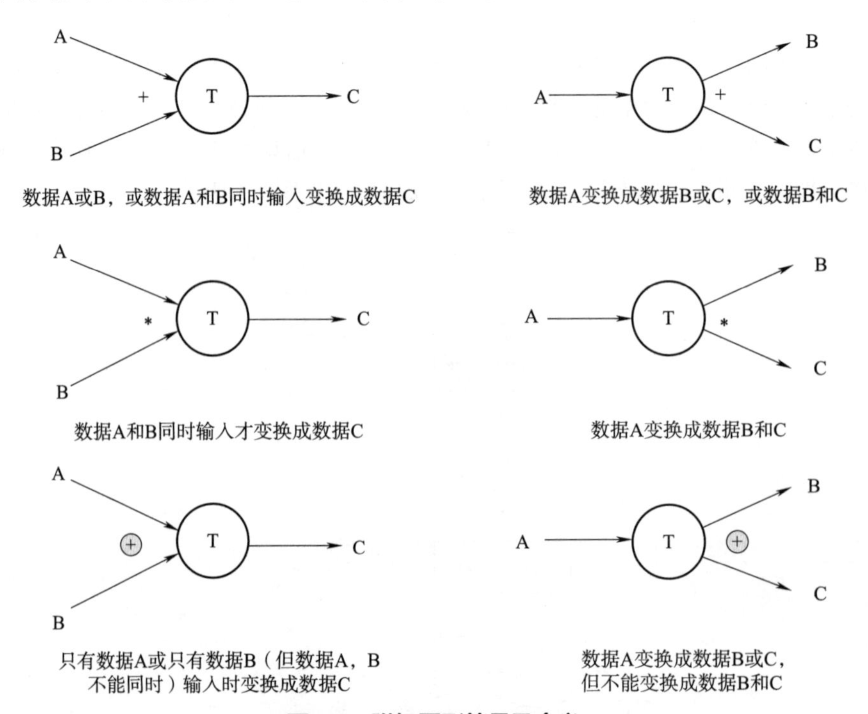

图 2.3　附加图形符号及含义

2. 实例

假设一家工厂的采购部每天需要一张订货报表，报表按零件编号排序，表中列出所有需要再次订货的零件。对于每个需要再次订货的零件应该列出下述数据：零件编号，零件名称，订货数量，目前价格，主要供应商，次要供应商。零件入库或出库称为事务，通过放在仓库中的终端把事务报告给订货系统。当某种零件的库存数量少于库存量临界值时就应该再次订货。

数据流图有 4 种成分：数据源点或终点、数据加工处理、数据存储和数据流。因此可以从问题描述中提取数据流图的 4 种成分，见表 2.3。

表 2.3　组成该实例的数据流图的元素

源点 / 终点	处理
采购员 仓库管理员	产生报表 处理事务
数据流	**数据存储**
订货报表 　零件编号 　零件名称 　订货数量 　目前价格 　主要供应商 　次要供应商 　零件编号 　事务类型 　数量	订货信息 　（见订货报表） 库存清单 　零件编号 　库存量 　库存量临界值

一旦把数据流图元素确定后，就可以开始画数据流图了。数据流图不表示程序的控制结构，只描述数据的流动。数据流图分为多层表示，上层的数据流图称为父图，由上层细化得到的数据流图称为子图。通过数据流图的分层表示，逐步展开数据流和功能的细节。

先画出顶层数据流图，订货系统的顶层数据流图如图 2.4 所示。然后，自顶向下画出其各层数据流图。

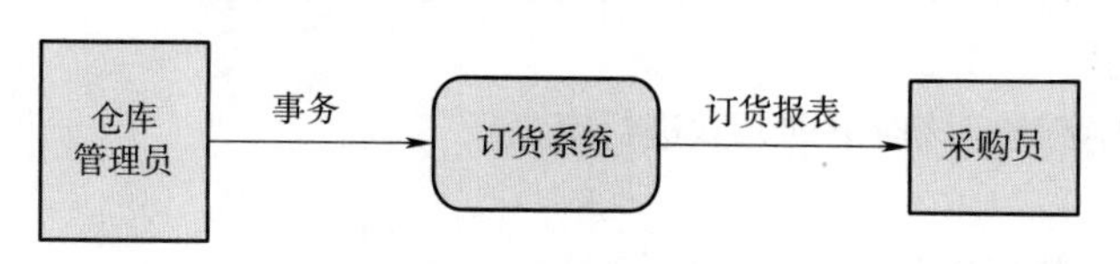

图 2.4　顶层数据流图

在分解顶层数据流图时，须遵循如下分解原则：①分解后的软件成分有相对独立功能；②一次分解不要加入细节过多；③由外向里画数据流图。订货系统的零层数据流图如图 2.5 所示。

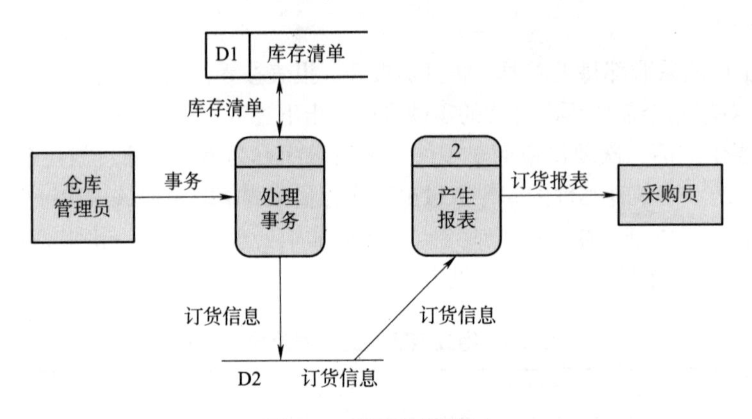

图 2.5　零层数据流图

把处理事务的功能进一步分解后的一层数据流图如图 2.6 所示。

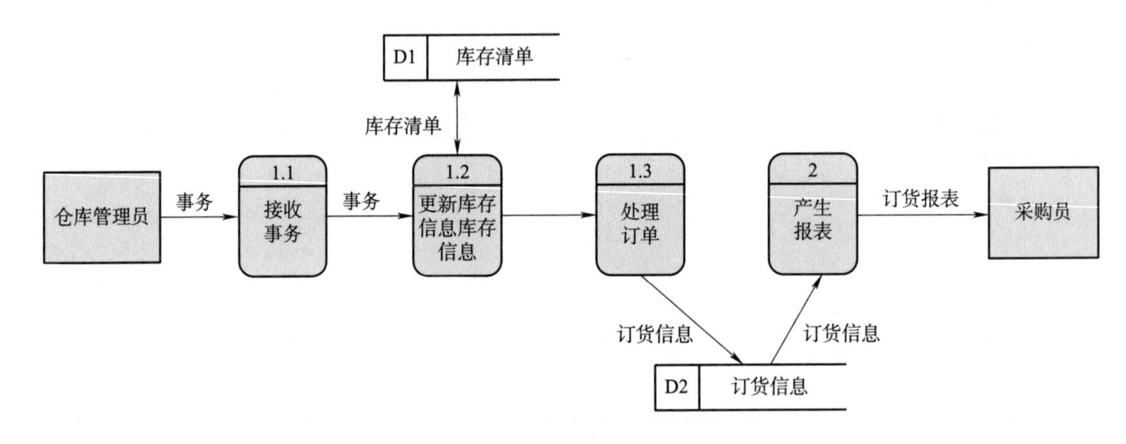

图 2.6　一层数据流图

2.3.3　数据字典

数据字典是关于数据的信息的集合，也就是对数据流图中所包含的所有元素的定义的集合。在可行性研究阶段，数据流图与数据字典共同构成系统的逻辑模型。

1. 数据字典的内容

一般来说，数据字典应该对下列元素进行定义：

（1）数据流；

（2）数据元素（数据流分量）；

（3）数据存储；

（4）处理。

2. 定义数据的方法

一般来说，定义复杂事物的方法，都是用被定义的事物成分的某种组合表示这个事物，这些组成成分则由更低层成分的组合来定义。从这个意义上说，定义就是采用自顶向下的方法进行分解，数据字典中数据的定义就是对数据自顶向下的细化和分解。当分解到不需要进一步定义而每个和工程有关的人也都清楚其元素的含义时，这种分解过程也就完成了。

通过数据组成成分（数据元素）的组合来定义数据，就是通常所说的数据定义的方法。由数据元素组成数据的方式有下述3种基本类型：

（1）顺序，以确定次序连接两个或多个分量。

（2）选择，两个或多个可能的元素中选一个。

（3）重复，把指定分量重复零次或多次。

3. 数据字典的表示符号

数据字典中常用如下符号辅助表达数据元素的含义：

“=”表示被定义为或等价于或由……组成。

“+”表示“与”或者“和”，用来连接两个数据元素。例如，$y = a+b$ 表示 y 由 a 和 b 组成。

“[…|…]”表示“或”，对 […|…] 中列举的元素任选其中某一项。例如，$y=[a|b]$ 表示 y 由 a 或 b 组成。

“{…}”表示“重复”，对括号 {…} 中内容可以重复使用。例如，$y=\{a\}$ 表示 y 由零个或 n 个 a 组成。

“$m\{\cdots\}n$ 或者 {…}nm，nm{…}”，表示 {…} 中内容至少出现 m 次，最多出现 n 次。其中 m,n 为重复次数的上限、下限。例如，$y=2\{a\}6$ 或者 $y=\{a\}62$ 或者 y=62{a} 表示 y 中至少出现 2 次 a，最多出现 6 次 a。

“（…）”表示“可选”，对（…）中的内容可选、可不选。例如，$y=(b)$ 表示 b 在 y 中可以出现也可以不出现。

4. 数据字典的用途

数据字典的用途包括如下几方面：

（1）数据字典最重要的用途是作为分析阶段的重要工具。数据字典中严密一致的定义有助于分析员和用户之间以及不同开发人员或小组之间的沟通，可避免或减少麻烦的接口问题。

（2）数据字典中包含的数据元素的控制信息非常有用，有助于估算一个数据发生改变可能产生的影响。

（3）定义数据字典是开发数据库的第一步，也是很有价值的一步，有助于开发数据库。

5. 数据字典的实现

数据字典的实现途径主要包括计算机辅助建立和手工建立两种。目前，数据字典几乎都是由计算机辅助软件工程（Computer Aided Software Engineering，CASE）工具实现的。在大型软件系统的开发实践中，数据字典规模庞大、复杂性极高，人工维护极其困难。在开发小型软件系统时，暂时没有数据字典处理程序，建议采用卡片形式书写数据字典，每张卡片上保存描述一个数据的信息，信息内容主要包括名字、别名、描述、定义、位置等。

下面给出2.3.2实例中几个数据元素的数据字典卡片，如图2.7所示。

数据流描述

名字：订货报表
别名：订货信息
描述：每天一次送给采购员的需要订货的零件表
数据流来源：来自仓库管理员事务处理
数据流去向：采购员
定义：订货报表=零件编号+零件名称+订货数量+目前价格+
主要供应商+次要供应商
位置：输出到打印机

数据元素描述

名字：零件编号
别名：
描述：唯一的标识库存清单中一个特定零件的关键域
定义：零件编号=8{字符}8
位置：订货报表
订货信息
库存清单
事务

数据文件描述

名字：库存清单
别名：
描述：存放每个零件信息
输入数据：库存清单
输出数据：库存清单
定义：库存清单=零件编号+零件名称+入库数量+出库数据+库存量+入库日期+出库日期+经办人

图 2.7　数据字典卡片

2.4 成本/效益分析

2.4.1　成本估计

成本估计不是精确的科学，难以得出精准的结果，因此应该使用多种不同的估计技术以便相互校验和印证。下面简单阐述 3 种估算技术。

1. 代码行技术

代码行技术是比较简单的定量估计方法，它把开发每个软件功能的成本和实现功能需要的源代码行数联系起来。通常根据经验和历史数据估计实现一个功能需要的源程序行数。

估计出源代码行数以后，用每行代码的平均成本乘以行数就可以确定软件的成本。每行代码的平均成本取决于工资水平和软件复杂程度。

2. 任务分解技术

最常用的方法是按开发阶段划分任务。这种方法首先把软件开发工程分解为若干个独立的任务，再分别估计每个任务的成本，最后累加得出软件开发工程总成本，通常先估计完成该项任务需要的人力（人·月），再乘以每人每月平均工资得出每个任务的成本。典型环境下各个开发阶段需要使用的人力的百分比见表2.4。

表2.4　典型环境下各个开发阶段需要使用的人力的百分比

任　　务	人力/%
可行性研究	5
需求分析	10
设计	25
编码与单元测试	20
综合测试	40
总计	100

3. 自动估计成本技术

采用自动估计成本的软件工具估计，可以减轻人的劳动力，并且使得估计的结果更为客观。但是采用这种技术必须有长期搜集的大量历史数据为基础，并且需要有良好的数据库系统支持。

2.4.2　成本/效益分析的方法

1. 货币的时间价值体现

通常用利率的形式表示货币的时间价值。假设年利率为 i，如果现在存入 P 元，则 n 年后可以得到的钱数为 $F=P(1+i)^n$（元），也就是 P 元钱在 n 年后的价值。反之，如果 n 年后能收入 F 元，那么这些钱现在的价值是 $P=F/(1+i)^n$。

例如，修改一个已有的库存管理系统，估计需要5 000元，系统修改后使用5年，估计每年可节省2500元。请进行成本/效益分析。

分析：假定年利率为12%，利用货币现在价值的公式可以算出修改库存管理系统后每年预计节省的钱的现在价值，见表2.5。

表2.5　将来的收入折算成现在价值

年	将来价值/元	$(1+i)^n$	现在价值/元	累计的现在价值/元
1	2 500	1.12	2 232.14	2 232.14
2	2 500	1.25	1 992.98	4 225.12
3	2 500	1.40	1 779.45	6 004.57
4	2 500	1.57	1 588.80	7 593.37
5	2 500	1.76	1 418.57	9 011.94

2. 投资回收期

使累计的经济效益等于最初投资所需要的时间周期。回收期越短就能越快获得利润。

3. 纯收入

整个生命周期内系统的累计经济效益（折合成现在价值）与投资之差。相当于比较投资开发一个软件系统和把钱存在银行（或贷给其他企业）两种方案优劣。如果纯收入为0，工程预期效益和在银行存款一样，则开发系统有风险，可能不值得投资，如果纯收入小于0，则这项工程显然不值得投资。

4. 投资回收率

把资金存入银行或贷给其他企业能获得利息，常用年利率衡量利息多少，设想把数量等于投资额的资金存入银行，每年从银行取回的钱等于每年预期可以获得的效益，在时间等于系统寿命时，正好把银行中存款全部取光，年利率是多少，这个假想的年利率就等于投资回收率。

2.5 可行性研究案例——机票预订系统

一、引言

1. 编写目的

可行性研究的目的是对在线售票、订票问题进行研究，以最小的代价在最短的时间内确定机票预订系统是否可行。

经过对此项目进行详细调查研究，初拟系统实现报告，对机票预订系统开发中将要面临的问题及其解决方案进行初步设计及合理安排。明确开发风险及其所带来的经济效益。本报告经审核后，转交软件管理部门审查。

2. 项目背景

软件名称：机票预订系统

相关单位：

项目任务提出者：航空公司及旅行社

项目开发者：×××

用户：航空公司及旅行社

实现软件单位：×××

项目与其他软件，系统的关系：×××

3. 参考资料

×××

二、可行性研究的前提

1.系统功能

主要功能：为旅行社游客提供机票预订服务，提供便捷的售票渠道和服务，提高航空公司的服务质量和服务效率。

（1）系统存储航空公司每日航班信息：系统存储航空公司每天的航班信息，并且建立表格让旅客可以方便查询；

（2）系统建立新航班：系统也可以根据旅行社的需求及旅客的需求建立相应的航班；

（3）系统处理订票信息：系统根据旅行社提供的旅客订票信息，为旅客安排航班；

（4）系统打印取票通知单和账单：当旅客交付了订金后，系统打印出取票通知和账单给旅客；

（5）系统出票：旅客在飞机起飞前一天凭取票通知和账单交款取票，系统核对无误即打印出机票给旅客。

对于本系统还应补充以下功能：旅客延误了取票时间的处理；航班取消后的处理；部分游客取消出行计划，或旅行团取消旅行计划，而出现的退票问题；旅客临时更改航班的处理。

2. 系统流程

当各个旅行社把预订机票的旅客信息（姓名、性别、工作单位、身份证号码（护照号码）、旅行时间、旅行始发地和目的地，航班舱位要求等）输入到系统中，系统为旅客安排航班。当旅客交付了订金后，系统打印出取票通知和账单给旅客，旅客在飞机起飞前一天凭取票通知和账单交款取票，系统核对无误即打印出机票给旅客。此外航空公司为随时掌握各个航班飞机的乘载情况，需要定期进行查询统计，以便适当调整。

3. 系统要求

性能要求：机场提供的信息必须及时反映在旅行社的工作平台上。售票系统的订单必须无差错地存储在机场的主服务器上。对服务器上的数据必须进行及时正确的刷新。

输入要求：简捷，快速，实时。

输出要求：数据完整，翔实。

外部输入要求：外部输入项至少包括旅客、旅行社和航空公司。

安全与保密要求：服务器的管理员享有对机场航班信息库及机票信息库和订票信息库的管理与修改。售票员只享有对订票信息库的部分修改（写入与读出）。

合法验证要求：在分析系统功能时要考虑有关证件的合法性验证（如身份证、取票通知和交款发票）等。

完成期限：××××。

4. 系统目标

系统实现后，大大提高航空公司的机票预订服务效率，方便满足旅行社大规模出游对机票的需求，提高了机票购买过程的处理速度，节省了人力成本。同时，降低售票服务中的错误发生率，减少信息交流的烦琐过程及其带来的开销。

5. 条件、假定和限制

建议使用寿命：×××

经费来源：×××

硬件条件：×××

运行环境：×××

数据库：×××

投入运行最迟时间：×××

6. 决定可行性的主要因素

成本/效益分析结果：效益大于成本；

技术可行性：现有技术可完全承担开发任务；

操作可行性：软件能被原有工作人员快速接受。

三、所建议系统的经济可行性分析

这个系统是一个小型的数据库系统，不需要投入太多的人力物力，但是系统一旦投入使用将大大减少航空公司的投入和人员管理工作量，提高工作效益。成本/效益分析结果：效益大于成本。

四、所建议系统的技术可行性分析

1. 处理流程

旅行社的终端为安装了 Windows Server 系统的 PC，终端向机场的服务器传递数据，当某旅行社输入密码登录机票预订系统，把预订机票的旅客信息（姓名、性别、工作单位、身份证号码/护照号码、旅行时间、旅行始发地和目的地，航班舱位要求等）输入到系统中，系统向航空公司发送订票请求，服务器根据航班信息库的实时数据，为旅客安排航班，并向终端返回数据，数据显示在终端的屏幕上，经由旅行社和旅客确认后，终端向服务器发出详尽的一份订单，服务器核对后，存入订票信息库，并修改机票信息库，打印取票通知和账单。当顾客来取票时，终端向服务器发出查询订票请求，服务器接收后，查询订票信息库，核对后，传送机票确认表单，终端打印出机票。

2. 系统流程图（见图 2.8）

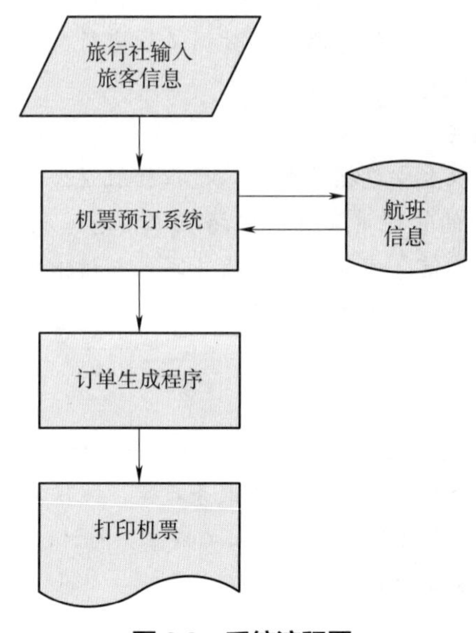

图 2.8　系统流程图

3. 人员

×××

4. 设备

×××

5. 技术可行性评价

在限制条件下，利用现有技术，功能目标能否达到；对开发人员数量和质量要求，并说明能否满足；在规定的期限内，开发能否完成。

五、所建议系统的操作可行性分析

目前，市场经济已经覆盖了全国各个地区，从而满足了人们日益增长的物质需求。人们物质文化水平的不断提高和科学技术的不断进步，为开发使用机票预订系统打下了坚实的基础。

六、社会因素可行性分析

1. 法律因素

所有软件都选用正版；

所有技术资料都由提出方保管；

制定合同确定违约责任。

2. 用户使用可行性

使用本软件人员要求有一定计算机基础，系统管理员要求有计算机专业背景知识。所有人员都要经过本公司培训，经过培训后的人员将能够熟练使用本软件。两名系统管理员，一名审计员将接受专业培训，熟练管理本系统。

七、其他可供选择的方案

在机场设立服务器，数据由终端输入，所有数据交由服务器处理，只在终端上显示数据结果。此设计简化了数据处理，但加重了服务器的数据处理负担。而使用客户端/服务器模式，简化数据流量，加快数据处理。

八、结论意见

从公司提出的需求，以及目前公司规模情况和各种资源情况（机器、操作系统、软件工具、网络、技术人员素质等）看，该系统开发在技术上是完全可以实现的。而且能保证系统最终的使用效果，性能可以达到目标。由于经济、技术、操作三方面的可行性分析都通过，因此开发航空公司机票预订系统是可行的。

本章小结

可行性研究进一步探讨问题定义阶段所确定的问题是否有可行解。在对问题正确定义的基础上，通过分析问题，导出试探性的解，然后复查并修正问题定义再次分析问题，改进提出的解法，经过定义问题、分析问题、提出解法的反复过程，最终提出一个符合系统目标的高层次的逻辑模型。然后根据系统的这个逻辑模型设想各种可能的物理系统、并且从技术、经济和操作等各方面分析此物理系统的可行性。最后，系统分析员提出一个推荐的行动方案，提交用户和组织负责人审查批准。

在表达分析员对现有系统的认识和描绘他对未来的物理系统的设想时，系统流程图是一个很好的工具。系统流程图实质上是物理数据流图，它描绘组成系统的主要物理元素以及信息在这些元素间流动和处理的情况。

数据流图的基本符号只有4种，它是描绘系统逻辑模型的极好工具。通常数据字典和数据流图共同构成系统的逻辑模型。没有数据字典精确定义数据流图中每个元素，数据流图就不够严密；然而没有数据流图，数据字典也很难发挥作用。

成本/效益分析是可行性研究的一项重要内容，是客户组织负责人从经济角度判断是否继续投资这项工程的主要依据。

习题

一、填空题

1. ________的目的就是用最小的代价在尽可能短的时间内确定该软件项目是否能够开发、是否值得去开发。

2. 技术可行性是对要开发项目的________、________、________进行分析，确定在现有的资源条件下，技术风险有多大，项目是否能实现。

3. 典型的可行性研究有以下步骤：复查系统的规模和目标，________，________，进一步定义问题，导出和评价供选择的解法，________，________，________。

4. 成本估计的 3 种估算技术为________、________、________。

5. 数据字典的内容包括________，________，________，________。

6. 成本 / 效益分析首先是估算将要开发的系统的________，然后与可能取得的效益进行________。

7. 可行性研究实质上是要进行一次简化、压缩的需求分析、设计过程，要在较高层次上以较抽象的方式进行________和________。

二、选择题

1. 对每个合理的方案分析员都应该准备如下资料（　　）。
   A. 系统流程
   B. 组成系统的物理元素清单，成本 / 效益分析
   C. 实现这个系统的进度计划
   D. 以上全部

2. 软件生存周期中，用户的参与主要在（　　）。
   A. 软件定义期
   B. 软件开发期
   C. 软件维护期
   D. 整个软件生存周期过程中

3. 软件问题定义阶段涉及的人员有（　　）。
   A. 用户、使用部门负责人
   B. 软件开发人员、用户、使用部门负责人
   C. 系统分析员、软件开发人员
   D. 系统分析员、软件开发人员、用户与使用部门负责人

4. 系统定义明确之后，应对系统的可行性进行研究。可行性研究应包括（　　）。
   A. 软件环境可行性、技术可行性、经济可行性、社会可行性
   B. 经济可行性、技术可行性、社会可行性
   C. 经济可行性、社会可行性、系统可行性
   D. 经济可行性、实用性、社会可行性

5. 在遵循软件工程原则开发软件的过程中，计划阶段应该依次完成（　　）。
   A. 软件计划、需求分析、系统定义
   B. 系统定义、软件计划、需求分析
   C. 需求分析、概要分析、软件计划
   D. 软件计划、需求分析、概要设计

6. 可行性分析中，系统流程图用于描述（　　）。
   A. 当前运行系统　　B. 当前逻辑模型
   C. 目标系统　　D. 新系统
7. 研究开发资源的有效性是进行（　　）可行性研究的一方面。
   A. 技术　　B. 经济　　C. 社会　　D. 操作
8. 可行性研究要进行一次（　　）需求分析。
   A. 详细的　　B. 全面的
   C. 简化的、压缩的　　D. 彻底的

三、简答题

1. 在软件开发的早期阶段为什么要进行可行性研究？应该从哪些方面研究目标系统的可行性？
2. 可行性研究中主要包括哪些图形工具？它们有什么积极作用？
3. 开展项目可行性研究蕴含着什么哲学道理？
4. 软件开发成本估计主要包括哪些技术？

第3章

需求分析

学习目标

基本要求：理解需求分析阶段的概念及任务；熟练掌握数据流图的细化方法。

重点：需求分析过程；数据流图的细化及各种图形工具的应用。

难点：数据流图的细化及各种图形工具的应用。

为了开发出真正满足用户需求的软件产品，首先必须准确理解用户的真实需求。需求分析就是通过各种途径和方法获取用户真实需求的过程，并撰写软件需求规格说明书，以书面形式准确地描述软件的需求。需求分析工作非常艰巨和复杂，极具挑战。用于需求分析的方法众多，比较常用的是结构化分析方法，结构化分析方法应遵守如下准则：

（1）必须理解并描述问题的信息域，根据这条准则应建立数据模型。

（2）必须定义软件应完成的功能，根据这条准则要求建立功能模型。

（3）必须描述作为外部事件结果的软件行为，根据这条准则要求建立行为模型。

（4）必须对描述数据、功能、行为的模型进行分解，用层次的方式展示细节。

3.1 需求分析的任务和步骤

需求分析是软件定义时期的最后一个阶段，是软件生命周期中的一个重要环节，该阶段是分析系统在功能上需要“实现什么”，而不是考虑如何去“实现”。需求分析的目标是把用户对待开发软件提出的“要求”或“需要”进行分析与整理，确认后形成描述完整、清晰与规范的文档，确定软件需要实现哪些功能，完成哪些工作。此外，软件的一些非功能性需求（如软件性能、可靠性、响应时间、可扩展性等），软件设计的约束条件，运行时与其他软件的关系等也是软件需求分析的目标。

3.1.1 需求分析的任务

需求分析的具体任务包括如下几方面：

1. 明确目标系统的综合要求

功能需求是软件系统的基本需求，但并非唯一需求，目标系统的综合要求还应考虑其他多方面的需求。

（1）功能需求。功能需求是指目标系统必须为用户提供的服务内容。需求分析时必须准确、完整的把握和理解用户需要的真实需求。

（2）性能需求。性能需求主要是阐述系统在时间和空间上的约束，通常包括响应用户的速度、内存需求、磁盘容量需求以及安全性需求等方面内容。

（3）可靠性和可用性需求。可靠性和可用性需求要求分析人员进一步地了解用户对目标系统能持续提供服务的底线要求，有利于研发人员在设计实现目标系统，充分考虑用户的可靠性和可用性需求，以满足用户此方面的需求。

（4）出错处理需求。软件成功地运行，不仅取决软件本身，还与软件所处的系统环境密切相关。出错处理需求主要说明对于发生了系统环境错误，目标系统应如何正确地响应。

（5）接口需求。软件系统的运行并不是孤立的，它依赖于所在机器系统的软硬件环境。系统往往需要和其环境进行数据通信和交换。接口需求就是要把软件同其所处环境中的软硬件需要如何进行通信的需求阐述清楚。

（6）设计约束。设计约束或实现约束需要阐述目标系统应遵循用户或环境所产生的限制条件。常见的约束包括求解的精度、设计的工具和语言约束以及应该采用的标准和硬件平台等。

（7）逆向需求。逆向需求是从反面阐述目标系统不做什么。理论上，不做什么是无限的。实践中，仅需阐述和澄清真实需求，消除误解的那些逆向需求。

（8）未来可能的需求。软件设计很多时候并非一步到位，可能分多阶段进行设计和开发。当前需求分析也应该明确列出不属于当前目标系统的开发范畴，但在不久的将来很可能会提出的需求，以便于为目标系统将来的扩展和修改做好准备和接口。

2. 分析目标系统的数据要求

任何一个软件系统实际上都可抽象为信息处理系统，系统必须处理的信息和系统应该产生的信息在很大程度上决定了系统的结构。分析系统的数据需求是由系统的信息流归纳抽象出数据元素的组成、数据的逻辑关系、数据字典格式、数据模型。并以输入 / 处理 / 输出的结构方式表示。因此，必须分析系统的数据需求，这是软件需求分析的一个重要任务。

3. 提出系统的逻辑模型

在理解当前已有系统结构的基础上，抽取其做什么的本质。分析当前已存在系统的物理模型，区分其本质和非本质因素，去掉那些非本质因素就可获得反映系统本质的逻辑模型。

在综合上述分析的结果和明确目标系统要做什么的基础上，可以提出软件系统的逻辑模型。具体做法是：首先确定目标系统与当前系统的逻辑差别；然后将变化部分看作是新的处理步骤，对功能图（一般为数据流图）及对象图进行调整；最后由外及里对变化的部分进行分析，推断其结构，获得目标系统的逻辑模型。通常用数据流图、数据字典和主要的处理算法描述逻辑模型。

4. 修正系统开发计划

在经过需求分析阶段的前述工作之后，分析员对目标系统有了更深入更具体的认识，因此可以对系统的成本和进度做出更准确的估计，在此基础上应该对系统开发计划进行修正。

5. 开发原型系统

对于软件系统的开发，使用原型系统的主要目的是使用户通过实践获得未来的系统将怎样工作，从而可以更准确地确定他们的要求。建立原型系统虽然需要花费一定的时间成本，但其能够解决下述问题：由于认识能力的局限而不能预先指定所有要求；在用户和系统分析员之间存在的通信鸿沟；用户需要一个现实的系统模型，以获得实践经验；在开发过程中重复和反复是必要的和不可避免的；采用原型系统策略也带来成本增加的副作用。但是，由于正确地提出用户需求是软件开发工程成功的基础，所以采用原型系统的策略逐渐增多。

3.1.2 需求分析的步骤

在需求分析中，只有采取正确的分析步骤才能完成需求分析的主要任务，需求分析的步骤如下：

1. 调查研究

分析人员与程序员共同研究系统数据的流程、调查用户需求或查阅可行性报告、项目开发计划报告，访问现场，获得当前系统的具体模型，用数据流图表示。

2. 问题分析与方案的综合

问题分析和方案的综合是需求分析的第二步。分析员需从数据流和数据结构出发，逐步细化所有的软件功能，找出系统各元素之间的联系、接口特性和设计上的限制。通过分析确定满足功能要求的程度，根据功能需求、性能需求、运行环境需求等，删除其不合理的部分，增加其需要部分，最终给出目标系统的详细逻辑模型。

3. 书写文档

经过分析确定了系统必须具有的功能和性能，定义了系统中的数据并且简略地描述了处理数据的主要算法。第三步应该把分析的结果用正式的文档记录下来，在这个阶段应该完成下述4份文档资料。

（1）系统需求规格说明书。主要描述目标系统的概述、功能要求、性能要求、运行要求和将来可能提出的要求。在分析过程中得出的数据流图是这个文档的一个重要组成部分，用IPO图或其他工具简要描述的系统算法是文档的另一个重要组成部分。此外，这个文档中还应包括用户需求和系统功能之间的参照关系以及设计约束等。

（2）数据要求。主要包括在需求分析建立的数据字典以及描绘数据结构的层次方框图，还应该包括对存储信息（数据库或普通文件）分析的结果。

（3）用户系统描述。这个文档从用户使用系统的角度描述系统，相当于一份初步的用户手册。内容包括对系统功能和性能的简要描述，使用系统的主要步骤和方法以及系统用户的责任等。这个初步的用户手册使未来的用户能从使用的角度检查该目标系统，

（4）开发计划的修正。经过需求分析阶段的工作，分析员对目标系统有了更深入更具体的认识，因此可以对系统的成本和进度作出更准确的估计，在此基础上应该对开发计划进行修正，包括修正后的成本计划、资源使用计划和进度计划等。

文档（2）（4）是系统可行性研究阶段相应文档的进一步细化或者完善，文档（3）是从用户的角度描述系统，为后续系统用户手册的早期版本。

4. 需求分析评审

需求分析评审作为需求分析阶段工作的复查手段，应该对功能的正确性、完整性和清晰性以及其他需求给予评价。

3.2 获取用户需求的方法

3.2.1 从用户处获取真实需求

1. 直面访谈用户

访谈是最早开始使用的获取用户需求的方法，也是迄今为止仍然广泛使用的需求分析方法。

访谈分为正式的和非正式的访谈。正式访谈时，系统分析员将提出一些事先准备好的具体问题。在非正式访谈中，分析员将提出一些用户可以自由回答的开放性问题，以鼓励被访问人员说出自己的想法。

2. 问卷调查

当需要调查大量用户的需求时，向被调查用户分发调查表是一个十分有效的做法。经过仔细考虑写出的书面回答可能比被访者对问题的口头回答更为准确。分析员仔细阅读回收的调查表，然后再有针对性地直面访问一些用户，以便向他们询问在分析调查表时发现的新问题。

在访问用户的过程中使用情景分析往往非常有效。所谓情景分析就是对用户将来使用目标系统解决某个具体问题的方法和结果进行分析。

情景分析的功能主要体现在下述两个方面：

（1）它能在某种程度上演示目标系统的功能，从而便于用户理解，而且还可能进一步揭示出一些分析员目前还不知道的需求。

（2）由于情景分析较易为用户所理解，使用这种技术能保证用户在需求分析过程中始终扮演一个积极主动的角色。需求分析的目标是获知用户的真实需求，而用户是这一信息的唯一来源，因此，让用户发挥主观能动性，对需求分析工作的成功至关重要。

3.2.2　基于自顶向下细化数据流的需求获取

软件系统本质上是信息处理系统，而任何信息处理系统的基本功能都是把输入数据转变成需要的输出数据。数据决定了需要的处理和算法，数据显然是需求分析的出发点。在可行性研究阶段许多实际的数据元素被暂时忽略了，当时分析员无须考虑这些细节，需求分析阶段则需要定义这些数据元素。

结构化分析方法就是采用基于数据流的自顶向下逐步求精方法开展需求分析。通过可行性研究已经得出目标系统的高层数据流图，需求分析的目标之一就是把数据流和数据存储定义细化至元素级。为了达到这个目标，通常从数据流图的输出端着手分析，这是因为系统的基本功能是产生这些输出，输出数据决定了系统必须具有的最基本的组成元素。

输出数据是由哪些元素组成的呢？通过调查访问很容易明白这个问题。那么，每个输出数据元素又是从哪里来的呢？既然它们是系统的输出，显然它们或者是从外面输入到系统中来的，或者是通过计算由系统中产生出来的。沿数据流图由输出端向输入端回溯，应该能够确定每个数据元素的来源，与此同时初步定义有关的算法。但是，可行性研究阶段产生的是高层数据流图，缺乏许多具体的细节，因此沿数据流图回溯时常常遇到下述问题：为了得到某个数据元素需要用到数据流图中目前还没有的数据元素，或者得出这个数据元素需要用的算法尚不完全清楚。

为了解决这些问题，往往需要向用户和其他有关人员请教，他们的回答，将使分析员对目标系统的认识更深入更具体，系统中更多的数据元素被划分出来，更多的算法流程被弄清楚。通常把分析过程中得到的有关数据元素的信息记录在数据字典中，把对算法的简明描述记录在IPO图（见3.3节）中。通过分析而补充的数据流、数据存储和处理，添加到数据流图的适当位置上。

必须请用户对上述分析过程中得出的结果仔细地复查，数据流图是帮助复查的极好工具。从输入端开始，分析员借助数据流图、数据字典和IPO图向用户解释输入数据是如何逐步地转变成输出数据的。这些解释集中反映了通过前面的分析工作，分析员所获得的对目标系统的认识。复查过程验证了已知元素，补充了未知元素，填补了文档中的空白。

为了追踪更详细的数据流，分析员应该把数据流图扩展细化到更低的层次。通过功能分解可完成数据流图的细化。对数据流图细化之后得到一组新的数据流图，不同的系统元素之间的关系变得更加清楚。对这组新数据流图地分析追踪可能产生新的问题，这些问题的答案可能又将在数据字典中增加一些新的条目，并且可能导致新的或精化的算法描述。随着分析过程的进展，经过问题和解答的反复循环，分析员越来越深入具体地定义了目标系统，最终充分地了解系统的数据和功能要求。

3.2.3 面向团队的需求收集法

传统的访谈或基于数据流自顶向下求精方法，在定义需求时用户处于被动地位，而且往往有意无意地与开发者区分“彼此”。由于不能像同一个团队的人那样齐心协力地识别和精化需求，这两种方法的效果有时并不理想。

面向团队的需求收集法，也称为简易的应用规格说明技术。这种方法提倡用户与开发者密切合作，共同标识问题，提出解决方案，商讨不同方案并指定基本需求。现今，简易的应用规格说明技术已经成为信息系统领域使用的主流技术。

使用简易的应用规格说明技术分析需求的典型过程如下：

首先，进行初步的访谈，通过用户对基本问题的回答，初步确定待求解问题的范围和解决方案。然后，开发者和用户分别写出产品需求。选定会议的时间和地点，并选举一个负责主持会议的协调人。最后，邀请开发者和用户双方组织的代表，出席会议，并在开会前预先把写好的产品需求分发给每位与会者。

要求每位与会者在开会的前几天认真审查产品需求，列出作为系统环境组成部分的对象、系统将产生的对象以及系统为了完成自己的功能将使用的对象。此外，还要求每位与会者列出操作这些对象或与这些对象交互的服务（即处理或功能）。最后还应该列出约束条件（如成本、规模、完成日期）和性能标准（如速度、容量）。不期望每个与会者列出的内容毫无遗漏，但是，希望能准确地表达出每个与会者对目标系统的认识。

会议讨论的第一个问题是“是否需要这个新产品？”一旦大家都同意确实需要这个新产品，每个与会者把他们在会前准备好的列表展示出来供大家讨论。在这个阶段，禁止批评与争论。

在展示了每个人针对某个议题的列表之后，大家共同创建一张组合列表。在组合列表中消除了冗余项，加入了新想法，但是并不删除任何实质性内容。在针对每个议题的组合列表都建立起来之后，由协调人主持讨论这些列表。组合列表将被缩短、加长或重新措辞，以便更准确地描述将被开发的产品。讨论的目标是针对每个议题（对象、服务、约束和性能）都创建出一张意见一致的列表。

一旦得出了意见一致的列表，就把与会者分成更小的小组，每个小组的工作目标是为每张列表中的项目制定小型规格说明书。小型规格说明书是对列表中包含的单词或短语的准确说明。然后，每个小组向全体与会者展示他们制定的小型规格说明书，供大家讨论。通过讨论可能会增加或删除一些内容，也可能进一步做些精化工作。

在完成了小型规格说明书之后，每个与会者都制定出产品的一整套确认标准，并把自己制定的标准提交会议讨论，以创建出意见一致的确认标准。最后，由一名或多名与会者根据会议成果起草完整的软件需求规格说明书。

简易的应用规格说明技术并不是解决需求分析阶段遇到的所有问题的“万能灵药”，但是，这种面向团队的需求收集法确实有许多突出优点：开发者与用户不分彼此，齐心协力，密切合作；

即时讨论并求精；具有能导出规格说明书的具体步骤。

3.2.4　快速原型需求收集方法

快速建立软件原型是最准确、最有效、最强大的需求分析技术。快速原型就是快速建立起的旨在演示目标系统主要功能的可运行的程序。构建原型的要点是，它应该实现用户看得见的功能（例如，屏幕显示或打印报表），省略目标系统的“隐含”功能（例如，修改文件）。

快速原型法重要特性之一是“快速”。快速原型的目的是尽快向用户提供一个可在计算机上运行的目标系统的模型，以便使用户和开发者在目标系统应该“做什么”问题上尽可能快地达成共识。因此，原型的某些缺陷是可以忽略的，只要这些缺陷不严重地损害原型的功能，不会使用户对产品的行为产生误解，就不必管它们。

快速原型重要特性之二是“容易修改”。如果原型的第一版不是用户所需要的，就必须根据用户的意见迅速地修改它，构建出原型的第二版，以更好地满足用户需求。在实际开发软件产品时，原型的修改—试用—反馈过程可能重复多遍，如果修改耗时过多，势必延误软件开发时间。

为了快速构建和修改原型，通常使用数据库查询和报表语言、程序和应用系统生成器以及其他高级的非过程语言，使得软件工程师能够快速地生成可执行的代码。另外一种快速构建原型的方法是使用一组已有的软件构件（也称为组件）来装配（而不是从头构造）原型。软件构件可以是数据结构或数据库、软件体系结构构件（即程序）、过程构件（即模块）。必须把软件构件设计成能在不知其内部工作细节的条件下重用。应该注意，现有的软件可以被用作“新的或改进的”产品的原型。

3.3　需求分析建模的图形工具

3.3.1　需求的模型表达

为了更好地理解复杂事物，人们常常采用建立事物模型的方法。所谓模型，就是为了理解事物而对事物做出的一种抽象，是对事物的一种无歧义的书面描述。通常，模型由一组图形符号和组织这些符号的规则组成。

结构化分析实质上是一种创建模型的活动。为了开发出复杂的软件系统，系统分析人员应从不同的角度抽象出目标系统的特性，使用精确的表示方法构造系统的模型，验证模型是否满足用户对目标系统的需求，并在设计过程中逐渐把和实现有关的细节加进模型中，直至最终用程序实现模型。

根据本章引言部分讲述的结构化分析准则，需求分析过程应该建立 3 种模型，它们分别是数据模型、功能模型和行为模型，其分别用实体 - 联系图、数据流图和状态转换图来建立这 3 种模型。

（1）实体 - 联系图（Entity-Relationship diagram，E-R 图）：描述数据对象及数据对象之间的关系，E-R 图用于建立数据模型；

（2）数据流图：描绘系统中移动数据被变换的逻辑过程，建立功能模型的基础，已在 2.3.2 小节阐述；

（3）状态转换图：描绘系统的状态和状态间转换的方式，刻画了系统的行为模型。

3.3.2 建模图形工具

1. 实体－联系图

为了把用户的数据要求清楚、准确地描述出来，系统分析员通常建立一个概念性数据模型(也称为信息模型)。概念性数据模型是一种面向问题的数据模型，是按照用户的观点对数据建立的模型。它描述从用户角度看到的数据，反映用户的现实环境，而且与在软件系统中的实现方法无关。

数据模型中包含3种相互关联的信息：数据对象、数据对象的属性及数据对象彼此间相互连接的关系。

（1）数据对象。数据对象是对软件必须理解的复合信息的抽象。所谓复合信息是指具有一系列不同性质或属性的事物，仅有单个值的事物不是数据对象，如宽度就不是数据对象。

数据对象可以是外部实体(如产生或使用信息的任何事物)、事物(如报表)、行为(如打电话)、事件（如响警报）、角色（如教师、学生）、单位（如会计科）、地点（如仓库）或结构（如文件）等。总之，可以由一组属性来定义的实体都可以被认为是数据对象。

数据对象彼此间是有关联的，例如，教师“教”课程，学生“学”课程，教或学的关系表示教师和课程或学生和课程之间的一种特定的联系。

（2）实体属性。属性定义了数据对象的性质。必须把一个或多个属性定义为标识符，也就是说，当我们希望找到数据对象的一个实例时，用标识符属性作为关键字（通常简称为键）。

（3）实体联系。数据对象彼此之间相互连接的方式称为联系，也称为关系。联系可分为以下3种类型：一对一联系（1:1）；一对多联系（1:N）以及多对多联系（M:N）。

例如，一个部门有一个经理，而每个经理只在一个部门任职，则部门与经理的联系是一对一的。某校教师与课程之间存在一对多的联系教，即每位教师可以教多门课程，但是每门课程只能由一位教师来教。学生和课程之间，一个学生可以学多门课程，而每门课程可以有多个学生来学。

（4）图形符号。通常，使用实体-联系图来建立数据模型，可以把实体-联系图简称为E-R图，相应地可把用E-R图描绘的数据模型称为E-R模型。

实体（Entity），通常用矩形表示，矩形框内写明实体名，如学生张三、学生李四都是实体。

属性（Attribute），通常用椭圆形表示，并用无向边将其与相应的实体连接起来，如学生的姓名、学号、性别等都是属性。

联系（Relationship），通常用菱形表示，菱形框内写明联系名，并用无向边分别与有关实体连接起来，同时在无向边旁标上联系的类型（1:1，1:N或M:N），就是指存在的3种关系（一对一、一对多、多对多）。如老师给学生授课存在授课关系，学生选课存在选课关系。

（5）E-R图案例。图3.1所示为教师给学生上课的E-R图。

2. 状态转换图

在需求分析过程中应该建立起软件系统的行为模型。状态转换图(简称状态图)通过描绘系统的状态及引起系统状态转换的事件来表示系统的行为。此外，状态图还指明了作为特定事件的结果系统将做哪些动作（如处理数据）。因此，状态图提供了行为建模机制。

（1）状态。状态是任何可以被观察到的系统行为模式，一个状态代表系统的一种行为模式。

（2）事件。事件是某个特定时刻发生的事情，它是引起系统做动作或状态转换的控制信息。

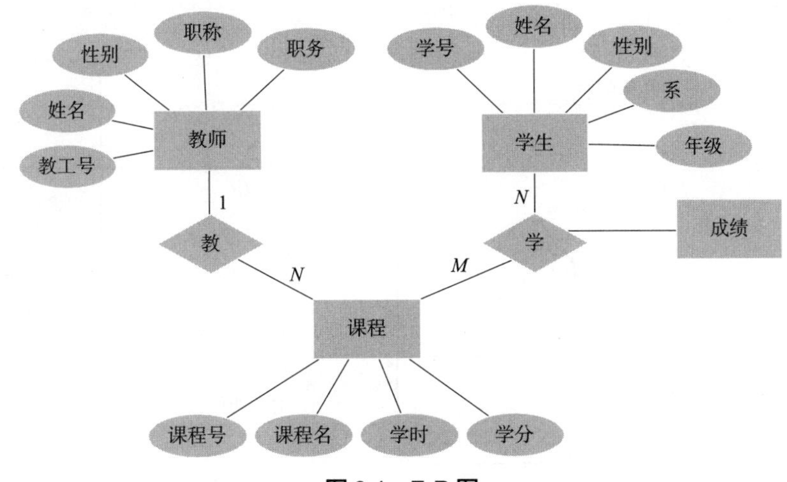

图 3.1　E-R 图

（3）符号。在状态图中，初态用实心圆表示，终态用一对同心圆（内圆为实心圆）表示。中间状态用圆角矩形表示，可以用两条水平横线把它分成上、中、下 3 个部分。上面部分为状态的名称，这部分是必须有的；中间部分为状态变量的名字和值，这部分是可选的；下面部分是活动表，这部分也是可选的，如图 3.2 所示。

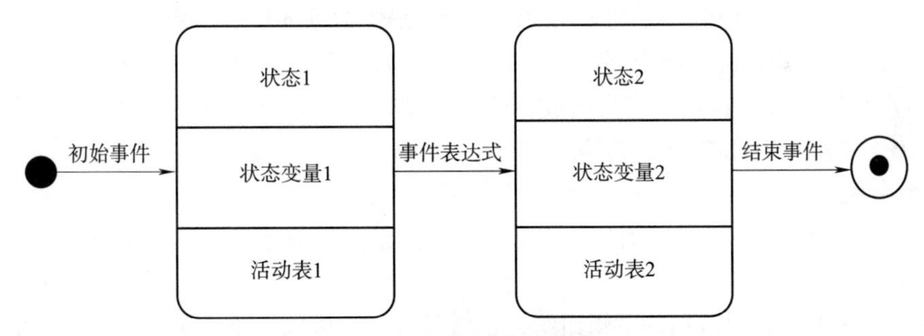

图 3.2　状态转换图符号

活动表的语法格式如下：事件名 (参数表)/ 动作表达式。其中，事件名可以是任何事件的名称。在活动表中经常使用下述 3 种标准事件：entry、exit 和 do。entry 事件指定进入该状态的动作，exit 事件指定退出该状态的动作，而 do 事件则指定在该状态下的动作，需要时可以为事件指定参数表，活动表中的动作表达式描述应做的具体动作。

状态图中两个状态之间带箭头的连线称为状态转换，箭头指明了转换方向。状态变迁通常是由事件触发的，在这种情况下应在表示状态转换的箭头线上标出触发转换的事件表达式；如果在箭头线上未标明事件，则表示在源状态的内部活动执行完之后自动触发转换。

事件表达式的语法如下：

事件说明［守卫条件］/ 动作表达式。其中，事件说明的语法为：事件名 (参数表)。

（4）案例。复印机的工作过程大致如下：未接到复印命令时处于闲置状态，一旦接到复印命令则进入复印状态，完成一个复印命令规定的工作后又回到闲置状态，等待下一个复印命令；如果执行复印命令时发现没纸，则进入缺纸状态，发出警告，等待装纸，装满纸后进入闲置状态，准备接收复印命令；如果复印时卡纸，发出警告，等待维修人员来排除故障，故障排除后回到闲置状态。图 3.3 是复印机工作系统的状态转换图。

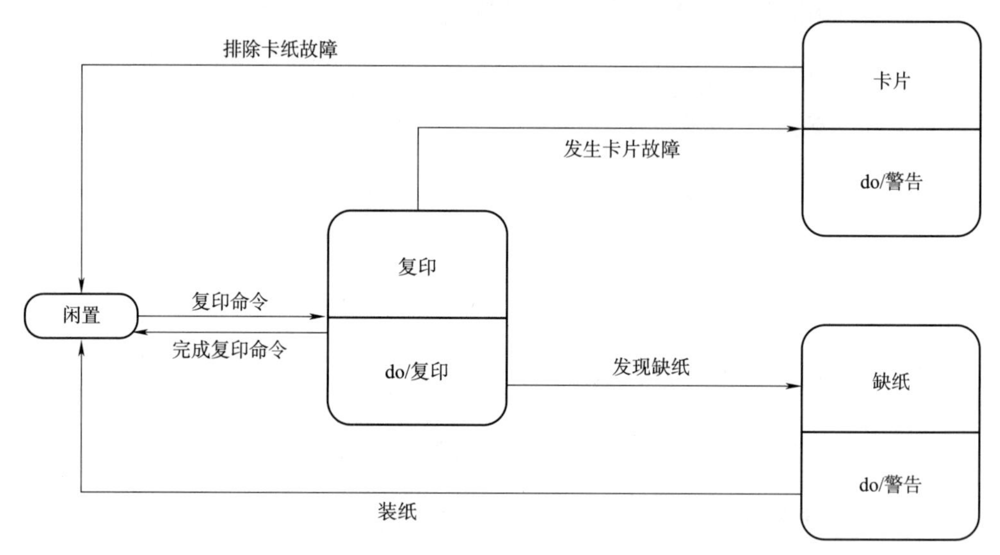

图 3.3　复印机的状态转换图

3. 层次方框图

层次方框图用树形结构的一系列多层次的矩形框描绘数据的层次结构。

例如，描绘一家计算机公司全部产品的数据结构可以用如图 3.4 所示层次方框图表示。这家公司的产品由硬件、软件和服务三类组成，软件产品又分为系统软件和应用软件，系统软件又分为操作系统、编译程序和软件工具等。

4. Warnier 图

和层次方框图类似，Warnier 图也用树形结构描绘信息，但是这种图形工具比层次方框图提供了更丰富的描绘手段。

用 Warnier 图可以表明信息的逻辑组织，也就是说，它可以指出一类信息或一个信息元素是重复出现的，也可以表示特定信息在某一类信息中是有条件地出现的。如图 3.5 所示是软件产品数据结构的 Warnier 图。

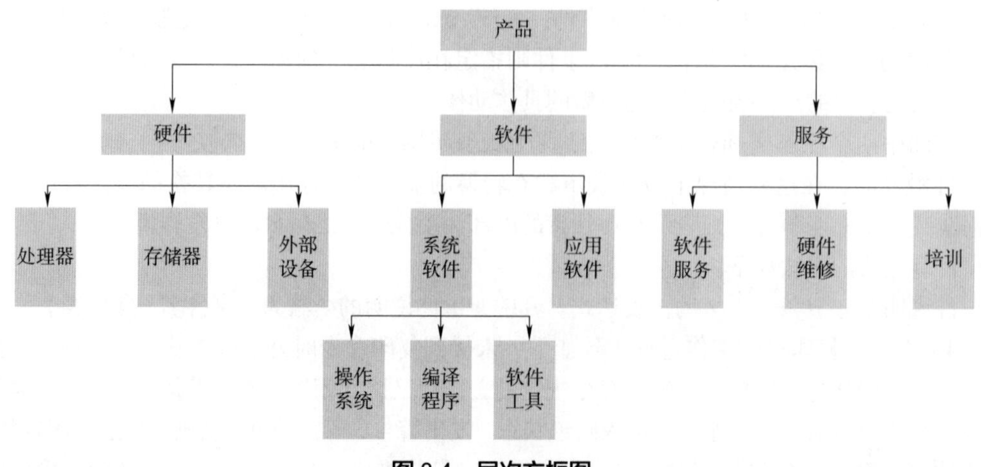

图 3.4　层次方框图

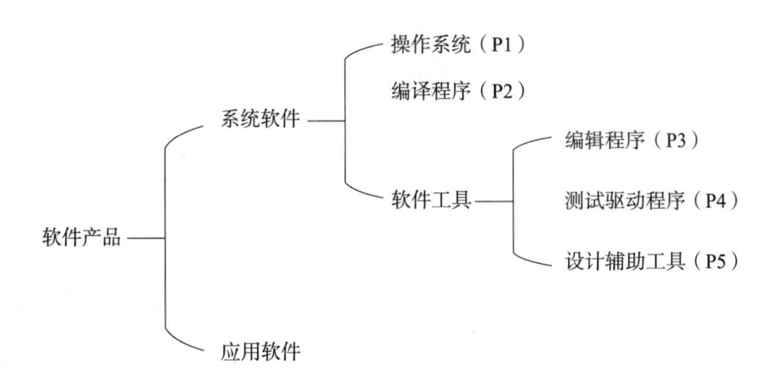

图 3.5　Warnier 图

5. IPO 图

IPO 图是输入、处理、输出图的简称，它是由美国 IBM 公司发展完善起来的一种图形工具，能够方便地描绘输入数据、对数据的处理和输出数据之间的关系。如图 3.6 所示是一个数据文件更新过程的 IPO 图。

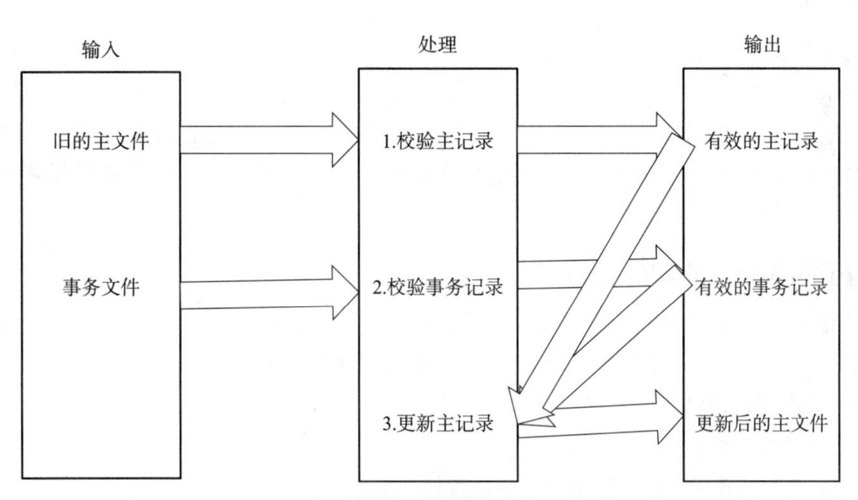

图 3.6　数据文件更新的 IPO 图

3.4 需求分析结果与验证

3.4.1　验证软件需求的正确性

一般说来，应该从下述 4 个方面进行软件需求正确性的验证：

（1）一致性，所有需求必须是一致的，任何一条需求不能和其他需求互相矛盾。

（2）完整性，需求必须是完整的，软件要求规格说明书应包括用户需要的每一个功能或性能。

（3）现实性，指定的需求用现有的硬件技术和软件技术可以实现。对硬件技术的进步可以做些预测，对软件技术的进步则很难做出预测，只能从现有技术水平出发判断需求的现实性。

（4）有效性，必须证明需求是正确有效的，确实能解决用户面对的问题。

3.4.2 验证软件需求的方法

1. 验证软件需求的一致性

当需求分析的结果是用自然语言书写的时候，这种非形式化的软件需求规格说明书是难于验证的，特别在目标系统规模庞大、软件需求规格说明书篇幅很长的时候，人工审查的效果是没有保证的，以致软件开发工作不能在正确的基础上顺利进行。

为了克服上述困难，人们提出了形式化的描述软件需求的方法。当软件需求规格说明书是用形式化的陈述语言书写的时候，可以用软件工具验证需求的一致性，从而能有效地保证软件需求的一致性。

2. 验证软件需求的现实性

为了验证需求的现实性，分析员应该参照以往开发类似系统的经验，分析用现有的软、硬件技术实现目标系统的可能性。必要的时候应该采用仿真或性能模拟技术，辅助分析软件需求规格说明书的现实性。

3. 验证软件需求的完整性和有效性

验证需求的完整性，特别是证明系统确实满足用户的实际需求（即需求的有效性），只有在用户的密切合作下才能完成。然而许多用户并不能清楚地认识到他们的需求，不能有效地陈述需求的语言和实际需要的功能。只有当他们有某种工作着的软件系统可以实际使用和评价时，才能完整确切地提出他们的需要。

3.4.3 用于需求分析的软件工具

为了更有效地保证软件需求的正确性，特别是为了保证需求的一致性，需要有合适的软件工具支持需求分析工作。用于需求分析的软件应该满足下列要求：

（1）有形式化的语法。

（2）能够导出详细的文档。

（3）能分析软件需求规格说明书的不一致性和冗余性

（4）使用这个软件工具后应该能够改进需求分析参与人员之间的通信状况。

下面两个是常用的需求分析的软件工具。

1. BPwin

BPwin 软件工具有如下一些功能和特性。

（1）提供功能建模、数据流建模、工作流建模。

BPwin 可使项目分析员的分析结果从三大业务角度（功能、数据及工作流）满足功能建模人员、数据流建模人员和工作流建模人员的需要。

（2）将与建立过程模型有关的任务自动化。

BPwin 可将与建立过程模型有关的任务自动化，并提供逻辑精度以保证结果的正确一致。

（3）为复杂项目的项目分析小组成员提供统一的分析环境。

BPwin 成员可方便地共享分析结果，且 BPwin 可利用内部策略机制，理解并判断业务过程分析结果，自动优化业务过程分析结果，对无效浪费、多余的分析行为进行改进、替换或消除。

（4）可与模型管理工具 ModelMart 集成使用。

不论从管理方面还是安全方面，BPwin 与 ModelMart 集成使用都会使得设计大型复杂软件的工作变得十分方便。ModelMart 会为 BPwin 分析行为增加用户安全性、检入（Check In)、检出（Check Out）、版本控制和变更管理等功能。

（5）可与建模工具 ERwin 集成使用。

BPwin 可与数据库工具 ERwin 双向同步。使用 BPwin 可进一步验证 ERwin 数据模型的质量和一致性，抓取重要的细节，如数据在何处使用，如何使用，并保证需要时有正确的信息存在。这一集成保证了新的分布式数据库和数据仓库系统在实际中对业务需求的支持。

（6）符合美国 FIPS 标准和 IEEE 标准。

支持传统的结构化分析方法并能根据 DFD 模型自动生成数据字典。此外 BPwin 还支持模型和模型中各类元素报告的自动生成，生成的文档能够被 Microsoft Word 和 Excel 等编辑。

（7）易于使用，支持 Unicode。

可以在各种不同语言环境的 Windows 平台上使用。

2. Power Designer

Power Designer 软件工具包括如下一些功能模块。

（1）DataArchitect，利用实体 - 关系图为一个信息系统创建概念数据模型（CDM）。并且可根据 CDM 产生基于某一特定数据库管理系统的物理数据模型（PDM）。

（2）ProcessAnalyst，此部分用于创建功能模型和数据流图，创建处理层次关系。

（3）AppModeler，此部分为客户 / 服务器应用程序创建应用模型。

（4）ODBCAdministrator，此部分用来管理系统的各种数据源。

3.5 需求分析案例——图书馆管理系统

1. 问题陈述

学院图书馆需要一个新的图书馆管理系统（Library Management System，LMS）跟踪和管理其资源。显然，图书馆必须管理的基本资源是图书。图书由图书馆用户借出、还入和预订。图书也可能处于特殊的状态，如被预留或者它们仅作为参考书。在这些情况下，图书是不能被借走的。当图书资源逾期两周时，催还函会寄给用户。图书每逾期一天，用户将被罚 0.2 元，每本书最多罚款 50 元。系统同时考虑提供电子读物服务，目前只提供电子读物的目录查询服务，不久的将来将提供电子读物全文服务。用户可通过网络方式访问图书馆管理系统。图书馆还有其他可以借出的资源，包括音乐 CD、软件和录像带，这些资源每次只能被借出一周。

该图书馆管理系统服务对象有两部分人：注册用户和一般读者。一般读者经注册后成为注册用户，注册用户可以在图书馆借阅图书，其他人员只可查阅图书目录，但不能借阅图书。用户也有不同身份，这些身份能够影响一本书可能被借出的时间。用户的身份也决定他能获得何种服务。学生借书可借阅四星期，老师可借阅三个月，图书馆工作人员可以把书保留整整一年。只要没有其他用户要求借阅，任何可借出的图书馆资源都可以续借。每一学期老师和图书馆工作人员可能在一个学期中要求为他预留一本书或借入外部资源（不属于该图书馆的图书、报纸、唱片、音乐 CD、杂志或磁带）并预留。

图书馆也必须管理收集大量周刊、月刊和季刊杂志，这些杂志不能被借出，仅作为参考资料之用。这些杂志按年装订成卷或拍摄成微缩胶片。另外，图书馆工作人员的工作包括将书放回书架，更新杂志订阅和订购新的图书馆资源。

图书馆工作人员也提供一些其他服务来支持研究机构的活动和一般的公众。24 台计算机分布在图书馆中。这些计算机提供了对各种数据库的访问，通过最新的浏览器进行索引和在 Internet 上进行馆际互借。有指定的图书馆工作人员来帮助用户如使用一般书目索引一样使用基于计算机的工具。图书馆也必须联网到其他的图书馆，以满足馆际互借的要求。这些相互连接的图书馆允许用户可以直接访问它们的馆藏。

图书馆工作人员的最后职责是获取和淘汰馆藏图书。在获取新书的过程中，他们试图在满足用户的要求和达到广泛的收集之间取得平衡。当图书的内容已经过时并且没有历史价值时，这本图书将被淘汰。理想情况下，当一本书过时后，它只有在一本内容更新的书在馆藏中代替它时才会被淘汰。

2. 图书馆组织结构

为了对系统有一个全貌性的了解，首先要对系统内部人员结构、组织及用户情况有所了解。图书馆系统的组织结构如图 3.7 所示。

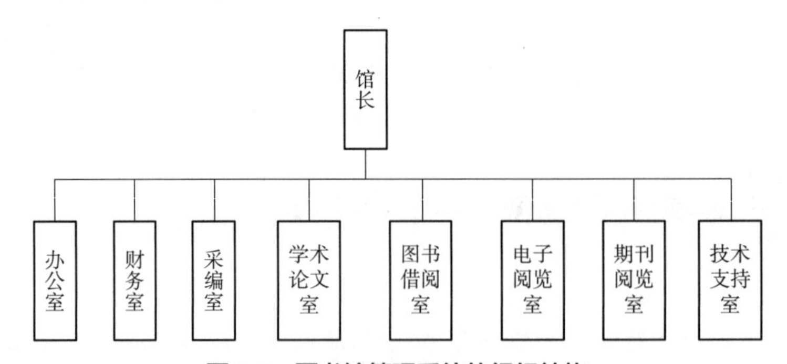

图 3.7　图书馆管理系统的组织结构

图书馆由馆长负责全面工作，下设办公室、财务室、采编室、学术论文室、图书借阅室、电子阅览室、期刊阅览室和技术支持室。各部门的业务职责如下：

（1）办公室：办公室协助馆长负责日常工作，了解客户需求，制订采购计划。

（2）财务室：财务室负责财务方面的工作。

（3）采编室：采编室负责图书的采购，入库和图书编目，编目后的图书粘贴标签，并送图书借阅室上架。

（4）学术论文室：负责学术论文的收集整理。

（5）图书借阅室：提供对读者的书目查询服务和图书借阅服务。

（6）电子阅览室：收集整理电子读物，准备提供电子读物的借阅服务，目前可以提供目录查询和借阅。

（7）期刊阅览室：负责情况的收集整理和借阅。

（8）技术支持室：负责对图书馆的网络和计算机系统提供技术支持。

3. 系统业务流程分析

图书馆管理系统的业务流程如图 3.8 所示。

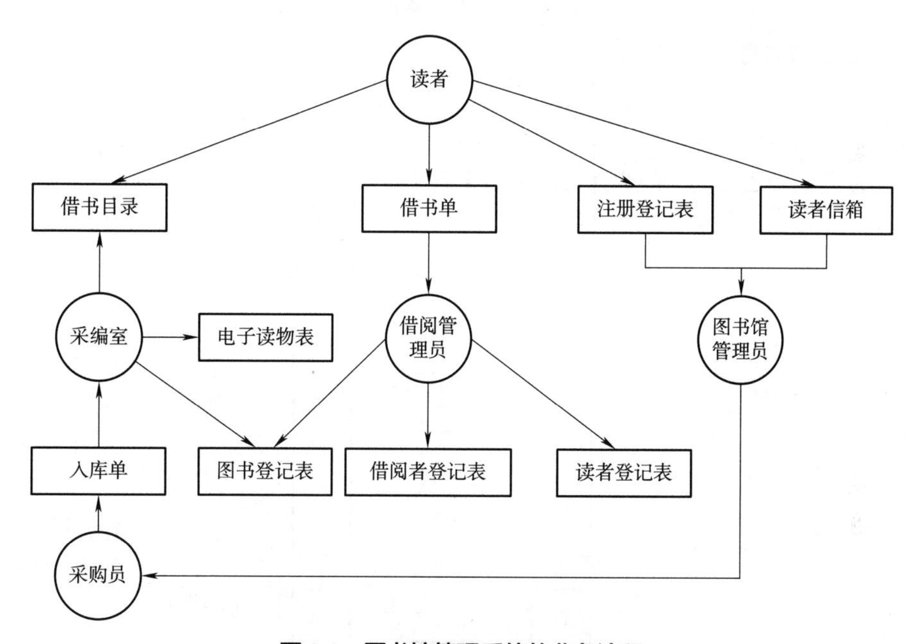

图 3.8 图书馆管理系统的业务流程

通过业务流程调查，理清图书馆管理系统的主要业务和业务的流程。

图书馆管理员编制图书采购计划，由采购员负责新书的采购工作。采购图书入库后，交采编室编目，粘贴标签，产生图书目录。图书交图书借阅室上架，供读者借阅。采编后的电子读物交电子阅览室。

读者分为注册读者和非注册读者，只有注册读者可以在本图书馆借书，非注册读者可查询目录但不能借书。读者填写注册登记表交图书馆的管理员审核后，记入读者登记表，成为注册读者，发给借书证。注册读者借书时，需填写借书单，连同借书证一起交给借阅室管理员，借阅管理员核对无误后，填写借阅登记表，修改图书登记表中该书的数量，取书交给读者。图书馆设读者信箱，读者需要但没有库存的图书，读者可以通过读者信箱反映。图书馆管理员定期处理读者信箱中的意见，将读者需要的图书编制成图书采购计划交采购员购买。

4. 数据流图

数据流图是全面描述信息系统逻辑模型的工具，它抽象概括地把信息系统中各种业务处理过程联系起来。以下是图书馆管理系统的数据流图。

（1）零层数据流图 3.9 所示。

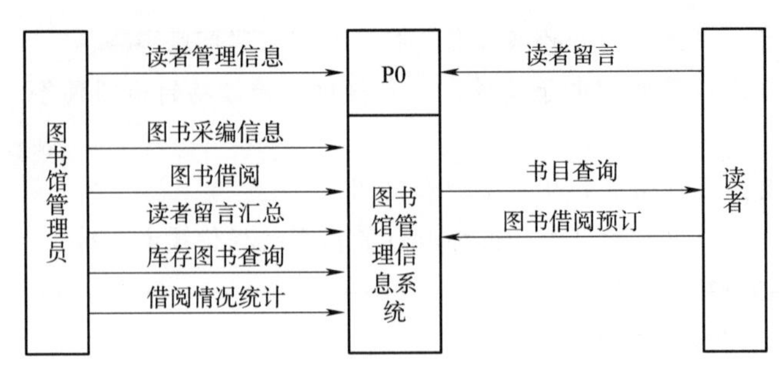

图 3.9　零层数据流图

（2）一层数据流图 3.10 所示。

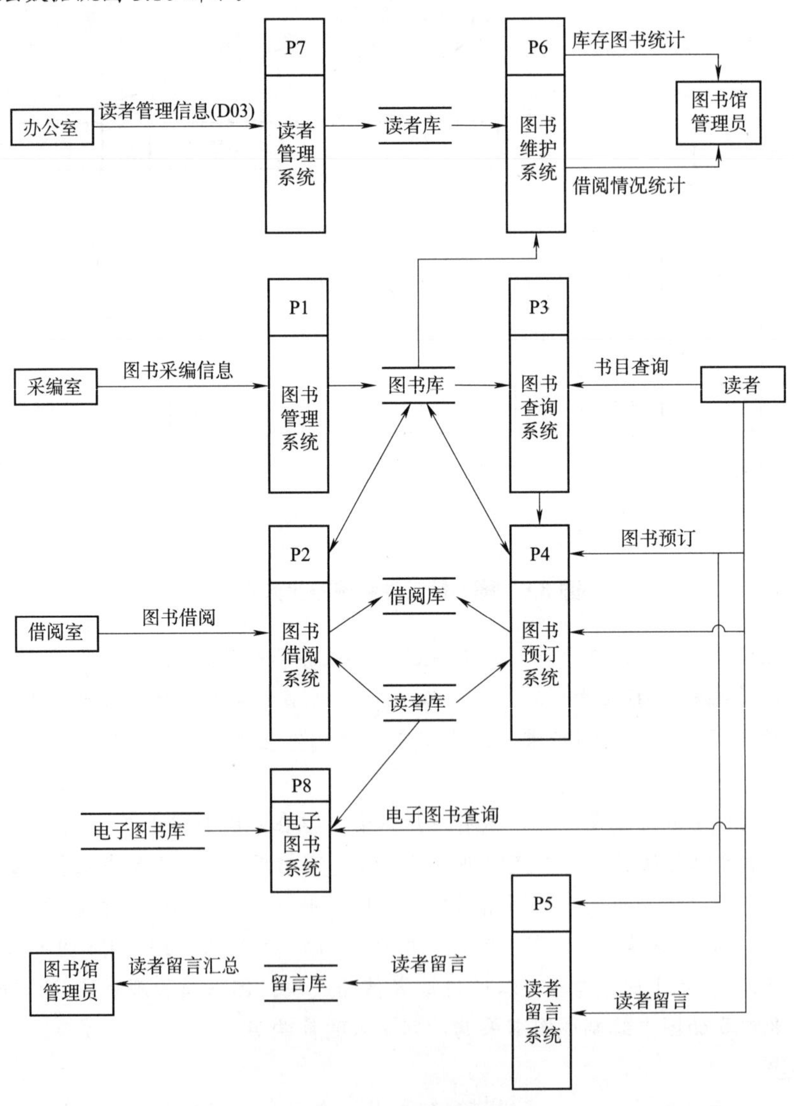

图 3.10　一层数据流图

（3）二层数据流图。

图书馆管理系统的二层数据流图有图书采编系统数据流图、图书借阅系统数据流图、图书查询系统数据流图、图书预订系统数据流图、读者留言系统数据流图、图书维护系统数据流图、读者管理系统数据流图和电子读物系统数据流图。二层数据流图如图 3.11 ~图 3.18 所示。

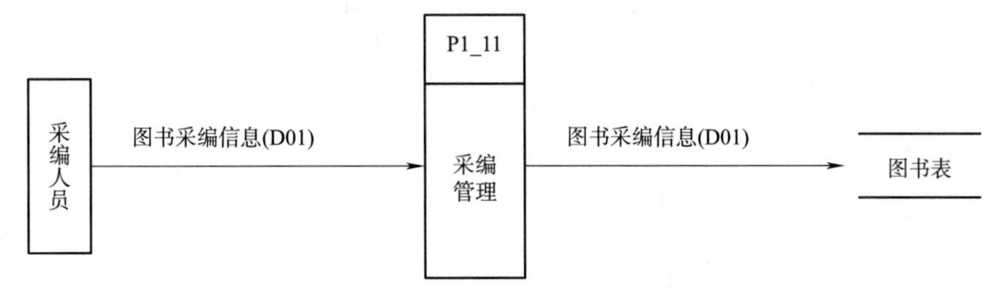

图 3.11 图书采编系统数据流图

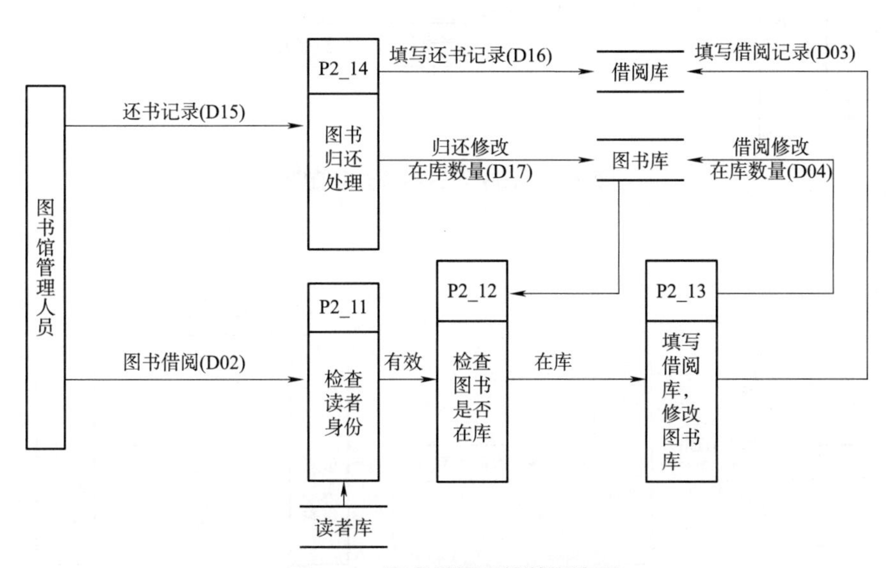

图 3.12 图书借阅系统数据流图

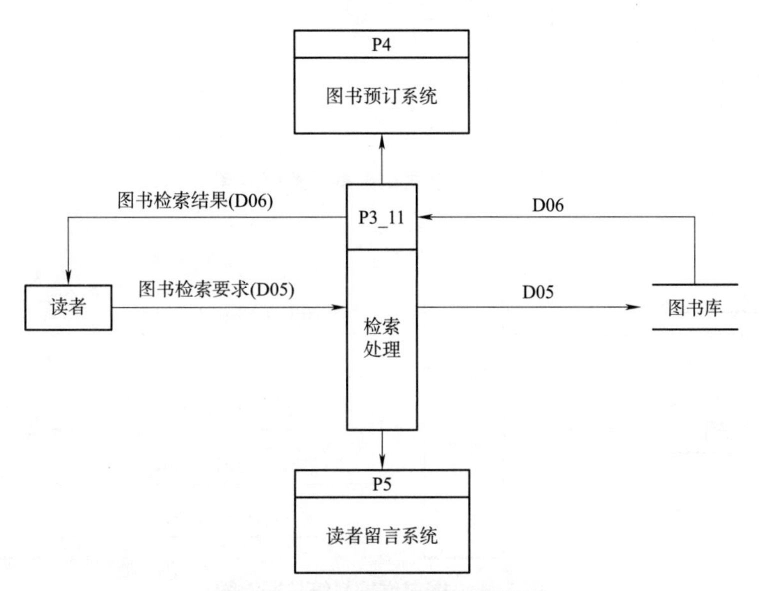

图 3.13 图书查询系统数据流图

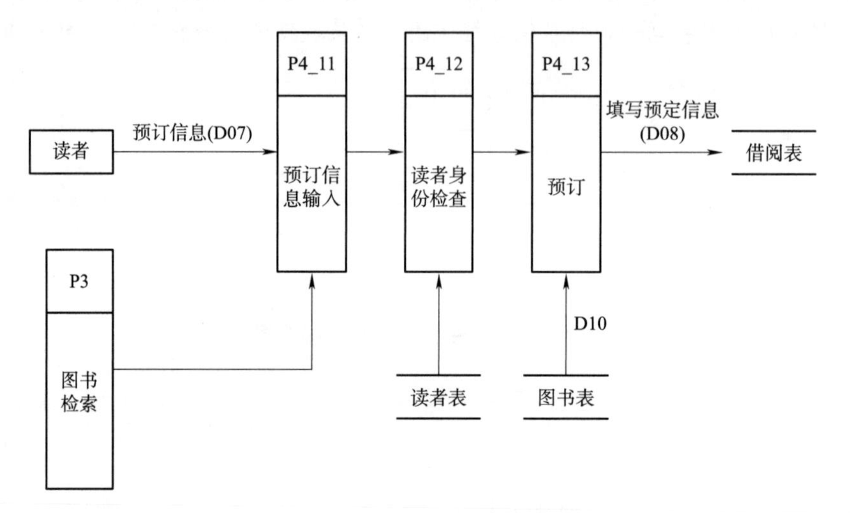

图 3.14　图书预订系统数据流图

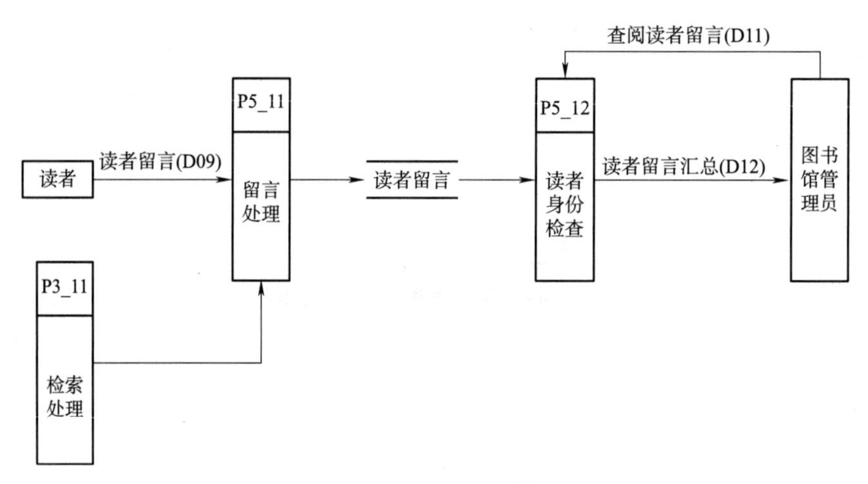

图 3.15　读者留言系统数据流图

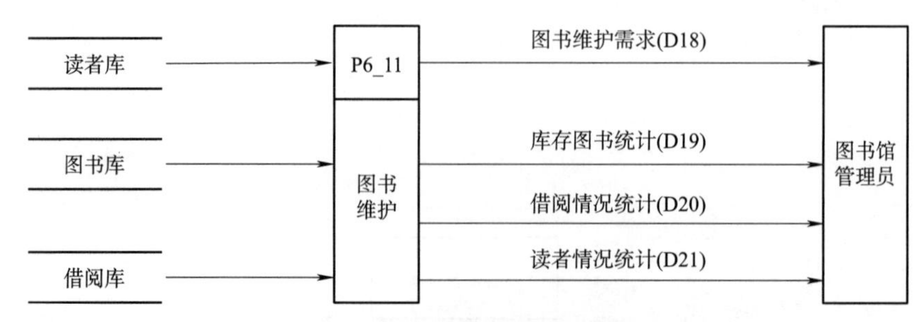

图 3.16　图书维护系统数据流图

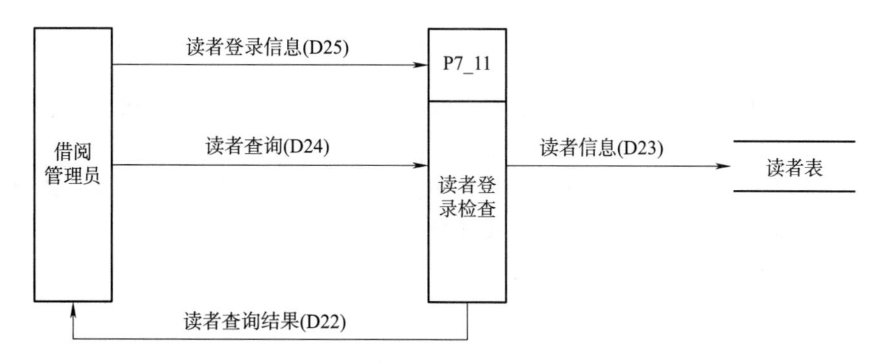

图 3.17　读者管理系统数据流图

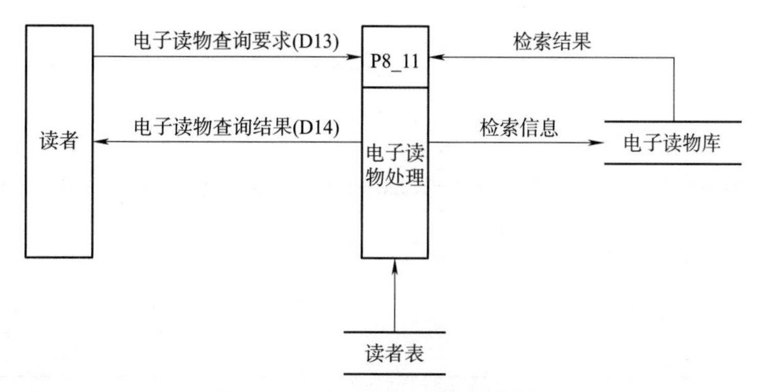

图 3.18　电子读物系统数据流图

5. 数据定义及数据字典

为了对数据流程图中各元素进行详细的说明，我们采用了数据字典的说明方法。图书馆管理系统的数据字典如下：

数据流描述。

数据流编号：D01

数据流名称：图书采编信息

简述：图书采编信息

数据流来源：图书购买后，由图书馆采编人员编码整理后，输入计算机

数据流去向：采编管理模块。图书采编信息将采编数据存入数据库（图书表）

数据项组成：BookID（图书编码）+BookType（图书类别）+BookName（书名）+Auth（作者）+Publisher（出版社）+Price（单价）+PubDate（出版日期）+Quantity（购买数量）

数据流量：100 本每日

高峰流量：500 本每日

数据流编号：D02
数据流名称：图书借阅单
简述：图书借阅单
数据流来源：用户填写图书借阅单交图书馆管理员，图书馆管理员审核后，输入计算机
数据流去向：P2_11 检查读者身份
数据项组成：OrderDate（借阅日期）+BookName（书名）+Reader D（读者账号）+ReaderName（读者姓名）+O_Quantity（借阅数量）
数据流量：1000 部每日
高峰流量：5000 部每日

数据流编号：D03
数据流名称：填写借阅记录
简述：填入借阅表的记录
数据流来源：P2_13 检查合格的借阅图书信息录入到借阅库中
数据流去向：借阅库
数据项组成：OrderID（借阅号）+OrderDate（借阅日期）+BookName（书名）+BookID（图书编码）+ReaderName（读者姓名）+ReaderID（读者账号）+ReturnDate （还书日期）+O_Quantity（借阅数量）+state（状态）
数据流量：1000 人每日
高峰流量：2000 人每日

数据流编号：D04
数据流名称：借阅图书数量
简述：修改图书库中图书数量
数据流来源：P2_13 修改图书库中图书数量
数据流去向：图书库
数据项组成：BookID（图书编码）+O_Quantity（借阅数量）
数据流量：1000 人每日
高峰流量：2000 人每日

数据流编号：D05
数据流名称：图书查询信息
简述：图书查询信息
数据流来源：读者
数据流去向：P3_11 检索处理模块
数据项组成：BookID（图书编码）| BookName（书名）| Auth（作者）| Publisher（出版社）
数据流量：2000 次每日
高峰流量：4000 次每日

数据流编号：D06
数据流名称：图书检索结果
简述：返回给读者的查询结果
数据流来源：P3_11 检索条件处理模块，从图书库中返给读者的查询结果
数据流去向：读者
数据项组成：查无此书 | 符合条件的图书数量 +{ 图书馆藏号 + 图书类别 + 书名 + 作者 + 出版社 + 出版日期 + 在库册数 }
数据流量：2000 次每日
高峰流量：4000 次每日

数据流编号：D07
数据流名称：图书预订信息
简述：读者预订图书时填写的信息
数据流来源：用户填写图书预订信息，要求预订图书
数据流去向：P4_11 预订信息输入
数据项组成：ReaderName（读者姓名）+ Password（密码）+BookID（图书编码）
数据流量：50 次每日
高峰流量：100 次每日

本章小结

软件需求说明书，也叫软件需求规格说明书，它是对所开发软件的功能、性能、用户界面及运行环境等作出详细的说明。

事实上，它是在用户与开发人员双方对软件需求取得共同理解并达成协议的条件下编写的，也是后续实施开发工作的前提和基础。要得出一份真实、准确，并得到用户认可的需求说明书并不容易，作为软件分析和设计人员，必须使用适当的方法与用户沟通，争取得到用户的支持和参与。

为了更好地理解问题，人们常常采用建立模型的方法，结构化分析方法本质上就是一种建模活动，在需求分析阶段通常建立数据模型、功能模型和行为模型。

多数人习惯使用实体 - 联系图建立数据模型；使用数据流图建立功能模型；使用状态图建立行为模型。

软件需求规格说明书应给出数据逻辑和数据采集的各项要求，为生成和维护系统数据文件做好准备。

习题

一、填空题

1. ________是软件定义时期的最后一个阶段，是________中的一个重要环节。

2. 需求分析的具体任务包括：________；________；________；________；________。

3. 结构化分析方法就是采用基于________方法开展需求分析。通过可行性研究得出目标系统的________，需求分析的目标之一就是把________和________定义细化至元素级。

4. ________是最准确、最有效、最强大的需求分析技术。旨在演示________的可运行的程序。

5. 需求分析过程应该建立三种模型，它们分别是________、________和________。

6. 数据模型中包含三种相互关联的信息：________、________及________。

二、选择题

1. 进行需求分析可使用多种工具，但（　　）不是适用的。

A. 数据流图　　B. 判定表

C. PAD 图　　D. 数据词典

2. 数据存储和数据流都是（　　），仅仅所处的状态不同。

A. 分析结果　　B. 事件　　C. 动作　　D. 数据

3. 软件需求分析的任务不应包括（　　）。

A. 问题分析　　B. 信息域分析

C. 结构化程序设计　　D. 确定逻辑模型

4. 在结构化分析方法（SA），与数据流图配合使用的是（　　）。

A. 网络图　　B. 实体 - 联系图

C. 数据字典　　D. 程序流程图

5. 通过（　　）可以完成数据流图的细化。

A. 结构分解　　B. 功能分解

C. 数据分解　　D. 系统分解

6. 需求分析过程中，对算法的简单描述记录在（　　）中。

A. 层次图　　B. 数据字典

C. 数据流图　　D. IPO 图

7. 在数据流图中，有名字及方向的成分是（　　）。

A. 控制流　　B. 信息流　　C. 数据流　　D. 信号流

8. 结构化分析方法（SA）最为常见的图形工具是（　　）。

A. 程序流程图　　B. 实体 - 联系图

C. 数据流图　　D. 结构图

9. 在结构化方法中，用以表达系统内数据的运动情况的工具有（　　）。

A. 数据流图　　B. 数据词典

C. 结构化英语　　D. 判定树与判定表

10. 软件需求分析阶段的工作，可以分成以下四个方面：对问题的识别，分析与综合，制定规格说明以及（　　）。

A. 总结　　B. 实践性报告

C. 需求分析评审　　D. 以上答案都不正确

11. 各种分析方法都有它们共同适用的（　　）。

A. 说明方法　　B. 描述方法

C. 准则　　D. 基本原则

12. 需求规格说明书的内容不应包括对（　　）的描述。

A. 主要功能　　B. 算法的详细过程

C. 用户界面及运行环境　　D. 软件的性能

13. 需求分析最终结果是产生（　　）。

A. 项目开发计划　　B. 可行性分析报告

C. 需求规格说明书　　D. 设计说明书

14. 需求分析中，开发人员要从用户那里解决的最重要的问题是（　　）。

A. 要让软件做什么　　B. 要给该软件提供哪些信息

C. 要求软件工作效率怎样　　D. 要让该软件具有何种结构

15. 初步用户手册在（　　）阶段编写。

A. 可行性研究　　B. 需求分析

C. 软件概要设计　　D. 软件详细报告

16. 需求分析阶段不适用于描述加工逻辑的工具是（　　）。

A. 结构化语言　　B. 判定表

C. 判定树　　D. 流程图

三、简答题

1. 需求分析的步骤？其中文档包括哪4份文档资料？
2. 为什么要进行需求分析？通常对软件系统有什么需求？
3. 需求分析的软件工具要哪些？可以从哪些方面验证软件需求？
4. 获取用户需求的方法？请简要概述。

第4章

概要设计

学习目标

基本要求：了解概要设计在软件开发中的重要性；掌握概要设计的步骤；理解概要设计的原理；了解概要设计的启发式规则；掌握概要设计阶段使用的几种图形工具；掌握面向数据流的设计方法。

重点：概要设计的原理；概要设计阶段使用的几种图形工具；面向数据流的设计方法。

难点：概要设计原理部分模块化及模块独立的内容；面向数据流部分的结构化设计方法。

在完成对软件系统的需求分析之后，接下来需要进行的是软件系统的概要设计。一般说来，对于较大规模的软件项目，软件设计往往被分成两个阶段进行。首先是前期概要设计，用于确定软件系统的基本框架；然后是在概要设计基础上的后期详细设计，用于确定软件系统的内部实现细节。

概要设计也称总体设计，其基本目标是能够针对软件需求分析中提出的一系列软件问题，概要地回答如何解决。例如，软件系统将采用什么样的体系构架、需要创建哪些功能模块、模块之间的关系如何、数据结构如何？软件系统需要什么样的网络环境提供支持、需要采用什么类型的后台数据库等。

应该说，软件概要设计是软件开发过程中一个非常重要的阶段。如果软件系统没有经过认真细致的概要设计，就直接考虑它的算法或直接编写源程序，则系统的质量难以保证。许多软件就是因为结构问题，导致经常发生故障，维护异常困难。

4.1 设计过程

1. 设想供选择的方案

如何实现要求的系统呢？在概要设计阶段分析员应该考虑各种可能的实现方案，并且力求从中选出最佳方案。在概要设计阶段开始时，只有系统的逻辑模型，分析员需充分分析，比较不同的物理实现方案，一旦选出了最佳方案，将能大大提高系统的性能/价格比。

需求分析阶段得出的数据流图是概要设计极好的出发点。每组自动化边界可能意味着一个不同的物理系统，数据流图中的某些处理可以逻辑地归并在一个自动化边界内作为一组，另一些处理可以放在另一个自动化边界内作为另一组。这些自动化边界通常意味着某种实现策略。

设想供选择的方案的一种常用的方法是，设想数据流图中的处理分组的各种可能的方法，抛弃在技术上行不通的分组方法（例如，组内不同处理的执行时间不相容），余下的分组方法代表可能的实现策略，并且可以启示供选择的物理系统。

在概要设计阶段，分析员仅是逐个边界地设想并且列出供选择的方案，并不评价这些方案。

2. 选择合理的方案

从上一步得到的一系列供选择的方案中选取若干个合理的方案，通常选取低成本、中等成本和高成本的三种方案。在判断哪些方案合理时应该考虑在问题定义和可行性研究阶段确定的工程规模和目标，有时可能还需要进一步征求用户的意见。

对每个合理的方案分析员都应该准备下列 4 份资料。

（1）系统流程图；

（2）组成系统的物理元素清单；

（3）成本 / 效益分析；

（4）实现这个系统的进度计划。

3. 推荐最佳方案

分析员综合分析对比各种合理方案的利弊，推荐一个最佳的方案，并且为推荐的方案制订详细的实现计划。制订详细实现计划的关键技术将在本书第 5 章中详细介绍。

用户和有关的技术专家认真审查分析员所推荐的最佳系统，如果该系统确实符合用户的需要，并且是在现有条件下完全能够实现的，则应该提请使用部门负责人进一步审批。在使用部门的负责人也接受了分析员所推荐的方案之后，将进入概要设计过程的下一个重要阶段——结构设计。

4. 功能分解

为了最终实现目标系统，必须设计出组成这个系统的所有程序和文件（或数据库）。对程序（特别是复杂的大型程序）的设计，通常分为两个阶段完成：首先进行结构设计，然后进行过程设计。结构设计确定程序由哪些模块组成，以及这些模块之间的关系；过程设计确定每个模块的处理过程。结构设计是概要设计阶段的任务，过程设计是详细设计阶段的任务。

为确定软件结构（即由模块组成的层次系统），首先需要从实现角度把复杂的功能进一步分解。分析员结合算法描述仔细分析数据流图中的每个处理，如果一个处理的功能过于复杂，必须把它的功能适当地分解成一系列比较简单的功能。一般说来，经过分解之后应该使每个功能对大多数程序员而言都是明显易懂的。功能分解是数据流图的进一步细化，同时还应该用 IPO 图或其他适合的工具简要描述细化后每个处理的算法。

5. 设计软件结构

通常程序中的一个模块完成一个子功能，应该把模块组织成良好的层次系统。顶层模块调用它的下层模块以实现程序的完整功能，每个下层模块再调用更下层的模块，从而完成程序的一个子功能，最下层的模块完成最具体的功能。软件结构可以用层次图或结构图来描绘，本章第 4.4 节将介绍这些图形工具。如果数据流图已经细化到适当的层次，则可以直接从数据流图映射出软件结构，这就是本章第 4.5 节中将要讲述的面向数据流的设计方法。

6. 数据库设计

对于需要使用数据库的应用领域，分析员应该在需求分析阶段对系统数据要求所做的分析的基础上进一步设计数据库。数据库设计通常包括下述 4 个步骤：

（1）模式设计。模式设计的目的是确定物理数据库结构。第三范式形式的实体及关系数据模型是模式设计过程的输入，模式设计的主要问题是处理具体的数据库管理系统的结构约束。

（2）子模式设计。子模式是用户使用的数据视图。

（3）完整性和安全性设计。

（4）优化。主要目的是改进模式和子模式以优化数据的存取。

7. 制订测试计划

在软件开发的早期阶段考虑测试问题，能促使软件设计人员在设计时注意提高软件的可测试性。本书第 5 章将详细讨论软件测试的目的和设计测试方案的各种技术方法。

8. 书写文档

书写文档即用正式的文档记录概要设计的结果，在这个阶段要完成的文档通常有下述几种：

（1）系统说明主要内容包括用系统流程图描述的系统构成方案，组成系统的物理元素清单，成本 / 效益分析；对最佳方案的概括描述，精化的数据流图，用层次图或结构图描述的软件结构，用 IPO 图或其他工具（如 PDL 语言）简要描述的各个模块的算法，模块间的接口关系，以及需求、功能和模块三者之间的交叉参照关系等。

（2）用户手册。根据概要设计阶段的结果，修改更正在需求分析阶段产生的初步的用户手册。

（3）测试计划。包括测试策略，测试方案，预期的测试结果，测试进度计划等。

（4）详细的实现计划。给出系统目标，进行概要设计、数据设计、处理方式设计、运行设计和出错设计。

（5）数据库设计结果。如果目标系统中包含数据库，则应该用正式文档记录数据库设计的结果，通常包括数据库管理系统的选择、模式、子模式、完整性和安全性以及优化方法等。

9. 审查和复审

最后对概要设计的结果进行严格的技术审查，在技术审查通过之后，再由使用部门的负责人从管理角度进行复审。在正式的和非正式的设计复审期间，应该从易修改、模块化和功能独立的目标出发，评价软件的结构和过程，设计中应该对将来可能修改的部分作准备。

4.2 设计原理

本节阐述在软件设计过程中应该遵循的基本原理和有关的概念。

4.2.1 模块化

模块是数据说明、可执行语句等程序对象的集合，它是单独命名的而且可通过名称来访问，如过程、函数、子程序、宏等都可作为模块。模块化就是把程序划分成若干个模块，每个模块完成一个子功能，然后，把这些模块集成一个整体，可以完成指定的功能，满足问题的要求。

模块化是为了使一个复杂的大型程序便于设计、开发和管理，是软件应该具备的重要属性之一。如果一个大型程序仅由一个模块组成，它将很难被人理解。下面根据人类解决问题的一般规律论证上面的结论。

设函数 $C(x)$ 定义问题 x 的复杂程度，函数 $E(x)$ 表示解决问题 x 所需要的工作量（时间）。对于两个问题 P_1 和 P_2，如果有

$$C(P_1)>C(P_2)$$

显然

$$E(P_1)>E(P_2)$$

根据人类解决一般问题的经验，另一个有趣的规律是

$$C(P_1+P_2)> C(P_1) + C(P_2)$$

也就是说，如果一个问题由 P_1 和 P_2 两个问题组合而成，那么它的复杂程度大于分别考虑每个问题时的复杂程度之和。综上所述，得到下面的不等式

$$E(P_1 + P_2)> E(P_1) + E(P_2) \tag{4.1}$$

这个不等式导出了“各个击破”的结论，即把复杂的问题分解成许多容易解决的小问题，原来的问题也就容易解决了。这就是模块化的依据。

式（4.1）似乎还能得出下述结论：如果无限地划分软件，最后为了开发软件而需要的工作量也就小得可以忽略了。事实上，还有另一个因素在起作用，从而使得上述结论不能成立。参看图 4.1，当模块数量增加时，每个模块的规模将减小，开发单个模块需要的成本（工作量）确实减少了；但是，随着模块数量增加，设计模块间接口所需要的工作量也将增加。根据这两个因素，得出了图 4.1 中的总成本曲线。每个程序都相应地有一个最适当的模块数目 M，使得系统的开发成本最小。

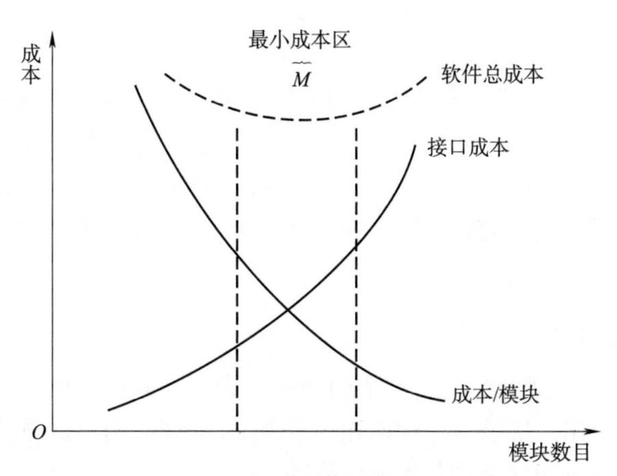

图 4.1　模块化和软件成本

虽然目前我们还不能精确地决定 M 的数值，但是在考虑模块化的时候，总成本曲线确实是有用的指南。本书第 5 章将讲述的程序复杂程度的定量度量，以及本章第 4.3 节将介绍的启发式规则，可以在一定程度上帮助我们确定合适的模块数量。

采用模块化原理可以使软件结构清晰，软件设计变得容易，而且软件也容易阅读和理解；因为程序错误通常局限在有关的模块及它们之间的接口中，所以模块化使软件容易测试和调试，从而有助于提高软件的可靠性；因为变动往往只涉及少数几个模块，所以模块化能够提高软件的可修改性；模块化也有助于软件开发工程的组织管理，一个复杂的大型程序可以由许多程序员分工编写不同的模块，并且可以进一步分配技术熟练的程序员编写相对复杂的模块。

4.2.2　抽象

人类在认识复杂现象的过程中使用的最强有力的思维工具是抽象。人们在实践中认识到，在现实世界中一定事物、状态或过程之间总存在着某些相似的方面（共性）。把这些相似的方面集中和概括起来，暂时忽略它们之间的差异，这就是抽象。或者说抽象就是抽出事物的本质特性而暂时不考虑它们的细节。

由于人类思维能力的限制，如果每次面临的因素太多，是难以做出精确思维的。处理复杂系统的唯一有效的方法是用层次的方式构造和分析它。一个复杂的动态系统首先可以用一些高级的

抽象概念进行构造和理解，这些高级概念又可以用一些较低级的概念构造和理解，如此进行下去，直至最低层次的具体元素。

这种层次的思维和解题方式必须反映在定义动态系统的程序结构之中，每级的一个概念将以某种方式对应于程序的某一组成分。

当我们考虑对任何问题的模块化解法时，可以提出许多抽象的层次。在抽象的最高层次使用问题环境的语言，以概括的方式叙述问题的解法；在较低抽象层次采用更过程化的方法，把面向问题的术语和面向实现的术语结合起来叙述问题的解法；最后，在最低的抽象层次用可以直接实现的方式叙述问题的解法。

4.2.3 逐步求精

软件工程过程的每一步都是对软件解法的抽象层次的一次精化。在可行性研究阶段，软件作为系统的一个完整部件；在需求分析期间，软件解法是使用在问题环境内熟悉的方式描述的；当我们由总体设计向详细设计过渡时，抽象的程度也就随之减少了；最后，当源程序写出来以后，也就达到了抽象的最低层。

逐步求精和模块化的概念与抽象是紧密相关的。随着软件开发工程的进展，在软件结构每一层中的模块，表示了对软件抽象层次的一次精化。事实上，软件结构顶层的模块，控制了系统的主要功能并且影响全局；在软件结构底层的模块，完成对数据的一个具体处理，用自顶向下、由抽象到具体的方式分配控制，简化了软件的设计和实现，提高了软件的可理解性和可测试性，并且使软件更容易维护。

4.2.4 信息隐蔽和局部化

应用模块化原理时，自然会产生的一个问题是，为了得到最好的一组模块，应该怎样分解软件呢？信息隐蔽原理指出，应该这样设计和确定模块，使得一个模块内包含的信息（过程和数据）对于不需要这些信息的模块来说是不能访问的。

局部化的概念和信息隐蔽概念是密切相关的。所谓局部化是指把一些关系密切的软件元素物理地放得彼此靠近。在模块中使用局部数据元素是局部化的一个例子。显然，局部化有助于实现信息隐蔽。

“隐蔽”意味着有效的模块化可以通过定义一组独立的模块而实现，这些独立的模块彼此间仅仅交换那些为了完成系统功能而必须交换的信息。

如果在测试期间和以后的软件维护期间需要修改软件，那么使用信息隐蔽原理作为模块化系统设计的标准就会带来极大好处。因为绝大多数数据和过程对于软件的其他部分而言是隐蔽的（也就是“看”不见的），在修改期间由于疏忽而引入的错误就很少可能传递到软件的其他部分。

4.2.5 模块独立

模块独立的概念是模块化、抽象、信息隐蔽和局部化概念的直接结果。开发具有独立功能而且和其他模块之间没有过多的相互作用的模块，就可以做到模块独立。换句话说，希望这样设计软件结构，使得每个模块完成一个相对独立的特定子功能，并且和其他模块之间的关系很简单。

为什么模块的独立性很重要呢？主要有两条理由：第一，有效的模块化（即具有独立的模块）的软件比较容易开发出来。这是由于能够划分功能而且接口可以简化，当多人分工合作开发同一个软件时，这个优点尤其重要。第二，独立的模块比较容易测试和维护。这是因为相对说来，修改设计和程序需要的工作量比较小，错误传递范围小，需要扩充功能时能够插入模块。总之，模块独立是好设计的关键，而设计又是决定软件质量的关键环节。

模块的独立程度可以由两个定性标准度量，这两个标准分别为内聚和耦合。耦合衡量不同模块彼此间互相依赖（连接）的紧密程度；内聚衡量一个模块内部各个元素彼此结合的紧密程度。

1. 耦合

耦合是对一个软件结构内不同模块之间互连程度的度量。耦合高低取决于模块间接口的复杂程度，进入或访问一个模块的点，以及通过接口的数据。

在软件设计中应该追求尽可能低耦合的系统。在这样的系统中可以研究，测试或维护任何一个模块。而不需要对系统的其他模块有很多了解。此外，由于模块间联系简单，发生在一处的错误传递到整个系统的可能性就很小。因此，模块间的耦合程度强烈影响系统的可理解性，可测试性、可靠性和可维护性。

怎样具体区分模块间耦合程度的高低呢？如果两个模块中的每一个都能独立地工作而不需要另一个模块的存在，那么它们彼此完全独立，这意味着模块间无任何连接，耦合程度最低。但是，在一个软件系统中不可能所有模块之间都没有任何连接。模块的耦合分为四类：

（1）数据耦合（Data Coupling）。如果两个模块彼此间通过参数交换信息，而且交换的信息仅仅是数据，如图 4.2 所示，那么这种耦合称为数据耦合。

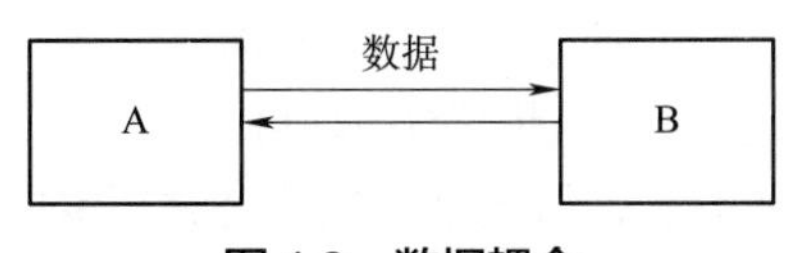

图 4.2　数据耦合

数据耦合是低耦合。系统中至少必须存在这种耦合，因为只有当某些模块的输出数据作为另一些模块的输入数据时，系统才能完成有价值的功能。一般说来，一个系统内可以只包含数据耦合。

（2）标记耦合（Stamp Coupling）。标记耦合，也称为数据结构耦合，是指几个模块共享一个复杂的数据结构，如图 4.3 所示，如高级语言中的数组名、记录名、文件名等，这些名字即标记其实传递的是数据结构的地址。

图 4.3　标记耦合

（3）控制耦合（Control Coupling）。如果传递的信息中有控制信息（尽管有时这种控制信息以数据的形式出现），如图 4.4 所示，则这种耦合称为控制耦合。

如图 4.4 所示中模块 A 的内部处理程序判断是执行 C 还是执行 D，要取决于模块 B 传递来的信息状态（Status）。

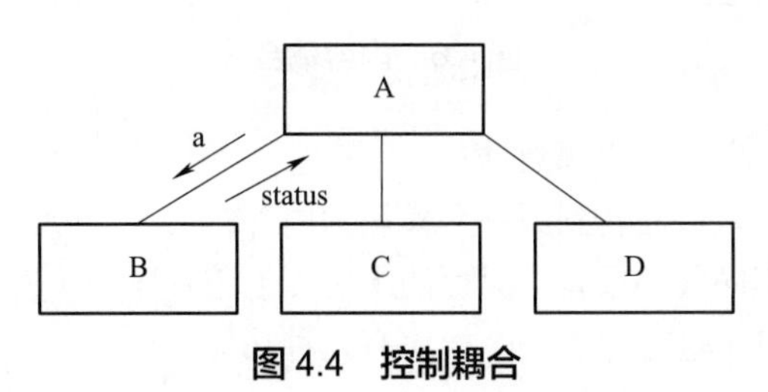

图 4.4　控制耦合

控制耦合是中等程度的耦合，它增加了系统的复杂程度。控制耦合往往是多余的，在把模块适当分解之后通常可以用数据耦合代替它。

（4）公共环境耦合（Common Coupling）。当两个或多个模块通过一个公共数据环境相互作用时，它们之间的耦合称为公共环境耦合。公共环境可以是全程变量、共享的通信区、内存的公共覆盖区、任何存储介质上的文件，物理设备等等。

如图 4.5 所示，其中存在公共环境耦合，假设模块 A、C、E 都存取全程数据区（如公用一个磁盘文件）中的一个数据项。

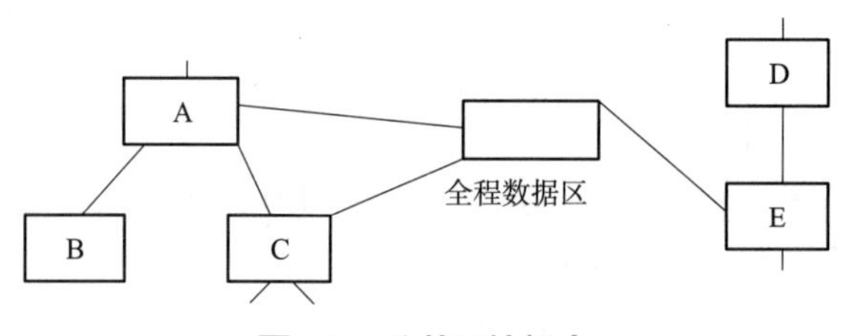

图 4.5　公共环境耦合

如果 A 模块读取该项数据，然后调用 C 模块对该项重新计算，并进行数据更新。公共环境耦合的复杂程度随耦合的模块个数而变化，当耦合的模块个数增加时复杂程度显著增加。如果只有两个模块有公共环境，那么这种耦合有下面两种可能：

① 一个模块往公共环境传递数据，另一个模块从公共环境接收数据，这是数据耦合的一种形式，是比较松散的耦合。

② 两个模块都既往公共环境传递数据又可接收数据，这种耦合比较紧密，介于数据耦合和控制耦合之间。

如果两个模块共享的数据很多，都通过参数传递可能很不方便，这时可以利用公共环境耦合。

（5）内容耦合（Content Coupling）。如图 4.6 所示，程序中如果一个模块直接把程序转移到另一个模块中，或一个模块使用另一个模块内部的数据，都会产生内容耦合。内容耦合是最高程度的耦合，应该坚决避免使用内容耦合。如果出现下列情况之一，两个模块间就发生了内容耦合。

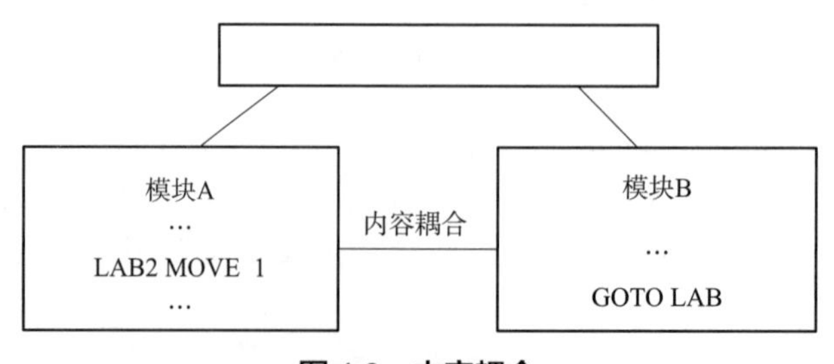

图 4.6　内容耦合

- 一个模块访问另一个模块的内部数据；
- 一个模块不通过正常入口而转到另一个模块的内部；
- 两个模块有一部分程序代码重叠（只可能出现在汇编程序中）；
- 一个模块有多个入口（这意味着一个模块有几种功能）。

事实上许多高级程序设计语言已经不允许在程序中出现任何形式的内容耦合。

总之，耦合是影响软件复杂程度的一个重要因素。应该遵循“尽量使用数据耦合，少用控制耦合，限制公共环境耦合的范围，完全不用内容耦合”的设计原则。

2. 内聚

内聚标志一个模块内各个元素彼此结合的紧密程度，它是信息隐蔽和局部化概念的自然扩展，是衡量一个模块内部组成部分间整体统一性的度量。简单地说，理想内聚的模块只做一件事情。

设计时应该力求做到高内聚，通常中等程度的内聚也是可以采用的，而且效果和高内聚相差不多；但是，低内聚最好不要使用。

内聚和耦合是密切相关的，模块内的高内聚往往意味着模块间的低耦合。内聚和耦合都是进行模块化设计的有力工具，但是实践表明内聚更重要，应该把更多注意力集中到提高模块的内聚程度上。

1）低内聚

低内聚有如下几类：

（1）偶然内聚。如果一个模块是由完成若干毫无关系的功能处理元素偶然组合在一起的，则称为偶然内聚。偶然内聚是最差的一种内聚。

这种错误的一种情况是，有时在写完程序后，发现一组语句在多处出现，于是为了节省空间而将这些语句作为一个模块设计，就会出现偶然内聚。如图 4.7 所示，模块 A、B、C 出现公共代码段 W，于是将 W 独立成一个模块，而 W 中这些语句并没有任何联系。

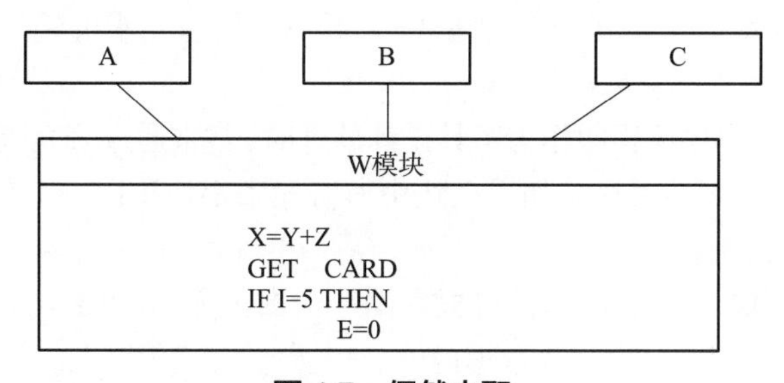

图 4.7　偶然内聚

如果在测试中发现模块 A 不需要做“X=Y+Z”，而应该做“X=Y*Z”，此时对 W 模块的维护就很困难了。

（2）逻辑内聚。如果模块完成的任务在逻辑上属于相同或相似的一类（例如，一个模块产生各种类型的全部输出），称为逻辑内聚。如图 4.8 所示，A、B、C 模块合并成 ABC 模块之后，ABC 模块就是逻辑内聚模块。

对逻辑内聚模块的调用，常常需要有一个功能开关，由上级调用模块向它发出一个控制信号，在多个关联性功能中选择执行某一个功能。在逻辑内聚的模块中，不同功能混在一起，合用部分程序代码，即使局部功能的修改有时也会影响全局，因此这种内聚较差，增加了模块之间的联系，不易修改。

（3）时间内聚。如果一个模块包含的任务必须在同一段时间内执行（如模块完成各种初始化工作），称为时间内聚（瞬间内聚）。

例如，完成各种初始化工作的模块，或者处理故障的模块都存在时间内聚。

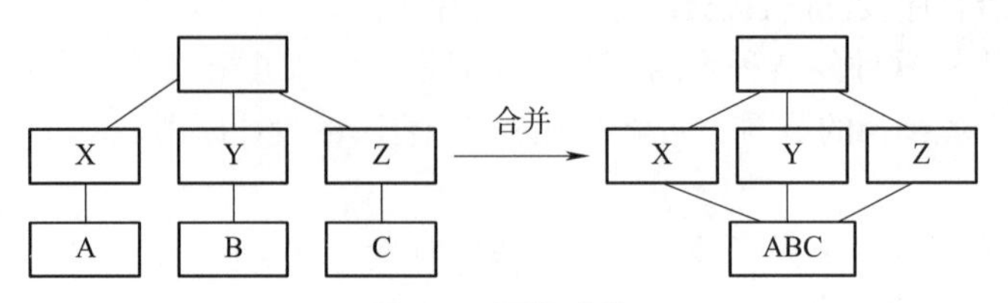

图 4.8　逻辑内聚

如图 4.9 所示，在“紧急故障处理模块”中，“关闭文件”“报警”“保留现场”等任务都必须无中断地同时处理。时间关系在一定程度上反映了程序的某些实质，所以时间内聚比逻辑内聚好一些。

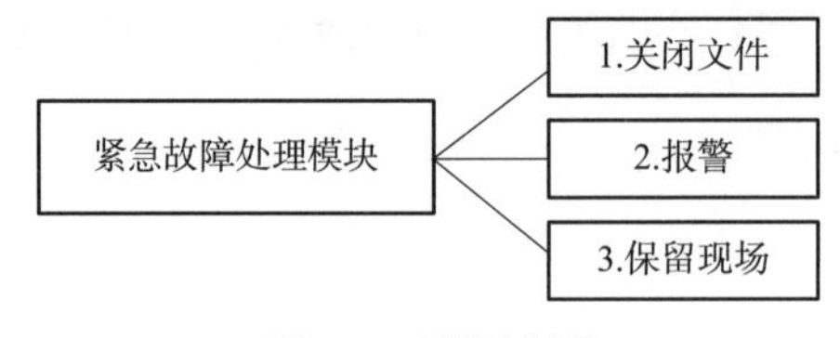

图 4.9　时间内聚

2）中内聚

中内聚主要有两类：

（1）过程内聚。如果一个模块内的处理元素和同一个功能密切相关，而且这些处理必须顺序执行（通常一个处理元素的输出数据作为下一个处理元素的输入数据），则称为过程内聚。

（2）通信内聚。使用程序流程图作为工具设计软件时，常常通过研究流程图确定模块的划分，这样得到的往往是过程内聚的模块。如果模块中所有元素都使用同一个输入数据或产生同一个输出数据，则称为通信内聚。

如图 4.10 所示，模块 A 的处理单元将根据同一个数据文件 FILE 的数据产生不同的表格，因此它存在通信内聚。通信内聚也称为数据内聚。

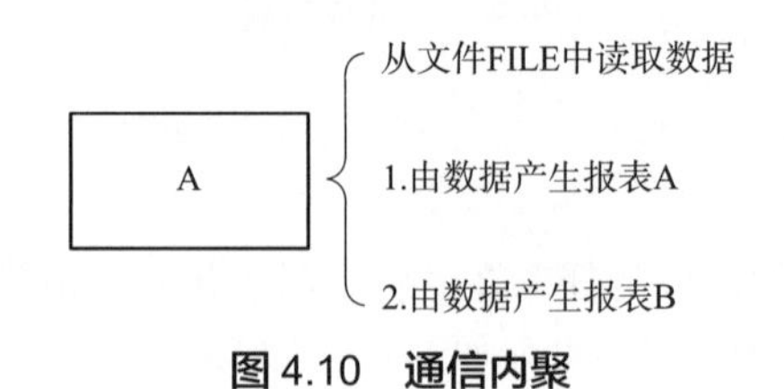

图 4.10　通信内聚

3）高内聚

高内聚有两类：

（1）功能内聚。如果一个模块内所有处理元素完成一个且仅完成一个功能，则称为功能内聚。功能内聚是最高程度的内聚。但在软件结构中，并不是每个模块都能设计成一个功能内聚。

（2）顺序内聚。如果一个模块内处理元素和同一个功能密切相关，而且这些处理元素必须顺序执行，则称为顺序内聚。

耦合和内聚的概念是 Constantine、Yourdon、Myers 和 Stevens 等提出来的。按照他们的观点，如果给上述七种内聚的优劣评分（满分 10 分），将得到如下结果：功能内聚 10 分、时间内聚 3 分、顺序内聚 9 分、逻辑内聚 1 分、通信内聚 7 分、偶然内聚 0 分、过程内聚 5 分。

事实上，没有必要精确确定内聚的级别。重要的是设计时力争做到高内聚，并且能够辨认出低内聚的模块，有能力通过修改设计提高模块的内聚程度和降低模块间的耦合程度，从而获得较高的模块独立性。

4.2.6　软件概要设计原理的方法论

1. 模块化

模块化主要体现的是一种分而治之的思想。分而治之是指把大而复杂的问题分解成若干个简单的小问题，然后逐个解决，将所有的小问题的解答组合起来即是原问题的解。这种朴素的思想来源于人们生活与工作的经验，也完全适合于技术领域。如软件的体系结构设计、模块化设计都是分而治之的具体表现。

2. 抽象

抽象是人们认识复杂的客观世界时使用的一种思维工具。在客观世界中，一定的事物、现象、状态或过程之间总存在着一些相似性，如果能忽略它们之间非本质性的差异，而把其相似性进行概括或集中，这种求同存异的思维方式就可以看作是抽象。比如，将一辆银色的女式自行车抽象为一辆交通工具，只保留一般交通工具的属性和行为；把小学生、中学生、大学生、研究生的共同本质抽象出来之后，形成一个概念“学生”，这个概念就是抽象的结果。抽象主要是为了降低问题的复杂度，以得到问题领域中较简单的概念，好让人们能够控制其过程或以宏观的角度来了解许多特定的事态。

抽象在软件开发过程中起着非常重要的作用。一个庞大、复杂的系统可以先用一些宏观的概念来构造和理解，然后再逐层地用一些较微观的概念去解释上层的宏观概念，直到最底层的元素。

3. 逐步求精

逐步求精是一种具体的抽象技术，它是 1971 年由 Wirth 提出的用于结构化程序设计的一种基本方法。

解决一个问题，人们往往不能一开始就了解问题的全过程细节，只能对全局做一个大致的决策，设计出对问题本身较为自然的，很可能是用自然语言表达的抽象算法。这个抽象算法有一些抽象数据及其上的操作组成，仅仅表示解决问题的一般策略和问题解的一般结构。对抽象算法进一步求精，就进入下一步抽象。每求精一步，抽象语句和数据都会进一步分解、精细化，如此下去，直到最后能被计算机所理解。

逐步求精就是先全局后局部，先整体后细节、先抽象后具体的过程，组织人们思维活动，从最能反映问题体系结构的概念出发，逐步精细化、具体化，逐步补充细节，直到设计出可在机器上执行的程序。

哲学上，全局指事物的整体及其发展的全过程；局部指组成事物整体的各个部分、方面以及发展的各个阶段。全局和局部的区分是相对的，在一定场合为全局（或局部），在另一场合则为局部（或全局）。全局由各个局部组成，其高于局部、统率局部。局部是全局的一部分，对全局有不同程度的影响，在一定条件下对全局有决定意义。

4.3 启发式规则

人们在开发计算机软件的长期实践中积累了丰富的经验，总结这些经验得出了一些启发式规则。这些启发式规则虽然不像上一节讲述的基本原理和概念那样普遍适用，但是在许多场合仍然能给软件工程师有益的启示，往往能帮助他们找到改进软件设计、提高软件质量的途径。下面介绍几条启发式规则。

1. 改进软件结构提高模块独立性

设计出软件的初步结构以后，应该审查分析这个结构，通过模块分解或合并，力求降低耦合提高内聚。例如，多个模块公有的一个子功能可以独立成一个模块，由这些模块调用；有时可以通过分解或合并模块以减少控制信息的传递及对全程数据的引用，并且降低接口的复杂程度。

2. 模块规模应该适中

经验表明，一个模块的规模不应过大，最好能写在一页纸内（通常不超过 60 行语句）。有人从心理学角度研究得知，当一个模块包含的语句数超过 30 以后，模块的可理解程度迅速下降。

模块过大往往是由于分解不充分造成的，但是进一步分解必须符合问题结构，一般说来，分解后不应该降低模块独立性。

过小的模块开销大于有效操作，而且模块数量过多将使系统接口复杂。因此过小的模块有时不值得单独存在，特别是只有一个模块调用它时，通常可以把它合并到上级模块中去而不必单独存在。

3. 深度、宽度、扇出和扇入都应适当

深度表示软件结构中控制的层数，它往往能粗略地标志一个系统的大小和复杂程度。深度和程序长度之间应该有粗略的对应关系，当然这个对应关系是在一定范围内变化的。如果层数过多则应该考虑是否有许多管理模块过分简单了，能否适当合并。

宽度是软件结构内同一个层次上的模块总数的最大值。一般说来，宽度越大系统越复杂。对宽度影响最大的因素是模块的扇出。

扇出是一个模块直接控制（调用）的模块数量，扇出过大意味着模块过分复杂，需要控制和协调过多的下级模块；扇出过小（如总是 1）也不好。经验表明，一个设计得好的典型系统的平均扇出通常是 3 或 4（扇出的上限通常是 5~9）。

扇出太大一般是因为缺乏中间层次，应该适当增加中间层次的控制模块。扇出太小时可以把下级模块进一步分解成若干子功能模块，或者合并到它的上级模块中去。分解模块或合并模块必须符合问题结构，不能违背模块独立原理。

对扇出、扇入过大的改进如图 4.11 所示。

一个模块的扇入表明有多少个上级模块直接调用它，扇入越大则共享该模块的上级模块数量越多，这是有好处的，但是，不能违背模块独立原理单纯追求高扇入。

观察大量软件系统后发现，设计得很好的软件结构通常顶层扇出比较高，中层扇出较少，底层扇入到公共的实用模块中去（底层模块有高扇入）。

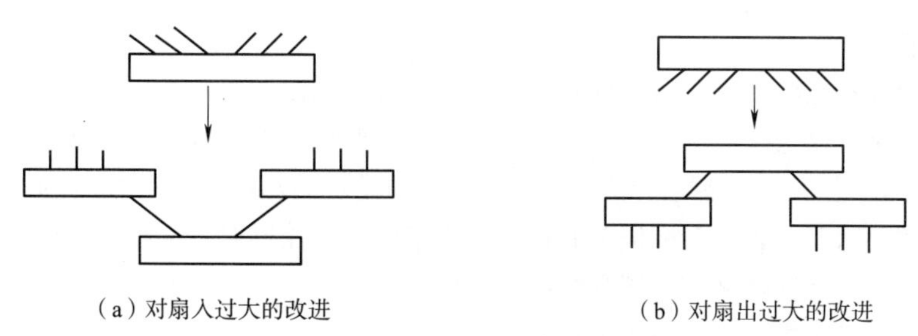

图 4.11　对扇入扇出过大的改进

4. 模块的作用域应该在控制域之内

如图 4.12 所示，模块的作用域定义为受该模块内一个判定影响的所有模块的集合。模块的控制域是这个模块本身以及所有直接或间接从属于它的模块的集合。到底采用哪种方法改进软件结构，需要根据具体问题统筹考虑。一方面应该考虑哪种方法更现实；另一方面应该使软件结构能最好地体现问题原来的结构。

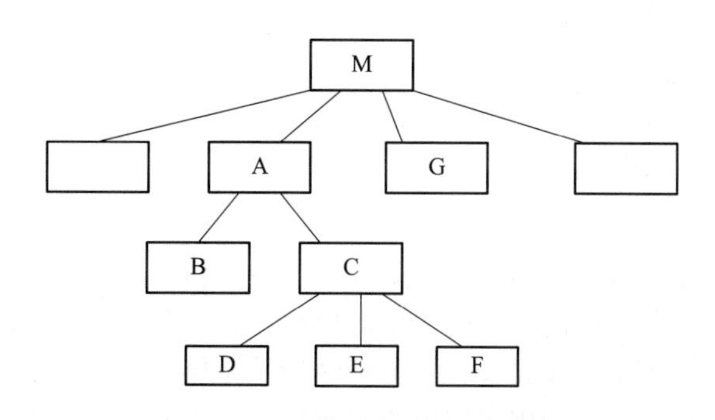

图 4.12　模块的作用域和控制域

5. 尽量降低模块接口的复杂程度

模块接口复杂是软件发生错误的一个主要原因。应该仔细设计模块接口，使得信息传递简单并且和模块的功能一致。

例如，求一元二次方程的根的模块 QUAD-ROOT(TBL，X)，其中用数组 TBL 传递方程的系数，用数组 X 回送求得的根。这种传递数据的方法不利于对这个模块的理解，不仅在维护期间容易引起混淆，在开发期间也可能发生错误。下面这种接口可能是比较简单的。

QUAD-ROOT（A，B，C， ROOT1，ROOT2），其中 A、B、C 是方程的系数，ROOT1 和 ROOT2 是算出的两个根。

接口复杂或不一致（即看起来传递的数据之间没有联系），是紧耦合或低内聚的征兆，应该重新分析这个模块的独立性。

6. 设计单入口、单出口的模块

这条启发式规则告诉软件工程师不要使模块间出现内容耦合。当从顶部进入模块并且从底部退出来时，软件是比较容易理解的，因此也是比较容易维护的。

7. 模块功能应该可以预测

模块的功能应该能够预测，但也要防止模块功能过分局限。

如果一个模块可以当作一个黑盒子，也就是说，只要输入的数据相同，就产生同样的输出，这个模块的功能就是可以预测的。带有内部存储器的模块的功能是不可预测的，因为它的输出可能取决于内部存储器（如某个标记）的状态。由于内部存储器对于上级模块而言是不可见的，所以这样的模块既不易理解又难测试和维护。

如果一个模块只完成一个单独的子功能，则呈现高内聚。但是，如果一个模块任意限制局部数据结构的大小，过分限制在控制流中可以做出的选择或者外部接口的模式，那么这种模块的功能就过分局限，使用范围也就过分狭窄了。在使用过程中将不可避免地需要修改功能过分局限的模块，以提高模块的灵活性，扩大它的使用范围，但是，在使用过程修改软件的代价是很高的。

以上列出的启发式规则多数是经验规律，对改进设计，提高软件质量，往往有重要的参考价值。但是，它们既不是设计的目标也不是设计时应该普遍遵循的原理。

4.4 图形工具

本节介绍在概要设计阶段可能会使用的几种图形工具。

4.4.1 层次图和 HIPO 图

1. 层次图

层次图用来描绘软件的层次结构。虽然层次图的形式和描绘数据结构的层次方框图相同，但是表现的内容却完全不同。层次图中的一个矩形框代表一个模块，方框间的连线表示调用关系而不像层次方框图那样表示组成关系。如图 4.13 所示是层次图的一个例子，最顶层的方框代表正文加工系统的主控模块，它调用下层模块完成正文加工的全部功能；第二层的每个模块控制完成正文加工的一个主要功能，例如，编辑模块通过调用它的下属模块可以完成六种编辑功能中的任何一种。

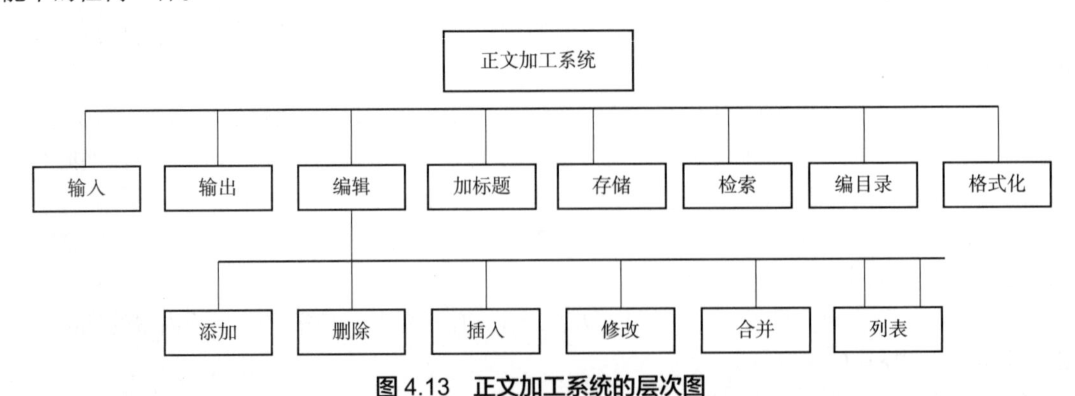

图 4.13 正文加工系统的层次图

层次图很适合在自顶向下的软件设计过程中使用。

2. HIPO 图

层次图加输入 / 处理 / 输出（Hierarchy plus Input-Process-Output，HIPO）图是美国 IBM 公

司发明的，为了能使 HIPO 图具有可追踪性，在层次图里除了最顶层的方框之外，每个方框都加了编号，如图 4.14 所示。

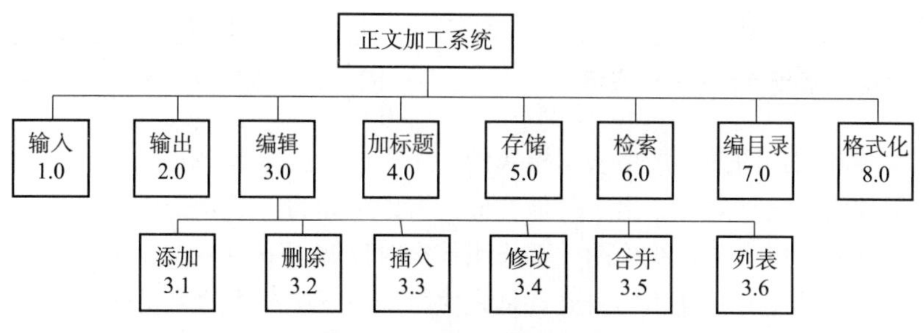

图 4.14　带编号的层次图

和层次图中每个方框相对应，应该有一张 IPO 图描绘这个方框代表的模块的处理过程。本书第三章第 3.4 节已经详细介绍过 IPO 图，此处不再重复。但是，有一点要注意，HIPO 图中的每张 IPO 图内都应该明显地标出它所描绘的模块在层次图中的编号，以便追踪了解这个模块在软件结构中的位置。

4.4.2　结构图

Yourdon 提出的结构图是进行软件结构设计的另一个有力工具。结构图和层次图类似，也是描绘软件结构的图形工具，图中一个方框代表一个模块，框内注明模块的名称或主要功能；方框之间的箭头（或直线）表示模块的调用关系。按照惯例位于上方的方框代表的模块调用下方的模块， 即使不用箭头也不会产生二义性，为了简单起见，可以只用直线而不用箭头表示模块间的调用关系。

在结构图中通常还用带注释的箭头表示模块调用过程中来回传递的信息。如果希望进一步标明传递的信息是数据还是控制信息，则可以利用注释箭头尾部的形状来区分：尾部是空心圆表示传递的是数据，实心圆表示传递的是控制信息。如图 4.15 所示是结构图的一个例子。

以上介绍的是结构图的基本符号，也就是最经常使用的符号。此外还有一些附加的符号，可以表示模块的选择调用或循环调用。图 4.16 表示当模块 M 中某个判定为真时调用模块 A，为假时调用模块 B。

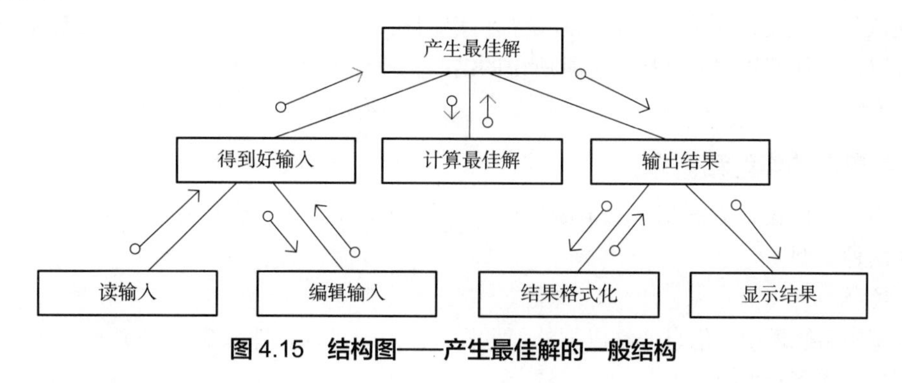

图 4.15　结构图——产生最佳解的一般结构

图 4.17 表示模块 M 循环调用模块 A、B 和 C。

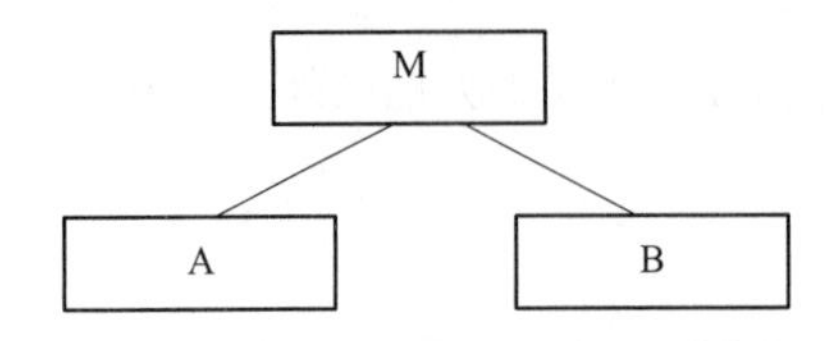

图 4.16　判定为真时调用 A，为假时调用 B

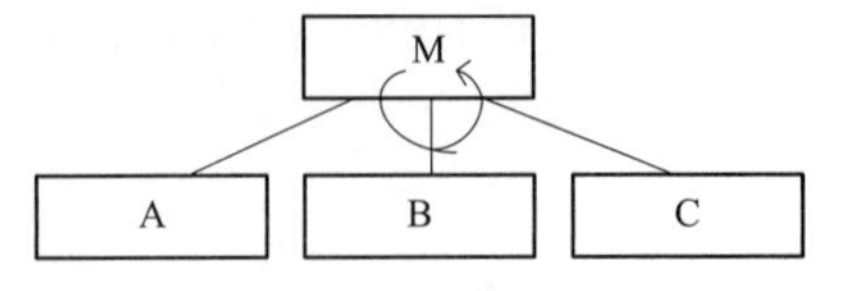

图 4.17　模块 M 循环调用模块 A、B、C

注意，层次图和结构图并不严格表示模块的调用次序。虽然多数人习惯于按调用次序从左到右绘制模块，但并没有这种规定，出于其他方面的考虑（如为了减少交叉线），也完全可以不按这种次序绘制。此外，层次图和结构图并不指明什么时候调用下层模块。通常上层模块中除了调用下层模块的语句之外还有其他语句，究竟是先执行调用下层模块的语句还是先执行其他语句，在图中丝毫没有指明。事实上，层次图和结构图只表明一个模块调用那些模块，至于模块内还有没有其他成分则完全没有表示。

通常用层次图作为描绘软件结构的文档。结构图作为描绘软件结构文档并不很合适，因为图上包含的信息太多有时反而降低了清晰程度。但是，利用 IPO 图或数据字典中的信息得到模块调用时传递的信息，从而由层次图导出结构图的过程，却可以作为检查设计正确性和评价模块独立性的好方法。传递的每个数据元素都是完成模块功能所必需的吗？反之，完成模块功能必需的每个数据元素都传递来了吗？所有数据元素都只和单一的功能有关吗？如果发现结构图上模块间的联系不容易解释，则应该考虑是否设计上有问题。

4.5 面向数据流的设计方法

面向数据流的设计方法的目标是给出设计软件结构的一个系统化的途径。

信息流有广义和狭义两种定义。广义的信息流是指在空间和时间上向同一方向运动的一组信息，它们有共同的信息源和信息的接收者，即由一个信息源向另一个单位传递的全部信息的集合。狭义指信息的传递运动，这种传递运动是指从现代信息技术研究、发展、应用的角度来看，信息能按照一定要求在计算机系统和通信网络中流动。

在软件工程的需求分析阶段，信息流是一个关键考虑，通常用数据流图描绘信息在系统中加工和流动的情况。面向数据流的设计方法定义了一些不同的映射，利用这些映射可以把数据流图变换成软件结构。因为任何软件系统都可以用数据流图表示，所以面向数据流的设计方法理论上可以设计任何软件的结构。通常所说的结构化设计方法（简称 SD 方法），就是基于数据流的设计方法。

4.5.1　信息流的类型和概念

面向数据流的设计方法把信息流映射成软件结构，信息流的类型决定了映射的方法。信息流有下述两种类型。

1. 变换流

根据基本系统模型，信息通常以“外部世界”的形式进入软件系统，经过处理以后再以“外部世界”的形式离开系统。

参看图 4.18，信息沿输入通路进入系统，同时由外部形式变换成内部形式，进入系统的信息通过变换中心，经加工处理以后再沿输出通路变换成外部形式离开软件系统。当数据流图具有这些特征时，这种信息流叫做变换流。

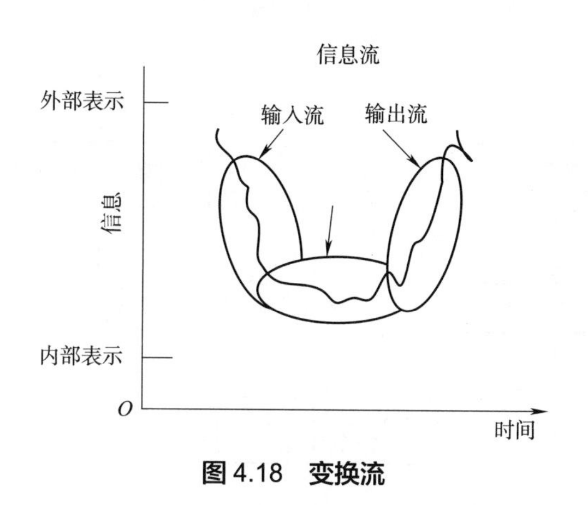

图 4.18　变换流

2. 事务流

基本系统模型意味着变换流，因此，原则上所有信息流都可以归结为这一类。但是，当数据流图具有和图 4.19 类似的形状时，这种数据流是以事务为中心的，也就是说，数据沿输入通路到达一个处理 T，这个处理根据输入数据的类型在若干个动作序列中选出一个来执行。这类数据流应该划为一类特殊的数据流，称为事务流。图 4.19 中的处理 T 称为事务中心，它完成下述任务：

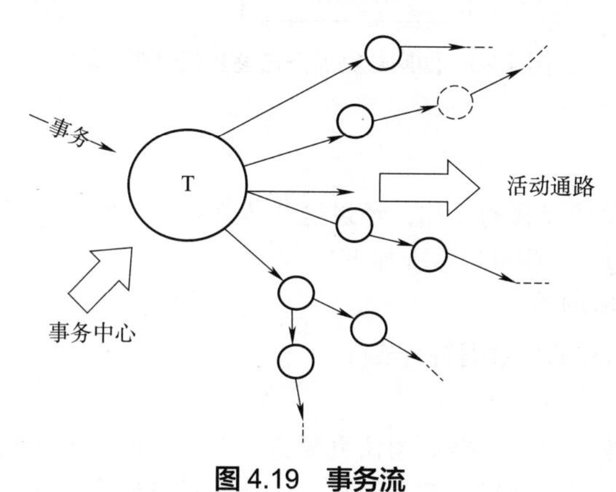

图 4.19　事务流

（1）接收输入数据（输入数据又称为事务）；

（2）分析每个事务以确定它的类型；

（3）根据事务类型选取一条活动通路。

3. 设计过程

图 4.20 说明了使用面向数据流方法逐步设计的过程。

应该注意，任何设计过程都不是机械地一成不变的，设计首先需要人的判断力和创造精神，这往往会凌驾于方法的规则之上。

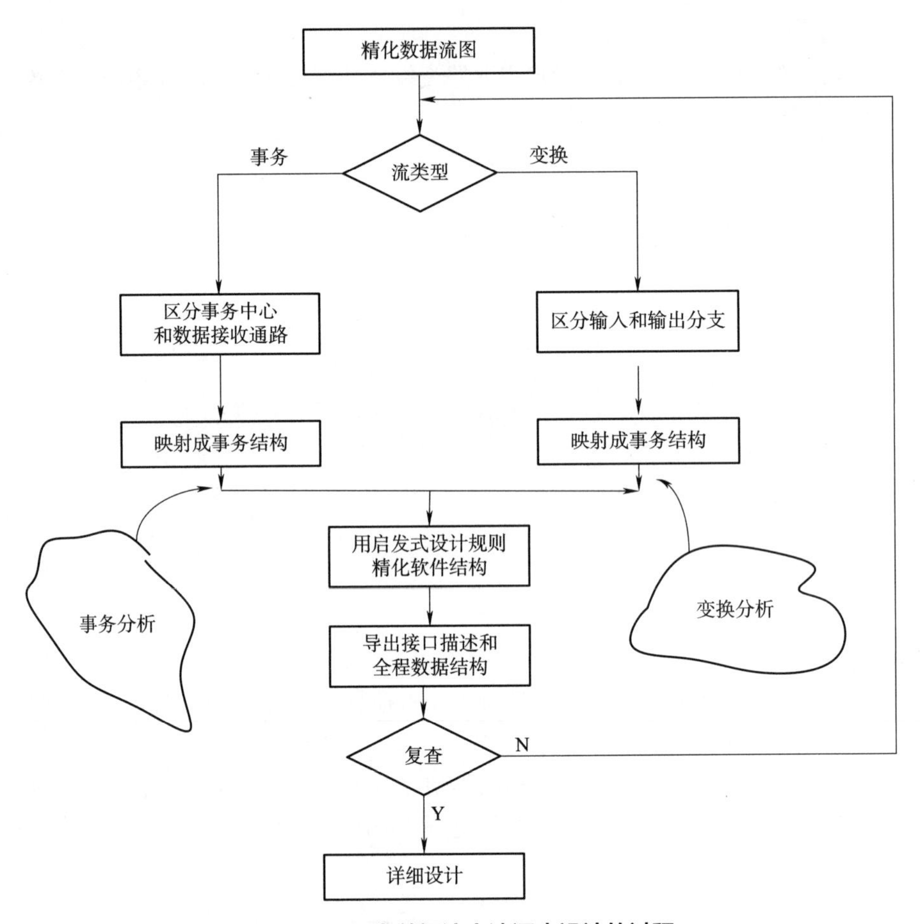

图 4.20　面向数据流方法逐步设计的过程

4.5.2　变换分析

变换分析是一系列设计步骤的总称，经过这些步骤把具有变换流特点的数据流图按预先确定的模式映射成软件结构。这些设计步骤如下：

（1）复查基本系统模型。

确保系统的输入数据和输出数据符合实际。

（2）复查并精化数据流图。

应该对需求分析阶段得出的数据流图认真复查，并且在必要时进行精化。不仅要确保数据流图给出了目标系统的正确的逻辑模型，而且应该使数据流图中每个处理都代表一个规模适中相对独立的子功能。

（3）确定数据流图具有变换流特性还是事务流特性。

一般来说，一个系统中的所有信息流都可以认为是变换流，但是，当遇到有明显事务特性的信息流时，建议采用事务分析方法进行设计。在这一步，设计人员应该根据数据流图中占优势的属性，确定数据流的全局特性。此外还应该把具有和全局特性不同的特点的局部区域孤立出来，以后可以按照这些子数据流的特点精化根据全局特性得出的软件结构。

（4）确定输入流和输出流的边界，从而孤立出变换中心。

输入流和输出流的边界和对它们的解释有关，也就是说，不同设计人员可能会在流内选取稍微不同的点作为边界的位置。在确定边界时应该仔细认真，但是把边界沿着数据流通路移动一个处理框的距离，通常对最后的软件结构不会有太大的影响。

（5）完成第一级分解。

软件结构代表对控制的自顶向下的分配，所谓分解就是分配控制的过程。对于变换流的情况，数据流图被映射成一个特殊的软件结构，这个结构控制输入、变换和输出等信息处理过程。位于软件结构最顶层的控制模块 Cm 协调下述从属的控制功能。

- 输入信息处理控制模块 Ca，协调对所有输入数据的接收。
- 变换中心控制模块 Ct，管理对内部形式的数据的所有操作。
- 输出信息处理控制模块 Ce，协调输出信息的产生过程。

图 4.21 说明了第一级分解的方法。

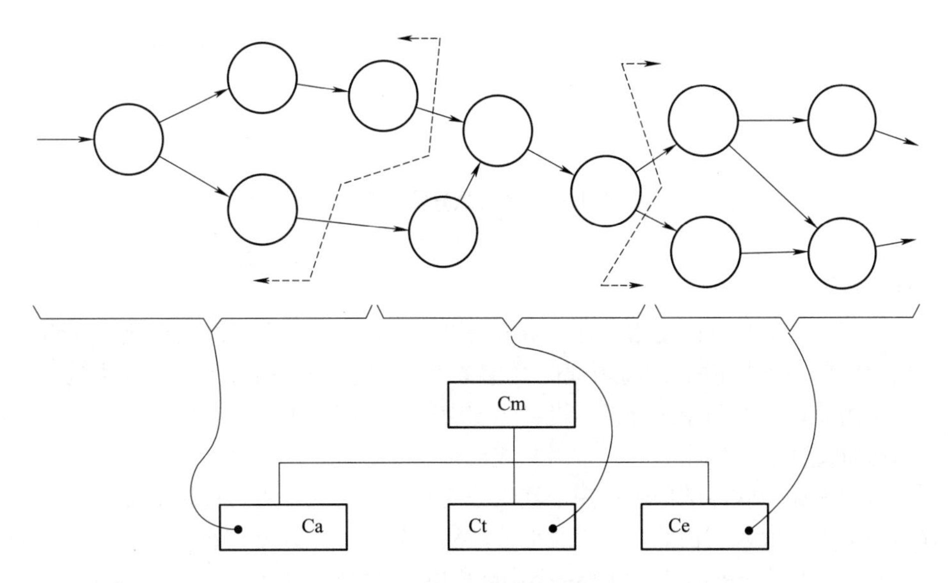

图 4.21　第一级分解的方法

（6）完成第二级分解。

所谓第二级分解就是把数据流图中的每个处理映射成软件结构中一个适合的模块。完成第二级分解的方法是，从变换中心的边界开始逆着输入通路向外移动，把输入通路中每个处理映射成软件结构中 Ca 控制下的一个低层模块；然后沿输出通路向外移动，把输出通路中每个处理映射成直接或间接接收模块 Ce 控制的一个低层模块；最后把变换中心内的每个处理映射成受 Ct 控制的一个模块。图 4.22 表示进行第二级分解的普遍途径。虽然图 4.22 描绘了在数据流图中的处理和软件结构中的模块之间的一对一的映射关系，但是，不同的映射经常出现。应该根据实际情况以及“好”设计的标准，进行实际的第二级分解。

（7）使用设计度量和启发式规则对第一次划分得到的软件结构进一步精化。

对第一次划分得到的软件结构，通常可以根据模块独立原理进行精化。为了产生合理的分解，得到尽可能高的内聚，尽可能松散的耦合，最重要的是，为了得到一个易于实现、易于测试和易于维护的软件结构，应该对初步分割得到的模块进行再分解或合并。

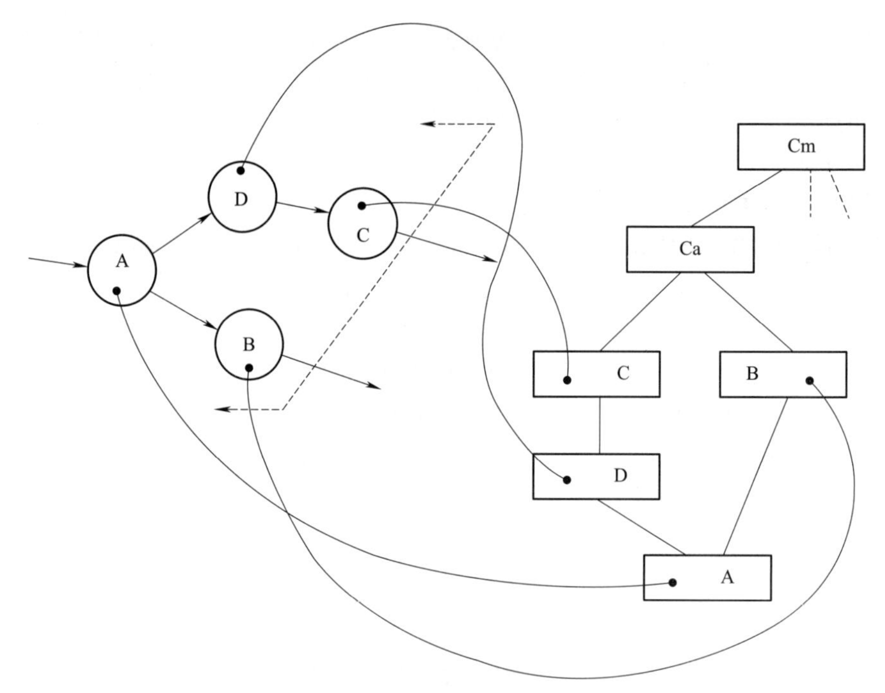

图 4.22 第二级分解的方法

4.5.3 事务分析

虽然在任何情况下都可以使用变换分析方法设计软件结构，但是在数据流具有明显的事务特点时，也就是有一个明显的“发射中心”（事务中心）时，还是采用事务分析方法为宜。

事务分析的设计步骤和变换分析的设计步骤大部分相同或类似，主要差别仅在于由数据流图到软件结构的映射方法不同。

由事务流映射成的软件结构包括一个接收分支和一个发送分支。映射出接收分支结构的方法和变换分析映射出输入结构的方法很相似，即从事务中心的边界开始，把沿着接收流通路的处理映射成模块。发送分支的结构包含一个调度模块，它控制下层的所有活动模块；然后把数据流图中的每个活动流通路映射成与它的流特征相对应的结构。

对于一个大系统，常常把变换分析和事务分析应用到同一个数据流图的不同部分，由此得到的子结构形成“构件”，可以利用它们构造完整的软件结构。

一般说来，如果数据流不具有显著的事务特点，最好使用变换分析；反之，如果具有明显的事务中心，则应该采用事务分析技术。但是，机械地遵循变换分析或事务分析的映射规则，很可能会得到一些不必要的控制模块，如果它们确实用处不大，那么可以而且应该把它们合并。反之，如果一个控制模块功能过分复杂，则应该分解为两个或多个控制模块，或者增加中间层次的控制模块。

4.5.4 设计优化

考虑设计优化问题时应该记住，“一个不能工作的最佳设计的价值是值得怀疑的”。软件设计人员应该致力于开发能够满足所有功能和性能需求，而且是按照设计原理和符合启发式设计规则的软件。

应该在设计的早期阶段尽量对软件结构进行精化。可以导出不同的软件结构，然后对它们进行评价和比较，力求得到“最好”的结果。这种优化是把软件结构设计和过程设计分开的真正优点之一。

注意，结构简单通常既表示设计风格优雅，又表明效率高。设计优化应该力求做到在有效地模块化的前提下使用最少量的模块，以及在能够满足信息要求的前提下使用最简单的数据结构。

对于时间是决定性因素的应用场合，可能有必要在详细设计阶段，也可能在编写程序的过程中进行优化。软件开发人员应该认识到，程序中相对比较小的部分（10% ～ 20%），通常占用全部处理时间的大部分（50% ～ 80%）。用下述方法对时间起决定性作用的软件进行优化是合理的：

（1）在不考虑时间因素的前提下开发并精化软件结构；

（2）在详细设计阶段选出最耗费时间的那些模块，仔细地设计它们的处理过程（算法），以求提高效率；

（3）使用高级程序设计语言编写程序；

（4）在软件中孤立出那些大量占用处理机资源的模块；

（5）必要时重新设计或用依赖于机器的语言重复上述大量占用资源的模块的代码，以求提高效率。

上述优化方法遵守了一句格言，“先使它能工作，然后再使它快起来。”

本章小结

概要设计阶段的基本目的是用比较抽象、概括的方式确定系统如何完成预定的任务，也就是说，应该确定系统的物理配置方案，并且进而确定组成系统的每个程序的结构。因此，概要设计阶段主要由两个小阶段组成。首先需要进行系统设计，从数据流图出发设想完成系统功能的若干种合理的物理方案，分析员应该仔细分析比较这些方案，并且和用户共同选定一个最佳方案。然后进行软件结构设计，确定软件由哪些模块组成以及这些模块之间的动态调用关系。层次图和结构图是描绘软件结构的常用工具。

在进行软件结构设计时应该遵循的最主要的原理是模块独立原理。也就是说，软件应该由一组完成相对独立的子功能的模块组成，这些模块彼此之间的接口关系应该尽量简单。抽象是人类认识复杂事物时最有力的思维工具，在进行软件结构设计时一种有效的方法是由抽象到具体地分析和构造出软件的层次结构。

软件工程师在开发软件的长期实践中积累了丰富的经验，总结这些经验得出一些很有参考价值的启发式规则，它们往往能对如何改进软件设计给出宝贵的建议。在软件开发过程中既要充分重视和利用这些启发式规则，又要从实际情况出发避免生搬硬套。

自顶向下逐步求精是进行软件结构设计的常用途径，但是，如果已经有了详细的数据流图，也可以使用面向数据流的设计方法，用形式化的方法由数据流图映射出软件结构。应该记住，这样映射出来的只是软件的初步结构，还必须根据设计原理并且参考启发式规则，认真分析和改进软件的初步结构，以得到质量更高的模块和更合理的软件结构。

在进行详细的过程设计和编写程序之前，首先进行结构设计，其好处在于可以在软件开发的早期站在全局高度对软件结构进行优化，在这个时期进行优化付出的代价不高， 却可以使软件质量得到重大改进。

习题

一、填空题

1. 进入设计阶段要把软件________的变换为________的，即着手实现软件的需求，并将设计的结果反映在文档中。

2. 在软件需求分析阶段，已经搞清楚了软件的问题，并把这些需求通过________描述出来，这也是目标系统的________。

3. 软件设计是一个把________转换为________的过程，包括________和________。

4. 设计软件结构，具体是，①采用某种设计方法，将一个复杂的系统按功能划分成________；②确定每个模块的________；③确定模块之间的________；④确定模块之间的________，即模块之间传递的信息；⑤评价模块结构的质量。

5. 概要设计文档主要有________、________、________、________。

6. 概要设计评审是对设计部分是否完整地实现了需求中规定的________等要求，设计方案的________，关键的处理及接口定义，各部分之间的________等都一一进行评审。

7. ________是指解决一个复杂问题时自顶向下逐层把软件系统划分若干模块的过程。每个模块完成一个特定的________，所有的模块按某种方法起来，成为一个整体，完成整个系统所要求的功能。

8. 通过________，可以确定组成软件的过程实体。通过________，可以定义和实施对模块的过程细节和局部数据结构的存取限制。

9. 开发一个大而复杂的软件系统，将它进行适当的分解，不但可降低其复杂性，还可以减少，从而降低________，提高________，这就是________的依据。

10. ________是指在设计和确定模块时，使得一个模块内包含的信息（过程或数据），对于其他模块来说，是不能的。

11. 抽象是认识复杂现象过程中使用的思维工具，即抽出事件特性而暂不考虑它的________，不考虑其他因素。

12. 控制耦合指一个模块调用另一个模块时，传递的是________（如开关、标志等），被调模块通过有选择地执行模块内某一功能。因此被调模块内应具有多个功能，哪个功能起作用受其控制。

13. 公共环境耦合指通过一个相互作用的那些模块间的耦合。公共环境耦合的复杂程度随________增加而增加。

14. ________是最高程度的耦合。这种耦合出现在当一个模块直接使用另一个模块的________，或通过________转入另一模块内部时。

15. 顺序内聚指一个模块中各个处理元素都密切相关且必须前一功能元素的就是下一功能元素的________。

16. 通信内聚指模块内所有处理元素都在________上操作，有时称之为________，或者指各处理使用相同的________或者产生相同的________。

17. 功能内聚是内聚程度最________的内聚，指模块内所有元素共同完成，缺一不可。功能内聚的模块与其他模块的耦合是________的。

18. 若某个加工将它的输入流分离成许多发散的数据流，形成许多加工路径，并根据输入的值选择其中一个路径来执行，这种特征的DFD称为的数据流图，这个加工称为________。

19. 数据库的设计指数据存储文件的设计，主要进行的设计方面有：________、________、________。

20. 结构化设计简称SD。数据流图一般可分为________型和________型两类。________型的DFD是一个顺序结构。

21. 通过信息隐蔽，可以定义和实施对模块的过程细节和局部数据结构的________。

22. 软件概要设计阶段基本任务主要是________、________、________、________等四个方面。

23. 将软件系统划分模块时，要尽量做到________，提高模块的________。

24. 软件结构从形态上总的考虑是，顶层扇出数据较________一些，中间层扇出数较________一些，底层扇入数据较________一些。

25. 一个模块内各元素联系得越紧密，则它的内聚性就越________。按由低到高的顺序，模块的内聚类型有________内聚、________内聚、________内聚、________内聚、________内聚、________内聚。

26. 数据库的概念设计与逻辑设计分别对应于系统开发中的________与________，而数据库的物理设计与模块的________相对应。

27. 面向数据流的设计是以需求分析阶段产生的数据流图为基础，按一定的步骤映射成软件结构，因此又称________。

28. ________是软件系统的模块层次结构，反映了整个系统的功能实现，即将来程序的控制层次体系。

29. 从以上内容看，软件结构的设计是________以为基础的，在需求分析阶段，已经把系统分解成层次结构。设计阶段，以需求分析的结果为依据，从实现的角度进一步划分为模块，并组成模块的层次结构。

30. ________的设计是关键的一步，直接影响到下一阶段详细设计与编码的工作。

31. 模块间还经常用带注释的短箭头表示模块调用过程中来回传递的信息。有时箭头尾部带空心圆的表示传递的是________，带实心圆的表示传递的是________。

32. 两个模块通过全程变量相互作用，该耦合方式称为________。

33. 一个模块的作用范围指________的集合。

34. 将与同一年报表有关的所有程序段组成一个模块，该模块的内聚性为________。

35. 一个模块的控制范围指________的集合。

36. 对于软件的独立性的衡量，根据模块的外部特征和内部特征，提出了两个定性的度量标准，即________和________。

37. 如果只有两个模块之间有公共数据环境，这种公共环境耦合有两种情况：一是一个模块只是给公共数据环境送数据，另一个模块只是从公共环境中取数据，这是________耦合。二是两个模块都既往公共数据环境中送数据，又从里面取数据，这是________耦合。

38. 按由低到高的顺序，模块的耦合类型有________耦合、________耦合、________耦合、________耦合、________耦合、________耦合。

39. 模块之间联系越紧密，其耦合性就越________，模块的独立性就越________。

二、选择题

1. 首先将系统中的关键部分设计出来，再让系统其余部分的设计去适应它们，这称为(　　)。
   A. 模块化设计　　B. 逐步求精
   C. 由底向上设计　　D. 自顶向下设计

2. 模块（　　），则说明模块的独立性越强。
   A. 耦合越强　　B. 扇入数越高
   C. 耦合越弱　　D. 扇入数越低

3. （　　）数据处理问题的工作过程大致分为三步，即取得数据、变换数据和给出数据。
   A. 变换型　　B. 事务型　　C. 结构化　　D. 非结构化

4. 模块间的信息可以作控制信息用，也可以作为（　　）使用。
   A. 控制流　　B. 数据结构　　C. 控制结构　　D. 数据

5. 结构化设计方法（SD）与结构化分析方法（SA）一样，遵从（　　）模型，采用逐步求精技术，SD 方法通常与 SA 相连，即依据数据流图设计程序的结构。
   A. 实体模型　　B. 原型　　C. 抽象思维　　D. 生命期

6. （　　）把已确定的软件需求转换成特定形式的设计表示，使其得以实现。
   A. 系统设计　　B. 详细设计　　C. 逻辑设计　　D. 软件设计

7. 结构化设计的方法中使用的图形工具是（　　）。
   A. 软件结构图　　B. 数据流程图
   C. 程序流程图　　D. 实体－联系图

8. 程序内部的各个部分之间存在的联系，用结构图表达时，最关心的是模块的（　　）和耦合性。
   A. 一致性　　B. 作用域　　C. 嵌套限制　　D. 内聚性

9. 程序内部的各个部分之间存在的联系，用结构图表达时，（　　）是在模块之间的联系。
   A. 内聚性　　B. 耦合性　　C. 独立性　　D. 有效性

10. 在多层次的结构图中，其模块的层次数称为结构图的（　　）。
    A. 深度　　B. 跨度　　C. 控制域　　D. 粒度

11. 下列几个耦合中，（　　）的耦合性最强。
    A. 公共环境耦合　　B. 数据耦合　　C. 控制耦合　　D. 内容耦合

12. 一个模块把一个数值量作为参数传送给另一模块。这两个模块之间的耦合是（　　）。
    A. 逻辑耦合　　B. 数据耦合　　C. 控制耦合　　D. 内容耦合

13. 一个模块直接引用另一模块中的数据，这两个模块之间的耦合是（　　）。
    A. 公共环境耦合　　B. 数据耦合　　C. 控制耦合　　D. 内容耦合

14. （　　）应该考虑对模块相连和资源共享问题进行描述和制约。

A. 系统设计　　B. 详细设计

C. 接口控制　　D. 结构化编辑工具

15. 一个模块把开关量作为参数传递给另一个模块，这两个模块之间的耦合是（　　）。

A. 外部耦合　　B. 数据耦合

C. 控制耦合　　D. 内容耦合

16. （　　）复审应该把重点放在系统的总体结构、模块划分、内外接口等方面。

A. 详细设计　　B. 系统设计　　C. 正式　　D. 非正式

17. （　　）是程序中一个能逻辑地分开的部分，也就是离散的程序单位。

A. 模块　　B. 复合语句　　C. 循环结构　　D. 数据块

18. 模块（　　）定义为受该模块内一个判断影响的所有模块集合。

A. 控制域　　B. 作用域　　C. 宽度　　D. 接口

19. 在进行软件结构设计时应该遵循的最主要的原理是（　　）。

A. 抽象　　B. 模块化　　C. 模块独立　　D. 信息隐藏

20. （　　）是数据说明，可执行语句等程序对象的集合，它是单独命名的而且可通过名字访问。

A. 模块化　　B. 抽象　　C. 精化　　D. 模块

21. 通过抽象，可以（　　）。

A. 确定组成软件的过程实体

B. 定义和实施对模块的过程细节存取限制

C. 定义和实施对局部数据结构的存取限制

D. 从微观角度去了解特定的事态

22. 标记耦合指（　　）。

A. 两个模块之间没有直接的关系，它们之间不传递任何信息

B. 两个模块之间有调用关系，传递的是简单的数据值

C. 两个模块之间传递是数据结构

D. 一个模块调用另一个模块时，传递的是控制变量

23. 功能内聚是指（　　）。

A. 把需要同时执行的动作组合在一起形成的模块为时间内聚模块

B. 指各处理使用相同的输入数据或者产生相同的输出数据

C. 指一个模块中各个处理元素都密切相关于同一功能且必须顺序执行

D. 这是最强的内聚，指模块内所有元素共同完成一个功能，缺一不可

24. 内容耦合指（　　）。

A. 两个模块之间传递是数据结构

B. 一个模块调用另一个模块时，传递的是控制变量

C. 通过一个公共数据环境相互作用的那些模块间的耦合

D. 一个模块直接使用另一个模块的内部数据，或通过非正常入口而转入另一个模块内部

25. 在软件结构设计完成后，下列说法中正确的是（　　）。

A. 非单一功能模块的扇入数大比较好，说明本模块重用率高

B. 单一功能的模块扇入高时应重新分解，以消除控制耦合的情况

C. 一个模块的扇出太多，说明该模块过分复杂，缺少中间层

D. 一个模块的扇入太多，说明该模块过分复杂，缺少中间层

26. 偶然内聚指（　　）。

A. 一个模块内的各处理元素之间没有任何联系

B. 指模块内执行几个逻辑上相似的功能，通过参数确定该模块完成哪一个功能

C. 把需要同时执行的动作组合在一起形成的模块为时间内聚模块

D. 指模块内所有处理元素都在同一数据结构上操作

27. 下列说法完全正确的是（　　）。

A. HIPO 图可以描述软件总的模块层次结构——IPO 图

B. HIPO 图可以描述每个模块输入 / 输出数据、处理功能及模块调用的详细情况——层次图

C. HIPO 图可以模块分解的层次性以及模块内部输入、处理、输出三大基本部分为基础建立的

D. 层次图说明了模块间的信息传递及模块内部的处理

28. 软件概要设计结束后得到（　　）。

A. 初始化的软件结构图

B. 优化的软件结构图

C. 模块详细的算法

D. 程序编码

29. 划分模块时，一个模块的（　　）。

A. 作用范围应在其控制范围之内　　B. 控制范围应在其作用范围之内

C. 作用范围与控制范围互不包含　　D. 作用范围与控制范围不受任何限制

30. 结构化设计方法在软件开发中，用于（　　）。

A. 测试用例设计　　B. 概要设计

C. 程序设计　　D. 详细设计

31. 为了提高模块的独立性，模块内部最好是（　　）。

A. 逻辑内聚　　B. 时间内聚

C. 功能内聚　　D. 通信内聚

32. 在软件概要设计中，不使用的是（　　）图。

A. 数据流图　　B. 结构图

C. 程序流程图　　D. PDA 图

33. 软件结构图中，模块框之间若有直线连接，表示它们之间是存在着（　　）关系。

A. 调用　　B. 组成　　C. 链接　　D. 顺序执行

34. 结构化设计是一种面向（　　）设计方法。

A. 数据流　　B. 数据结构　　C. 数据库　　D. 程序

35. 变换流的DFD由三部分组成，不属于其中一部分的是（　　）。

A. 事务中心　　B. 变换中心　　C. 输入流　　D. 输出流

36. 软件设计阶段一般可分成（　　）。

A. 逻辑设计与功能设计　　B. 概要设计与详细设计

C. 概念设计与物理设计　　D. 模型设计与程序设计

37. 结构图中，不是其主要成分的是（　　）。

A. 模块　　B. 模块间传递的数据

C. 模块内部数据　　D. 模块的控制关系

38. 好的软件结构应该是（　　）。

A. 高耦合、高内聚　　B. 低耦合、高内聚

C. 高耦合、低内聚　　D. 低耦合、低内聚

39. 结构化设计方法在软件开发中，用于（　　）。

A. 测试用例设计　　B. 软件概要设计

C. 程序设计　　D. 软件详细设计

三、简答题

1. 衡量模块独立的两个标准是什么？它们各表示什么含义？
2. 模块的内聚性由哪几种？各表示什么含义？
3. 什么是软件结构？结构图的主要内容是什么？
4. 为了降低模块间的耦合度，可采取哪些措施？
5. 什么是面向数据流的设计方法？有哪些策略？
6. 如何设计软件系统结构（软件结构）？
7. 软件结构设计优化准则是什么？
8. 什么是模块独立性？

四、综合题

1. 用面向数据流的方法设计储蓄系统的软件结构。

2. 假设要求你设计一个由微处理器控制的家庭娱乐中心。家庭娱乐中心包括高级家庭组合音响、光碟机、话筒、电视摄像机电视机和录像机等设备。要求实现的功能有单放，单录，录放，定时播放或录制，回答以下问题。

（1）自顶向下设计这个系统还是自底向上设计这个系统？需要那些信息才能做出决定？

（2）用软件还是硬件来完成定时功能？请解释理由。

（3）是否打算在系统中增加家庭计算机功能？说明理由。

（4）是否打算在系统中增加电子游戏的功能？说明你的考虑。

（5）绘制层次图。

（6）绘制IPO图。

第5章 详细设计与实现

学习目标

基本要求：了解详细设计在软件开发中的重要性；掌握结构化程序设计技术；了解结构化程序相关概念；掌握结构化定理以及非结构化程序到结构化程序的转换；掌握人机界面设计的相关知识；了解详细设计过程工具；掌握面向数据结构的设计方法；掌握程序复杂度的定量度量方法；掌握黑盒测试与白盒测试方法，了解软件可靠性概念及分析方法。

重点：结构化程序设计；人机界面设计；详细设计过程工具；面向数据结构的设计方法；程序复杂度的定量度量；黑盒测试与白盒测试。

难点：结构化程序以及非结构化程序到结构化程序的转换；盒图；PAD图；Jackson图及Jackson方法；McCabe方法和Halstead方法；黑盒测试与白盒测试。

系统设计的主要目的是为系统构建蓝图，在各种技术和实施方法中权衡利弊，精心设计，合理地使用各种资源，最终勾画出新系统的详细设计方案。详细设计是继概要设计之后，又一个重要的设计步骤。

软件详细设计的目标是确定如何具体实现所要求的系统。不是具体编写程序代码，而是在概要设计的基础上，设计更为详细的“蓝图”。详细设计的结果决定最终程序代码的质量。

5.1 结构化程序设计

结构程序设计是一种设计程序的技术，它采用自顶向下逐步求精的设计方法和单入口、单出口的控制结构。在1965年，E.W.Dijkstra首次提出结构程序设计方法，并指出程序质量与程序中的Goto语句的数量成反比。1966年，Bohm和Jacopini证明了只用顺序、选择、循环控制结构就能实现任何单入口、单出口程序。理论上，最基本的控制结构只有两种：顺序、循环结构，选择结构可由顺序和循环结构来构造。

学术界认为结构程序设计不是简单去掉goto语句的问题，而是创立一种新的程序设计方法。使用结构程序设计技术的好处：

（1）提高软件开发工程的成功率和生产率；

（2）系统有清晰的层次结构，容易阅读理解；

（3）单入口、单出口的控制结构，容易诊断纠正；

（4）模块化使得软件重用成为可能；

（5）程序逻辑结构清晰，有利于程序正确性的检测。

5.1.1　结构化程序

为便于直观地刻画结构化程序所遵循的逻辑顺序，常采用流程图对结构化程序进行抽象和表达。流程图（Flow Chart）是描述我们进行某一项活动所遵循顺序的一种图示方法，它能通过图形符号形象的表示解决问题的步骤和程序，好的流程图，不仅能对我们的程序设计起到作用，在帮助理解时，往往能起到"一张图胜过千言万语"的效果。

1. 流程图结点类型及符号

流程图通常由三种结点组成，分别是函数结点、谓词结点和汇点。下面详细介绍每种结点的意义及图形符号。

（1）函数结点。如果一个结点有一个入口线和一个出口线，则称为函数结点。由于函数结点一般对应于赋值语句，所以 F 也表示了这一个结点对应的函数关系，如图 5.1（a）所示。

（2）谓词结点。如果一个结点有一个入口线和两个出口线，而且它不改变程序数据项的值，则称为谓词结点，如图 5.1（b）所示。

（3）汇点。如果一个结点有两个或多个入口线和一个出口线，而且它不执行任何运算，则称为汇点，如图 5.2 所示。

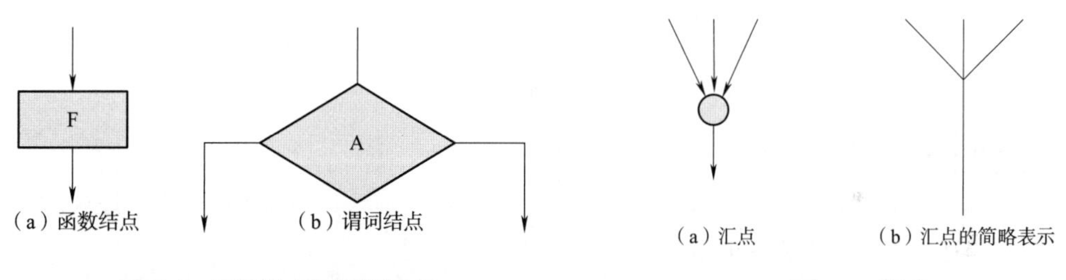

图 5.1　函数结点和谓词结点　　图 5.2　汇点

2. 三种基本控制结构

（1）顺序结构：相当于先执行 A，然后顺序执行 B，如图 5.3（a）所示。

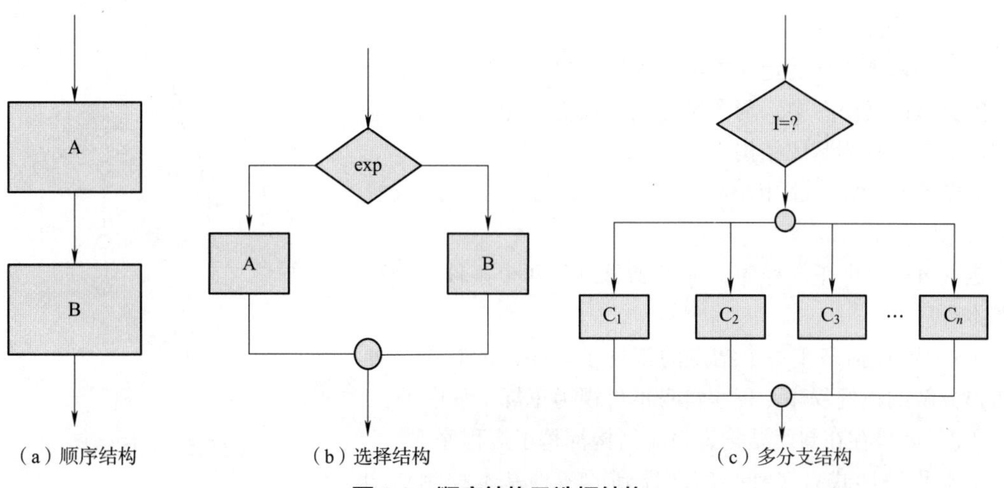

图 5.3　顺序结构及选择结构

（2）选择结构：相当于如果满足条件 exp，就执行 A，否则执行 B，其流程图如图 5.3（b）所示。

（3）多分支结构：多分支结构可理解为选择结构的变种，相当于根据条件表达式中 I 的取值，从 C_1 到 C_n 中选择一个分支执行（如 I=1，则选择分支 C_1 执行），如图 5.3（c）所示。

（4）循环结构：相当于当循环条件 exp 为真时，就一直执行循环体 A，直到条件 exp 为假时，跳出循环，其流程图如图 5.4（a）所示。

（5）UNTIL 循环结构：相当于只要条件 exp 不满足，就一直循环执行 A，直到条件 exp 满足，结束循环，其流程图如图 5.4（b）所示。

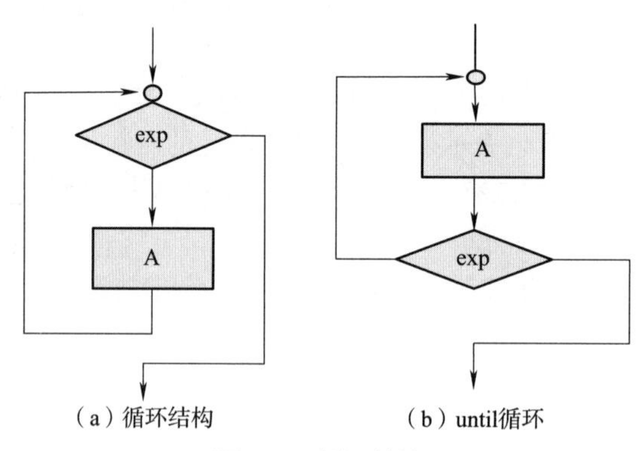

图 5.4　循环结构

3. 正规程序

定义 1：一个程序流程图如果满足下面两个特征条件，则称其刻画的程序为正规程序。

（1）具有一个入口线和一个出口线；

（2）对每一个结点，都有一条从入口线到出口线的通路通过该结点。

由于正规程序有一个入口线和一个出口线，因而一个正规程序总可以抽象为一个函数结点。

定义 2：如果一个正规程序的某个部分仍然是正规程序，那么称该部分程序为该正规程序的正规子程序。

4. 基本程序

在给出基本程序的定义之前，先给出封闭结构的定义。

定义 3：流程图中，两个结点之间所有无重复结点的通路组成的结构称为封闭结构。

如图 5.5 所示，封闭结构为 ｛a - [b1 - b2 - b3 ; c1 - c2 ; d1 - d2 - d3 ; e] - f｝

定义 4：一个正规程序，如果满足以下两个条件，则称为基本程序：

（1）不包括多于一个结点的正规子程序，即它是一种不可再分解的正规程序（程序自身不可视为正规子程序）；

（2）如果存在封闭结构，封闭结构都是正规程序。

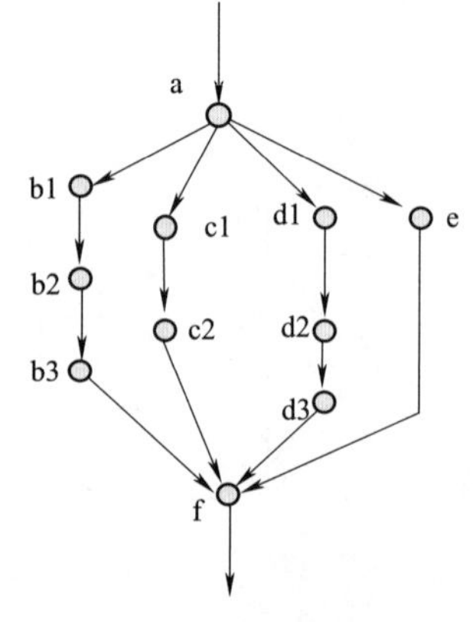

图 5.5　封闭结构

基本程序形式有多种，前面提到的三种基本控制结构（顺序结构、选择结构、循环结构）和两个扩充控制结构（多分支结构、until 循环结构）都是基本程序。

定义 5：用以构造程序的基本程序的集合称为基集合。

例如，{ 顺序，if-then-else，while-do}，{ 顺序，if-then-else，repeat-until} 都是基集合。

定义 6：如果一个基本程序的函数结点用另一个基本函数程序替换，产生的新的正规程序称为复合程序。图 5.6 即为一个复合程序。

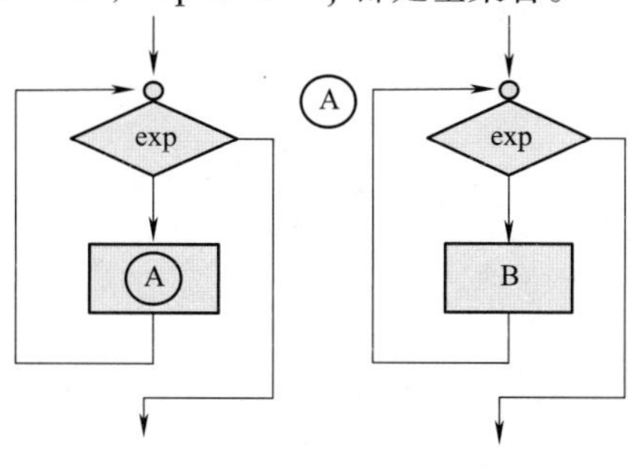

图 5.6　复合程序

循环结构的 A 函数结点用另一循环结构代替，即嵌套循环，就产生了复合程序。由于复合程序是由一些基本程序组成，因此，无论从总体上看或是从每个组成部分看，都满足"一个入口，一个出口"的原则，这样的程序就是通常说的好结构程序，或者结构化程序。

定义 7：由基本程序的一个固定的基集合构造出的复合程序，称为结构化程序。

5.1.2　结构化定理

结构化定理指任一正规程序都可以函数等价于一个由基集合 { 顺序，if-else-then，while-do} 产生的结构化程序。

实际上，只要能证明可以将任一正规程序转换成等价的结构化程序就可以证明这个结构化定理。

证明：（分三步进行结构化程序的转换）

步骤 1：从程序入口处开始给程序的函数结点和谓词结点编号：1，2，3，⋯，n，同时，将每个函数和谓词结点的出口线用它后面的结点的号码进行编号，如果出口线后面没有结点，也就是说该结点的出口线与程序的出口线相连时，出口线编号为 0。

步骤 2：对原程序中每一个编号为 i，出口线编号为 j 的函数结点 H，构造一个新的序列程序 G_i，如图 5.7 所示。

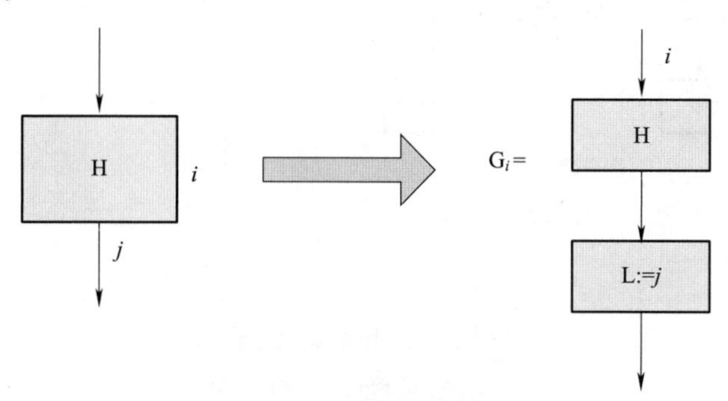

图 5.7　新序列程序

类似地，对于每个编号为 i，出口线分别为 j 和 k 的谓词结点，构造一个新的选择程序 G_i，如图 5.8 所示。

步骤 3：利用已经得到的一些 G_i 程序（i=1,2,3,⋯,n），按图 5.9 的形式构造一个 while-do 循环。

这种方法并不是把程序转变为结构化程序的唯一方法，所得的程序也不一定是最好的。它的目的是证明结构化定理。

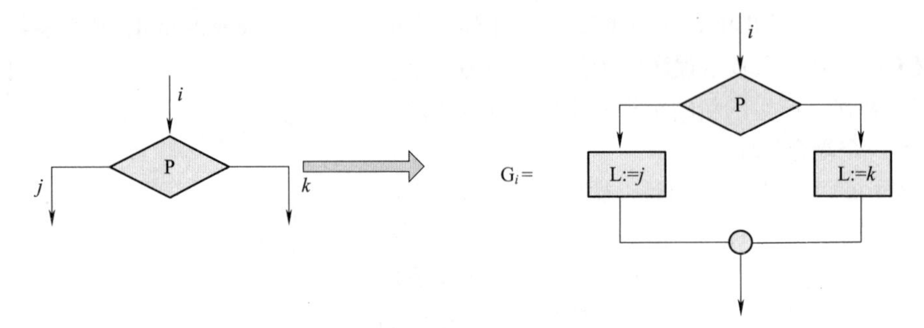

图 5.8　新选择程序

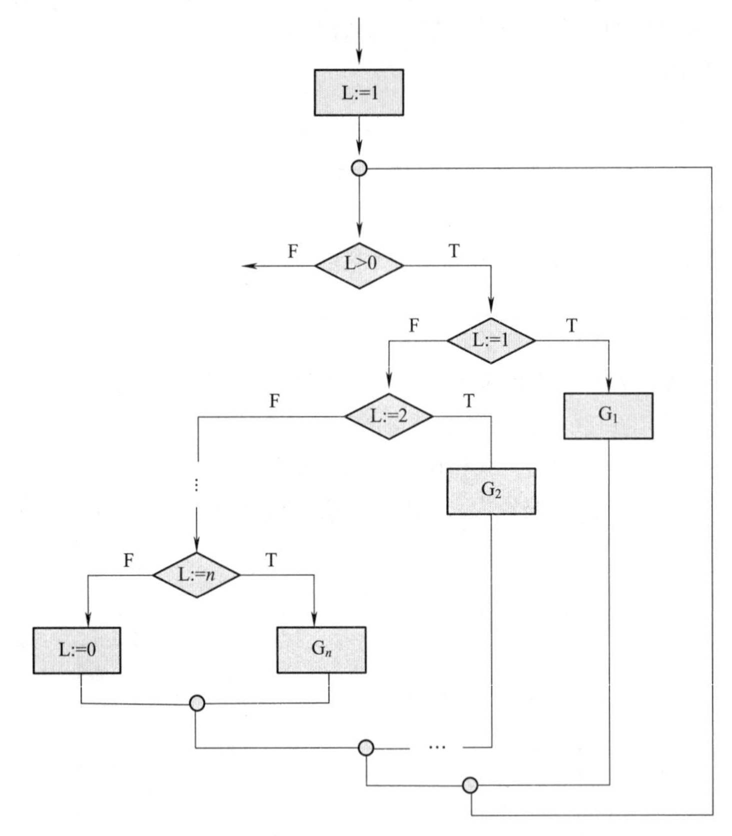

图 5.9　while-do 循环

注：图中的循环体是一个对 L 从 1 到 n 的嵌套选择（if-then-else）程序，转换后的程序与原程序是等价的，是由基集合 { 顺序、选择、循环 } 复合成的结构化程序。

5.1.3　非结构化程序到结构化程序的转换

【例 5.1】 把图 5.10 所示的非结构化程序转换成结构化程序（用结构化定理证明过程提供的方法转换）。

详细的转换过程如下：

（1）对各结点及其出口线进行编号，如图 5.11 所示；

（2）将图 5.11 中的四个结点构造新的程序 G_1、G_2、G_3、G_4，如图 5.12 所示；

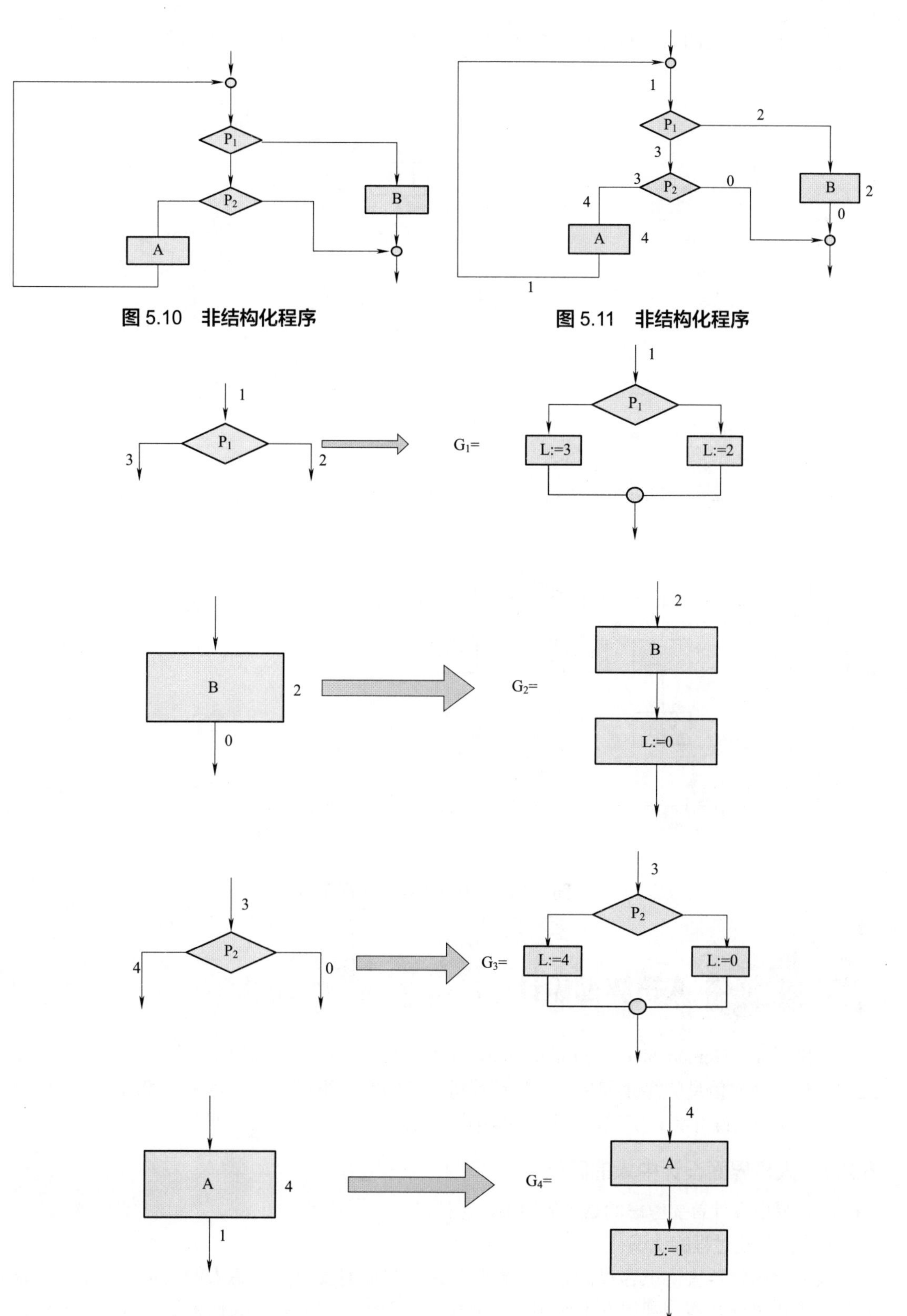

图 5.10　非结构化程序

图 5.11　非结构化程序

图 5.12　新程序 G_1、G_2、G_3、G_4

（3）利用得到的 G_1、G_2、G_3、G_4 构造一个 while-do 循环，最终结果如图 5.13 所示。

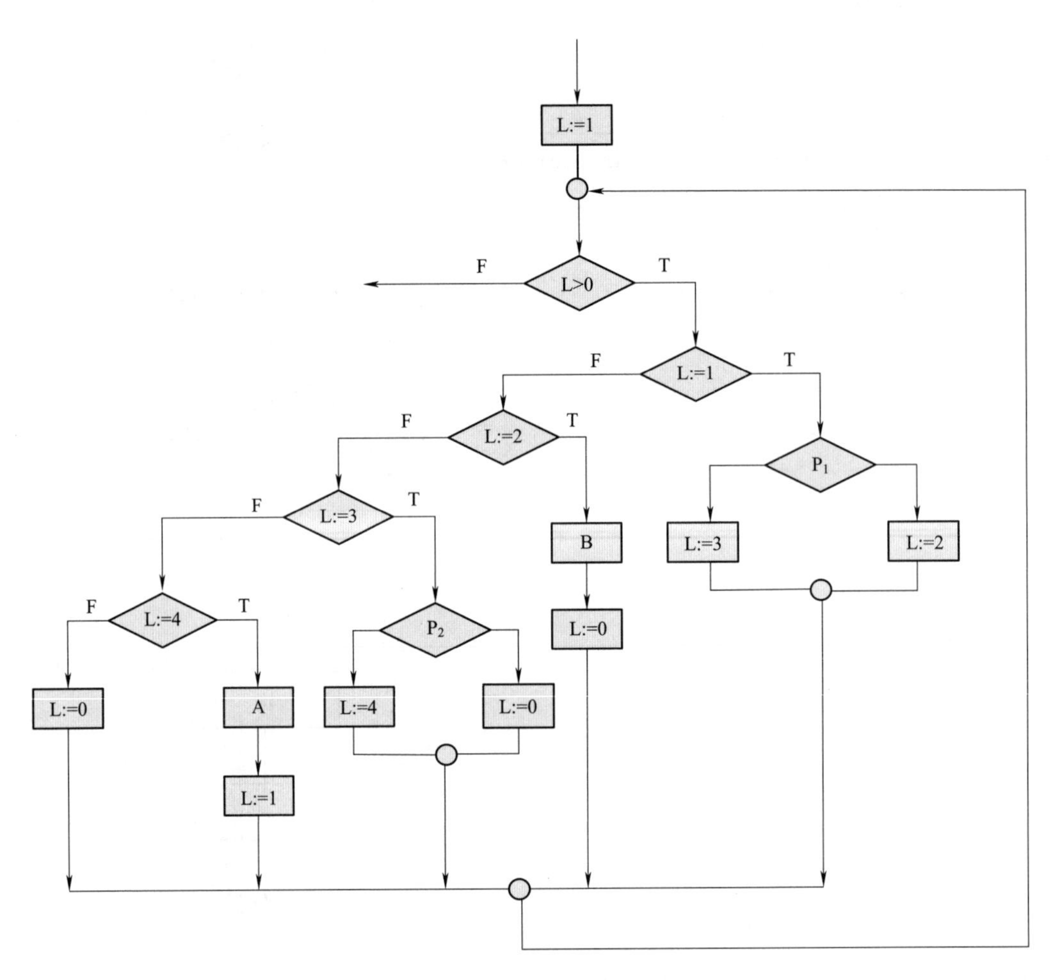

图 5.13　转化后的结构化程序图

5.2 人机界面设计

人机界面（Human Machine Interaction，HMI）又称用户界面或使用者界面，是人与计算机之间传递、交换信息的媒介和接口，是计算机系统的重要组成部分。是系统和用户之间进行交互和信息交换的媒介，它实现信息的内部形式与人类可以接受形式之间的转换。

5.2.1　人机界面设计中人的因素

人机界面设计首要考虑的是人的因素，包括：

1. 人对感知过程的认识

人通过感觉器官认识客观世界，因此设计用户界面时要充分考虑人的视觉、触觉、听觉的作用。人机界面是在可视媒介上实现的，如文字、图形、图表等。人们根据显示内容的体积、形状、颜色等种种表征来解释所获取的可视信息。因此，文字的字体、大小、位置、颜色、形状等都会直接影响信息提取的难易程度。很好地表示可视信息是设计友好界面的关键。用户从界面提取到的信息需要存入人的记忆中。在设计人机界面时不能要求用户记住复杂的操作顺序。

大多数人遇到问题时不进行形式的演绎和归纳推理，而是基于以往对类似问题处理中逐渐积累的经验。因此，设计人机界面时应便于用户积累有关交互工作的经验，同时要注意界面设计风格的一致性，不宜受特殊交互的影响。如 undo、exit 等有统一的含义、位置和表示。

2. 用户的技能和行为方式

用户本身的技能、个体上的差异、行为方式的不同，都可能对人机界面造成影响。不同类型的人对同一界面的评价也不同。终端用户的技能直接影响其从人机界面上获取信息的能力，影响交互过程中对系统做出反应的能力，以及基于以往的经验与系统和谐地交互的能力。应根据用户的特点设计人机界面。

根据用户的特点，用户可分为如下几类：

外行型：不熟悉计算机操作，对系统很少或毫无认识。

初学型：对计算机有一些经验，对新系统不熟悉，需要相当多的支持。

熟练型：对系统有丰富的使用经验，能熟练操作，但不了解系统的内部结构，不能纠正意外错误，不能扩充系统的能力。

专家型：了解系统内部的结构，有系统工作机制的专门知识，具有维护和修改系统的能力，希望为他们提供具备修改和扩充系统能力的复杂界面。

3. 用户所要求完成的整个任务以及用户对人机界面部分的特殊要求

人具有多样性，人机界面设计必须符合使用该系统的用户的特点。人的多样性包括身体能力的多样性，工作环境的多样性，认知能力的多样性，个体的多样性，文化的多样性。不同的用户在使用人机系统时所处的环境也不同，而工作环境对于用户的使用也有很大的影响。不合适的环境会增加系统的出错概率，降低用户的工作效率。不同用户的认知能力差异很大。对人机界面设计者来说，对用户的认知能力的理解非常重要。设计人机界面必须考虑到不同用户的认知能力，控制系统的复杂度和学习成本。个体差异表现在很多方面，例如，男性和女性各项差异就是一种基本的个体差异，文化差异体现在民族、语言等用户文化背景的差异，不同地区的设计者对于其他地区的文化缺少了解。为了解决文化差异，需要将软件系统国际化和本地化，人机界面也必须支持国际化和本地化设计。

5.2.2　人机界面的风格

人机界面风格经历了一个缓慢的演变过程，包括以下若干个阶段：

- 第一代：命令和询问方式的界面；
- 第二代：简单的菜单式界面；
- 第三代：窗口、图标、菜单、指示器四位一体的界面；
- 第四代：第三代界面与超文本、多任务概念相结合的界面，用户可同时执行多个任务。

不同界面风格适用范围不同，具体的适用范围如下：

- 命令语言界面适合于专业人员使用；

● 多媒体用户界面引入动画、声音、视频等，提高用户接受信息的效率。受限于信息的存储和传输，应用场合受限。

5.2.3 人机界面的设计

1. 人机界面分析与建模

人机界面的设计过程是迭代的。主要通过下面的四步循环迭代：

（1）用户、任务和环境分析。设计人员首先分析与系统交互的用户特点，技能级别、业务理解以及对新系统的一般感悟，并定义不同的用户级别。对每一个用户类别进行需求引导。软件工程师试图去理解每类用户的系统感觉。

（2）界面设计。主要包括建立任务的目标和意图，为每个目标或意图制定特定的动作序列，按在界面上执行的方式对动作序列进行规约，指明系统状态，定义控制机制，指明控制机制如何影响系统状态，指明用户如何通过界面上的信息来解释系统状态。

（3）实现。根据界面设计进行实现，前期可以通过快速原型工具来实现，减少返工的工作量。

（4）界面确认。界面实现后就可以进行一些定性和定量的数据收集，以进行界面的评估，然后调整优化界面的设计。

2. 人机界面设计涉及心智模型和概念模型

人们会将他们对一个熟悉的产品所建立的期望转移到另一个看似相似的产品上，即心智模型。用户的心智模型受其本身的知识水平和生活经验而变化。而实际的产品使用场景即设计师为用户提供的概念模型。两者之间差距越大，用户的接受程度越低。设计师应尽量将概念模型靠近心智模型，如果实在不行，则要通过用户手册、视频等内容改变用户的心智模型。

3. 人机界面的设计过程

人机界面的设计过程可以按照以下步骤进行：①建立任务的目标和意图；②将每个目标或意图映射为一系列特定的动作；③按在界面上执行的方式说明这些动作的顺序；④指明系统状态，即执行动作时的界面表现；⑤定义控制机制，即用户可用的改变系统状态的设备和动作；⑥指明控制机制如何影响系统状态；⑦指明用户如何通过界面上的信息解释系统状态。

4. 人机界面设计基本要求

人机界面设计的基本要求包括：①系统响应时间要稳定，及时反馈操作信息；②界面应设置命令标记符号，如快捷键等；③界面应给用户提供求助设施，引导用户如何使用；④界面应具备错误信息处理功能，给出合理的、准确的错误提示信息，并指示用户如何正确操作等。

5. 人机界面设计的黄金原则

在软件人机界面设计的实践中，人们总结了一些人机界面设计的黄金原则，为我们提供了重要的参考和借鉴，具体如下：

（1）让用户拥有控制权。

① 交互模式的定义不能强迫用户进入不必要的或不希望的动作的方式。

② 提供灵活的交互。

③ 允许用户交互可以被中断和撤销。

④ 当技能级别增长时可以使交互流水化并允许定制交互。

⑤ 使用户隔离内部技术细节。

（2）减轻用户的记忆负担。

① 减少对短期记忆的要求。

② 建立有意义的缺省。

③ 定义直觉性的捷径。

④ 界面的视觉布局应该类似真实世界。

⑤ 以逐步推进的方式揭示信息。

（3）保持界面一致。

① 允许用户将当前任务放在有意义的语境中。

② 在应用系列内保持一致性。

③ 不要改变用户已经熟悉的用户交互模型。

除此之外，还应该考虑下表 5.1 的设计原则。

表 5.1　设计原则

原　　则	说　　明
用户熟悉度	界面所使用的术语和概念应该来自用户经验，因为这些用户是将要使用系统最多的人
意外最小化	永远不要让用户对系统的行为感到吃惊
可恢复性	界面应该有一种机制允许用户从错误中恢复
用户指南	在错误发生时，界面应该提供有意义的反馈，并有上下文感知能力的用户帮助功能
用户差异性	界面应该为不同类型的用户提供合适的交互功能

5.2.4　人机界面设计的启示

设计软件是方便用户，界面设计要多从用户的角度考虑，才能赢得用户的认可，用户的认可才是软件设计人员最大的成功。

人机界面是人机交互的窗口和媒介，人机界面的质量是软件质量的重要方面。软件界面的设计不但需要软件设计人员具备较强的职业能力，还考验着软件设计人员对于人机界面的精雕细琢，追求卓越品质的耐心，即我们所大力倡导的工匠精神。只有不断地雕琢自己的作品，不断完善软件的人机界面，从用户角度思考，从大处着眼，注重细节，才可能设计出高质量的人机界面，高质量的用户软件。

5.3　详细设计过程工具

5.3.1　程序流程图

程序流程图是一种描述程序的控制结构流程和指令执行情况的有向图。程序流程图具有历史悠久、使用广泛、直观描绘控制流程、便于初学者掌握等特点。但它也有一些不足，程序流程图的不足包括：①程序流程图本质上不是逐步求精的好工具，它使程序员过早地考虑程序的控制流程，而不去考虑程序的全局结构；②程序流程图中用箭头代表控制流，因此程序员不受任何约束，可以完全不顾结构化程序设计的精神，随意转移控制；③程序流程图不易表示数据结构。图 5.14 是一个 ASP 检索程序流程图。

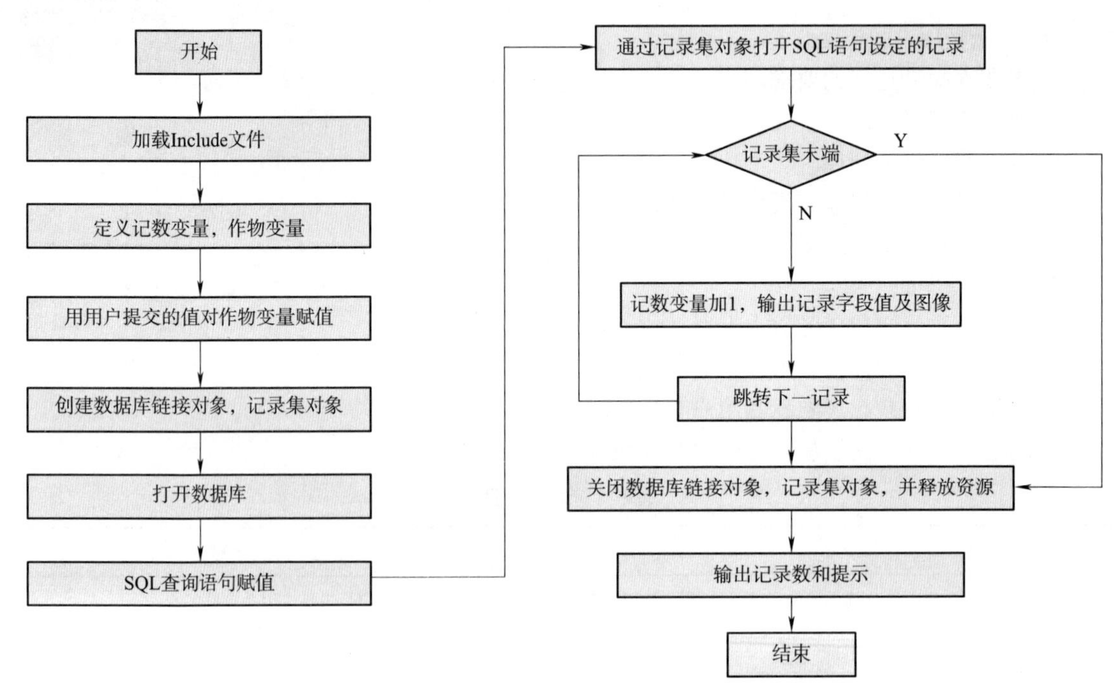

图 5.14　ASP 检索程序流程图

5.3.2　盒图（N-S 图）

1972 年，美国学者 I.Nassi 和 B.Shneiderman 提出了一种在流程图中完全去掉流程线，全部算法写在一个矩形阵内，在框内还可以嵌套其他框的流程图形式。即由一些基本的框组成一个大的框，这种流程图称为盒图，又称 N-S 结构流程图（简称 N-S 图）。N-S 图包括顺序、选择和循环三种基本结构，其基本符号如图 5.15 所示。

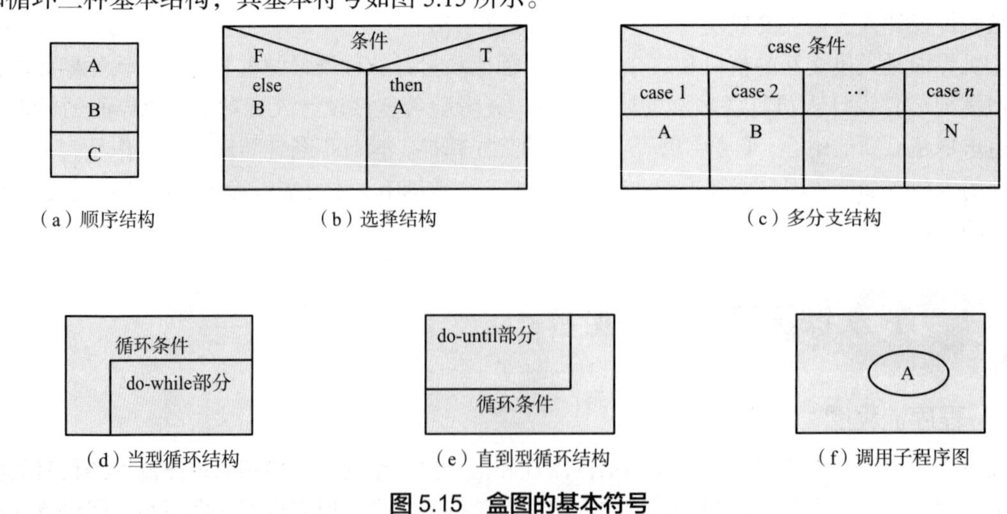

（a）顺序结构　（b）选择结构　（c）多分支结构

（d）当型循环结构　（e）直到型循环结构　（f）调用子程序图

图 5.15　盒图的基本符号

盒图的特点有：

（1）功能域明确，可以从盒图上一眼就看出来；

（2）不可能任意转移控制；

（3）很容易确定局部和全程数据的作用域；

（4）很容易表现嵌套关系，也可以表示模块的层次结构。

图 5.16 是两段程序的盒图表示。通过盒图可以很直观地可以理解两段程序的逻辑结构。

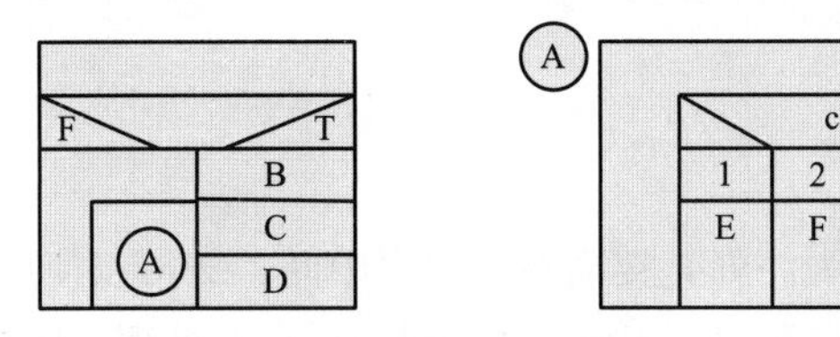

图 5.16　盒图

5.3.3　PAD

问题分析图（Problem Analysis Diagram，PAD）于 1974 年由日本的二村良彦等提出。它也是一种主要用于描述软件详细设计的图形表示工具。与方框图一样，PAD 也只能描述结构化程序允许使用的几种基本结构。发明以来，已经得到一定程度的推广。它用二维树形结构的图表示程序的控制流，以 PAD 为基础，遵循机械的走树（Tree Walk）规则就能方便地编写出程序，用这种图转换为程序代码比较容易。

PAD 的基本符号如图 5.17 所示。

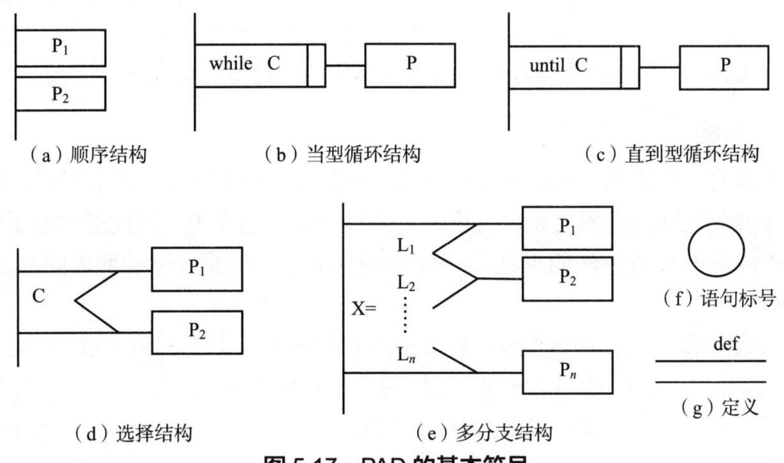

图 5.17　PAD 的基本符号

PAD 的优点：

（1）使用表示结构化控制结构的 PAD 符号所设计出来的程序必然是结构化程序。

（2）PAD 所描绘的程序结构十分清晰。图 5.17 中最左面的竖线是程序的主线，即第一层结构。随着程序层次的增加，PAD 逐渐向右延伸，每增加一个层次，图形向右扩展一条竖线。PAD 中竖线的总条数就是程序的层次数。

（3）用 PAD 表现程序，通俗易懂，程序从图中最左竖线上端的结点开始执行，自上而下，从左向右顺序执行，遍历所有结点。

（4）易将 PAD 转换成高级语言源程序，这种转换可以用软件工具自动完成。

（5）可用于表示程序逻辑，也可用于描绘数据结构。

（6）PAD 的符号支持自顶向下、逐步求精的方法。

5.3.4　过程设计语言

过程设计语言（Procedure Design Language，PDL）也称为伪码。

例如，if I>0 then

执行订单数据输入模块

else

报告出错信息

end if

PDL 的优点包括：①可以作为注释直接插在源程序中间；②可以使用普通的正文编辑程序或文字处理系统来完成 PDL 的书写和编辑工作；③可以使用自动处理程序把 PDL 生成程序代码。PDL 的缺点在于不如图形工具形象直观。

5.4 面向数据结构的设计方法

面向数据结构的设计方法，侧重从数据结构方面去分析和表达软件需求，进行软件设计。这一方法从目标系统的数据结构入手，分析信息结构，并用数据结构图（如 Jackson 结构图）来表示。其最终目标是得出对程序处理过程的描述。该方法没有明显地使用软件结构的概念，系统模块是设计过程中的副产品，对于模块独立原理也没有给予应有的重视，非常适合于在系统详细设计阶段使用。Jackson 方法和 Warnier 方法是最著名的两个面向数据结构的设计方法，本节将简单地介绍 Jackson 方法，使读者对面向数据结构的设计方法有初步的了解。

5.4.1 Jackson 图

由于应用需求的千变万化，程序中实际使用的数据结构种类繁多，异常复杂。然而，数据结构中的数据元素彼此之间的逻辑关系只有顺序、选择和重复这 3 类。因此逻辑数据结构只有这 3 类。Jackson 图是 Jackson 设计方法的工具，下面介绍其如何表示数据元素彼此之间的 3 类逻辑关系。

1. 顺序结构

顺序结构的数据由一个或多个数据元素组成，每个数据元素按确定的次序出现一次。顺序结构的 Jackson 图如图 5.18 所示，数据 A 由 B、C、D 三个元素顺序组成，每个元素只出现一次，出现的次序依次为 B、C、D。

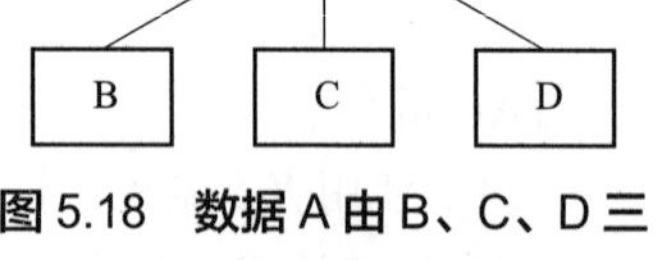

图 5.18 数据 A 由 B、C、D 三个元素顺序组成

2. 选择结构

选择结构的数据包含两个或多个数据元素，每次使用这个数据时，按照条件从这些组成元素中选择一个。选择结构的 Jackson 图如图 5.19 所示，根据特定条件，A 从 B、C、D 中选择某一个，在 B、C、D 的右上角有小圆圈做标记，小圆圈表示 B、C、D 为可选项。

3. 重复结构

重复结构的数据，根据使用时的条件，重复使用同一数据元素零次或多次。如图 5.20 所示，数据 A 由 B 出现 N 次组成，在 B 的右上角有星号标记，星号表示重复。

4. Jackson 图的优缺点

从上述 Jackson 图表示数据结构的方法，可以看出 Jackson 图的优点：

（1）便于表示层次结构，而且是对结构进行自顶向下分解的有力工具；

（2）形象直观可读性好；

（3）既能表示数据结构也能表示程序结构（因为结构程序设计也只使用上述 3 种基本控制结构）。

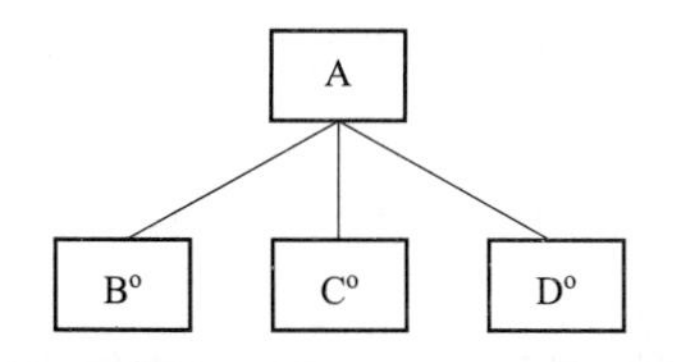

图 5.19　根据条件 A 选择 B、C、D 中的某一个

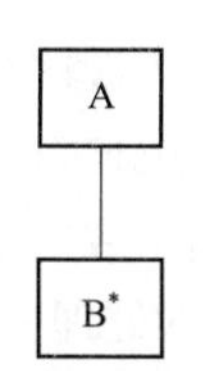

图 5.20　A 由 B 出现 N（N>=0）次组成

尽管 Jackson 图有上述优点，但也存在其不足：用这种图形工具表示选择或重复结构时，选择条件或循环结束条件不能直接在图上表示出来，影响了图的表达能力，也不易直接把图翻译成程序。此外，框间连线为斜线，不易在行式打印机上输出。

5.4.2　改进的 Jackson 图

为了解决 Jackson 图表示数据结构的不足，提出了改进的 Jackson 图。

1. 顺序结构

如图 5.21（a）所示，B、C、D 中任一个都不能是选择出现或重复出现的数据元素，即不能是右上角有小圆圈或星号标记的元素。

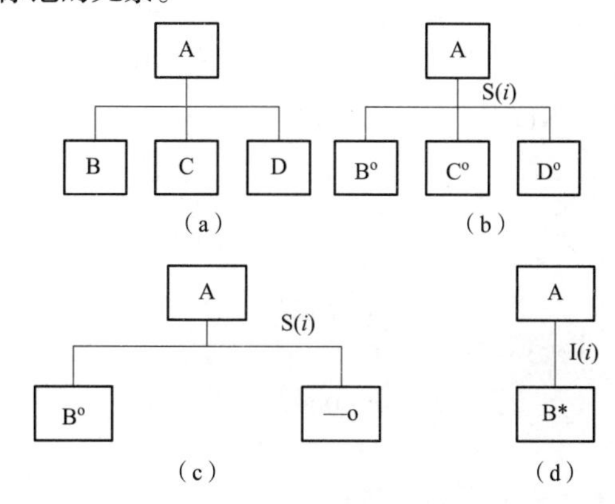

图 5.21　改进的 Jackson 图

2. 选择结构

如图 5.21（b）所示，S(*i*) 中的 *i* 是分支条件的编号。

3. 可选结构

如图 5.21（c）所示，A 要么是元素 B，要么不出现。可选结构是选择结构的一种常见的特殊形式。

4. 重复结构

如图 5.21（d）所示，重复结构的循环结束条件的编号为 *i*。

5.4.3　Jackson 方法

1975 年，M. A. Jackson 提出了一种面向数据结构的设计方法，又称 Jackson 方法。

Jackson 结构程序设计方法由五个步骤组成：

（1）分析并确定输入数据和输出数据的逻辑结构，并用 Jackson 图描绘这些数据结构。

（2）找出输入数据结构和输出数据结构中有对应关系的数据单元。

（3）用以下三条规则从描绘数据结构的 Jackson 图导出描绘程序结构的 Jackson 图。

① 为每对有对应关系的数据单元按照它们在数据结构图中的层次在程序结构图的相应层次画一个处理框；

② 根据输入数据结构中剩余的每个数据单元所处的层次，在程序结构图的相应层次分别为它们绘制对应的处理框；

③ 根据输出数据结构中剩余的每个数据单元所处的层次，在程序结构图的相应层次分别为它们绘制对应的处理框。

（4）列出所有操作和条件（包括分支条件和循环结束条件），并且把它们分配到程序结构图的适当位置。

（5）用伪码表示程序。

Jackson 方法中使用的伪码和 Jackson 图是对应的，下面是和 3 种基本结构对应的伪码。和图 5.21（a）所示的顺序结构对应的伪码如下。其中，seq 和 end 是关键字。

顺序结构：

```
A   seq
    B
    C
    D
A   end
```

和图 5.21（b）所示的选择结构对应的伪码如下。其中，select、or 和 end 是关键字；cond1、cond2 和 cond3 分别是执行 B、C 或 D 的条件。

选择结构：

```
A   select cond1
      B
A   or cond2
      C
A   or cond3
      D
A   end
```

和图 5.21（d）所示的重复结构对应的伪码如下。其中，iter、until、while 和 end 是关键字；cond 是条件。

重复结构：

```
A   iter until
（或 while）
cond
    B
A   end
```

下面通过一个例子，说明 Jackson 结构程序设计方法。

【例 5.2】 一个正文文件由若干记录组成，每个记录是一个字符串。

Record 1：How many stages are there in the traditional software development model?

Record 2：After entering the room, walk to the person sitting nearest to you and greet him/her with a “high five”.

Record 3：What are encapsulated into an object?

Record 4：What diagram is the following diagram? Simply describe the meaning of it.

要求：

（1）设计程序统计每个记录中空格字符的个数，输出数据的格式是每读入一个记录（字符串）之后，另起一行打印出这个字符串及其空格数；

（2）最后打印出文件中空格的总个数。

具体实现步骤如下：

分析输入、输出数据结构，用 Jackson 图描绘，并找出两者对应的数据单元，如图 5.22 所示。

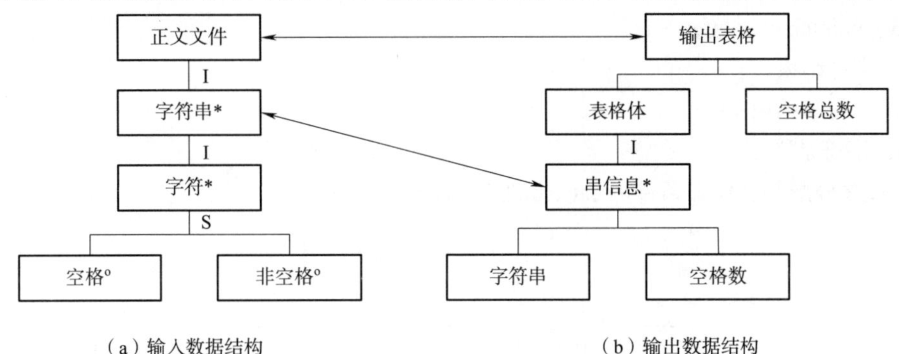

图 5.22　表示输入 / 输出数据结构的 Jackson 图

导出描绘程序结构的 Jackson 图，如图 5.23 所示。

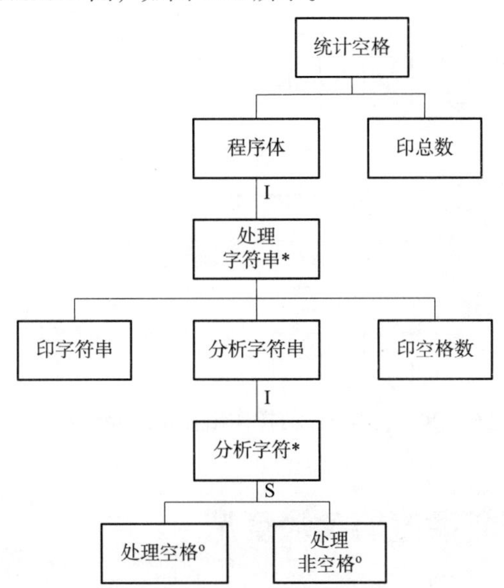

图 5.23　描绘统计空格程序结构的 Jackson 图

列出所有操作和条件：

（1）停止；

（2）打开文件；

（3）关闭文件；

（4）打印出字符串；

（5）打印出空格数；

（6）打印出空格总数；

（7）sum := sum +1；

（8）totalsum := totalsum + sum；

（9）读入字符串；

（10）sum := 0；

（11）totalsum : = 0；

（12）pointer := 1；

（13）pointer := pointer + 1；

I(1)：文件结束；

I(2)：字符串结束；

S(3)：字符是空格。

导出最终分配好操作和条件的 Jackson 图，如图 5.24 所示。

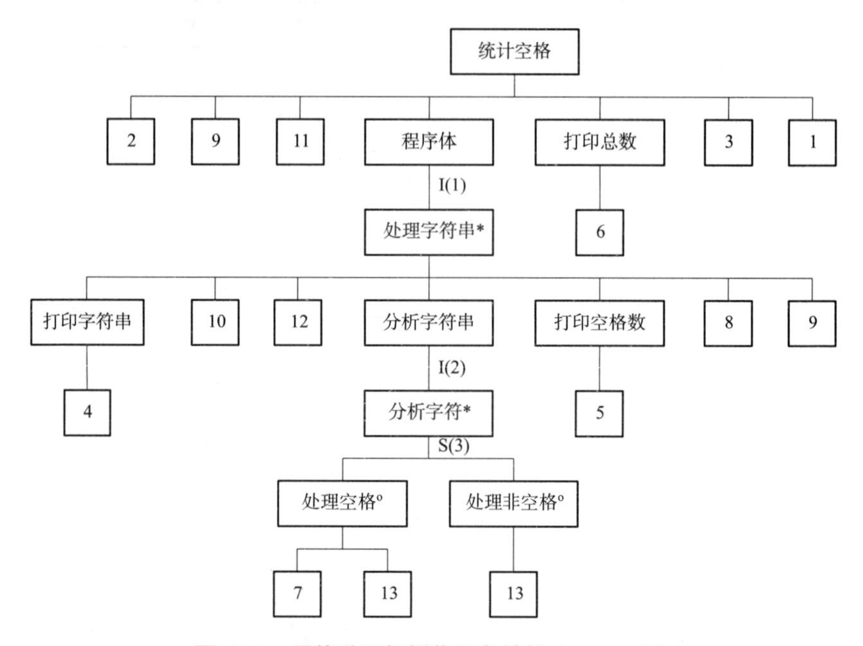

图 5.24 最终分配好操作和条件的 Jackson 图

5.5 程序复杂度的定量度量

程序复杂度是指程序的复杂程度，与程序的处理逻辑及规模密切相关。定量度量程序的复杂度是指用精确的数字来刻画和区分不同程序的复杂度，实现程序复杂度的定量度量具有如下重要作用：

（1）可估算软件中错误的数量及软件开发工作量；

（2）度量的结果可用来比较不同设计或不同算法的优劣；

（3）程序的复杂度可作为模块规模的限度。

下面介绍程序复杂度具体的度量方法。

5.5.1 McCabe 度量法

McCabe 度量法是由托马斯·麦克凯提出的一种基于程序控制流的复杂性度量方法。McCabe 复杂性度量又称环路度量。它认为程序的复杂性很大程度上取决于程序图的复杂性。单一的顺序结构最为简单，循环和选择所构成的环路越多，程序就越复杂。

1. 程序图（流图）

程序图是“退化”的程序流程图，仅描绘程序的控制流程，不表现对数据的具体操作及循环、选择的条件。程序流程图中的各种处理框（如加工框、判断框等），都被简化成用圆圈表示的结点。图 5.25（a）是一程序片段对应的程序流程图，其对应的程序图如图 5.25（b）所示。程序图可以由程序流程图简化得到，也可以由 PAD 图或代码变换得到。图 5.26 表示由伪代码 PDL 翻译得到的程序图。

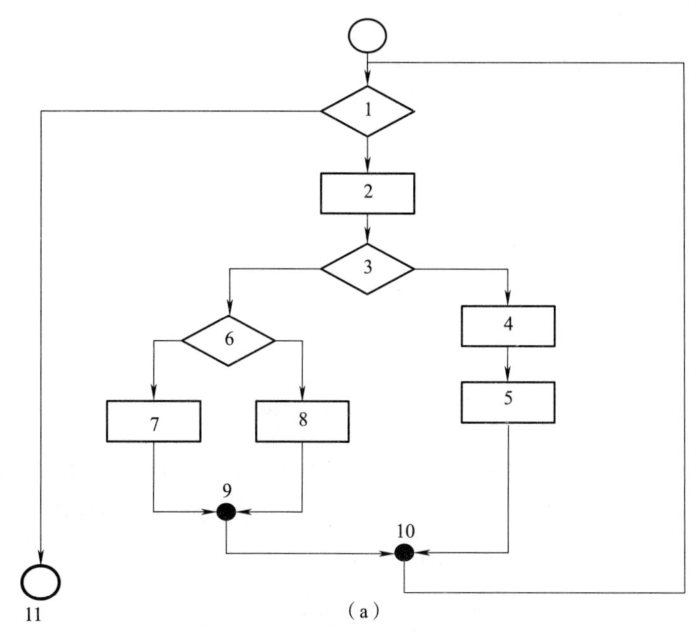

（a）

注：一个圆代表一条或多条语句；一个顺序结构可以合并成一个节点；汇点也是结点；一个顺序处理框序列和一个判断框可映射成一个结点。

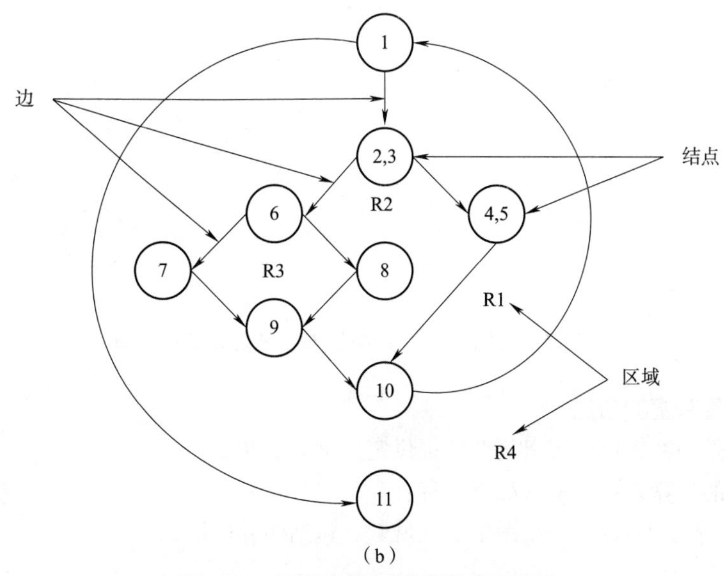

（b）

图 5.25　把程序流程图映射成程序图

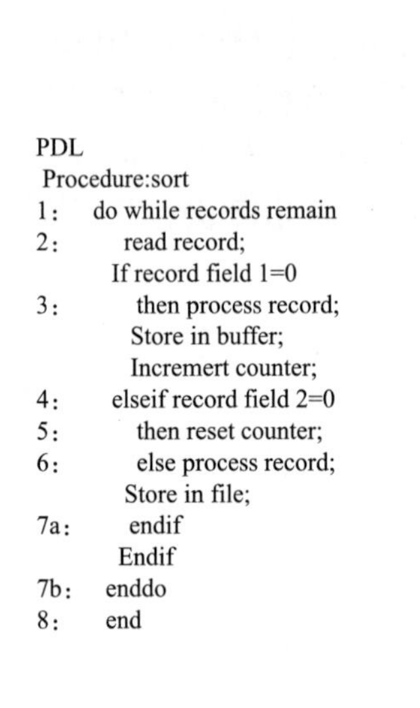

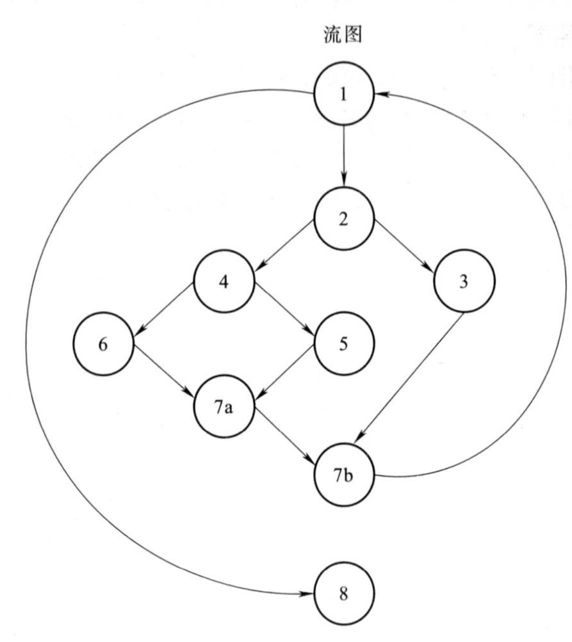

图 5.26　由 PDL 翻译成的程序图

当代码中出现了复合条件，即包含一个或多个布尔运算符（OR、AND、NOR 等），此时应把复合条件分解为简单条件，每个条件对应一个结点。图 5.27 中，条件中出现了复合条件情况 (a or b)，在变换成程序图后，分别对应结点 a 和 b。

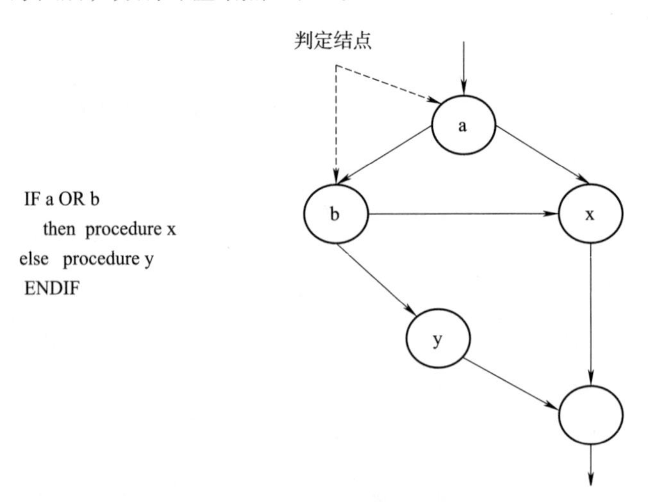

图 5.27　由包含复合条件的 PDL 映射成的程序图

2. 计算环形复杂度的方法

环形复杂度是一种为程序逻辑复杂性提供定量度量的测度。

环形复杂度的计算方法通常有如下 3 种：

（1）环形复杂度 $V(G)$ 等于流图中的区域数，包括图外区域；

（2）环形复杂度 $V(G)=E-N+2$，其中 E 是流图中边的条数，N 是结点数；

（3）环形复杂度 $V(G)=P+1$，其中 P 为流图中判定结点的数目。

【例 5.3】 计算图 5.28 所示程序图的环形复杂度。

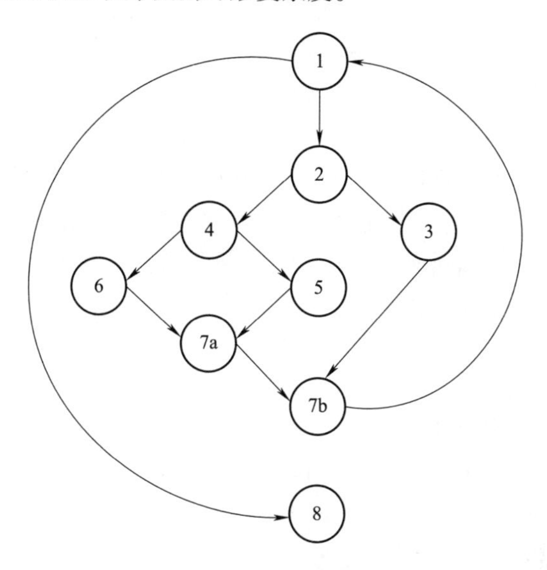

图 5.28　程序片段程序图

解：

方法一：程序图把平面分为 4 个区域，环形复杂度 $V(G) = 4$；

方法二：边的条数 E=11，结点数 N=9，环形复杂度 $V(G) = E-N+2=4$ ；

方法三：判定结点为 1、2、4 点，数目为 P=3 个，所以 $V(G) = P+1=4$。

3. 环形复杂度的用途

环形复杂度可用作为对程序测试难度的一种定量度量，也可对软件最终的可靠性给出某种预测。实践表明，模块规模以 $V(G) \leqslant 10$ 为宜。

5.5.2　Halstead 方法

Halstead 方法是另外一种著名的程序复杂度度量方法，其根据程序中运算符和操作数的总数来度量程序的复杂度。

令 N_1 为程序中运算符出现的总次数，N_2 为操作数出现的总次数，程序长度 N 定义为

$$N = N_1 + N_2$$

Halstead 方法给出预测程序长度的公式为

$$H = n_1\log_2 n_1 + n_2\log_2 n_2$$

式中，H 定义为预测程序长度；n_1 为程序中使用的不同运算符（包括关键字）的个数；n_2 为程序中使用的不同操作数（变量和常量）的个数。

多次验证都表明，程序的预测长度 H 和实际程序长度 N 非常接近。Halstead 还给出了预测程序中包含错误的个数的公式。

$$E = N \times \log_2(n_1+n_2) / 3\,000$$

5.6 系统的编码与测试

5.6.1 编码

1. 程序设计语言

（1）机器语言。

机器语言是机器能直接识别的程序语言或指令代码，无须经过翻译，每一操作码在计算机内部都有相应的电路来完成它，或指不经翻译即可为机器直接理解和接受的程序语言或指令代码。机器语言使用绝对地址和绝对操作码。不同的计算机都有各自的机器语言，即指令系统。从使用的角度看，机器语言是最低级的语言。

（2）汇编语言。

汇编语言（Assembly Language）是任何一种用于电子计算机、微处理器、微控制器或其他可编程器件的低级语言，亦称为符号语言。在汇编语言中，用助记符代替机器指令的操作码，用地址符号或标号代替指令或操作数的地址。在不同的设备中，汇编语言对应着不同的机器语言指令集，通过汇编过程转换成机器指令。特定的汇编语言和特定的机器语言指令集是一一对应的，不同平台之间不可直接移植。

（3）高级语言。

计算机语言具有高级语言和低级语言之分。而高级语言是相对于汇编语言而言的，它是较接近自然语言和数学公式的编程，基本脱离了机器的硬件系统，用人们更易理解的方式编写程序，编写的程序称为源程序。

高级语言并不是特指的某一种具体的语言，而是包括很多编程语言，如 Java、C、C++、C#、Pascal、Python、LISP、Prolog、FoxPro、易语言等，这些语言的语法、命令格式都不相同。

高级语言与计算机的硬件结构及指令系统无关，它有更强的表达能力，可方便地表示数据的运算和程序的控制结构，能更好地描述各种算法，而且容易学习掌握。但高级语言编译生成的程序代码一般比用汇编语言设计的程序代码要长，执行的速度也慢。所以汇编语言适合编写一些对速度和代码长度要求高的程序和直接控制硬件的程序。高级语言、汇编语言和机器语言都是用于编写计算机程序的语言。

高级语言程序“看不见”机器的硬件结构，不能用于编写直接访问机器硬件资源的系统软件或设备控制软件。为此，一些高级语言提供了与汇编语言之间的调用接口。用汇编语言编写的程序，可作为高级语言的一个外部过程或函数，利用堆栈来传递参数或参数的地址。

2. 选择程序设计语言的标准

程序设计语言是人和计算机交互通信的最基本的工具，会影响人的思维和解题方式，影响人和计算机通信的方式和质量，影响其他人阅读和理解程序的难易程度。选择程序设计语言主要遵从以下 4 个标准：

（1）从用户方面考虑；

（2）从程序员方面考虑；

（3）从软件的可移植性考虑；

（4）从应用领域考虑。

不同的语言适宜语言领域不同。例如，Java 主要应用领域是企业应用开发；C 语言的应用领域很广，从底层的嵌入式系统、工业控制、智能仪表、编译器、硬件驱动，到高层的行业软件后台服务器、中间件等。

3. 编码风格

（1）程序文档化。程序应该包括适当的标识符、适当的注解、适当的程序视觉组织等，提高程序的可读性。

（2）数据说明。数据说明的次序应该标准化；当多个变量名在一个语句中说明时，应该按字母顺序排列这些变量；如果使用了一个复杂的数据结构，应该用注解说明程序设计语言实现这个数据结构的方法和特点。

（3）语句结构。要使语句结构清晰明了，需遵从以下几个原则：

①一行只写一条语句；②程序代码等编写首先考虑清晰，不要为了提高效率而使语句变得过分复杂；③要模块化，模块间耦合能够清晰可见，利用信息隐蔽，确保每个模块的独立性；④尽量不用“否定”条件的语句；⑤尽量不用循环嵌套和条件嵌套；⑥最好利用括号使表达式的运算清晰可见。

（4）输入 / 输出。对所有输入数据都进行检验，检查输入项重要组合的合法性；保持输入格式简单；使用数据结束标记，不要要求用户指定数据数；明确提示交互式输入的请求，详细说明可用的选择或边界数值；当程序设计语言对格式有严格要求时，应该保持输入格式一致；设计良好的输出报表样式；给所有输出数据加标志。

（5）效率。效率主要指程序运行所占用的处理器时间和存储器容量两个方面。下面从 3 个方面进一步讨论效率问题。

程序运行的时间方面。源程序的效率直接由详细设计阶段确定的算法效率决定，但是编写程序代码的风格也会对程序的执行速度和存储器要求产生影响，在程序编码时，应遵循的规则如下：① 编写程序代码前简化算术表达式和逻辑表达式；② 仔细研究嵌套的循环，以确定是否有语句可以从内层往外移；③ 尽量避免使用多维数组；④ 尽量避免使用复杂的指针和复杂的表；⑤ 使用执行时间短的算术运算；⑥ 不要混合使用不同的数据类型；⑦ 尽量使用整数运算和布尔表达式。

存储器容量方面。在大型计算机中必须考虑操作系统页式调度的特点，一般说来，使用能保持功能域的结构化控制结构，是提高效率的好方法。在微型计算机中如果要求使用最少的存储单元，则应选用有紧缩存储器特性的编译程序，在非常必要时可以使用汇编语言。提高执行效率的技术通常也能提高存储器效率。提高存储器效率的关键同样是“简单”。

输入、输出效率方面。简单清晰是提高人机通信效率的关键。从写程序的角度看，有些简单的原则可以提高输入输出的效率。①所有输入输出都应该有缓冲，以减少用于通信的额外开销。②对二级存储器（如磁盘）应选用最简单的访问方法。③二级存储器的输入输出应该以信息组为单位进行。④如果“超高效的”输入输出很难被人理解，则不应采用这种方法。

这些原则对于软件工程的设计和编码两个阶段都适用。

5.6.2　软件测试

在开发软件的过程中，尽管人们会使用许多保证软件质量的方法分析、设计和实现软件，但难免还是会犯错误，导致软件产品中隐藏着许多错误和缺陷。特别是对于规模大、复杂性高的软件更是如此。在这些错误中，有些是致命性的错误，如果不排除，就可能导致生命和财产的重大损失。软件测试是对软件规格说明、软件设计和编码的最后复审，目的是在软件产品交付之前尽可能发现软件中潜伏的错误。软件测试发现的错误越多，修改后的软件质量越高，后期维护投入就越少。下面就什么是软件测试、软件测试的目的以及软件测试的原则等问题展开讨论。

1. 软件测试的定义

软件测试是为了发现错误而执行程序的过程。或者说软件测试是根据软件开发各阶段的规格说明和程序的内部结构而精心设计一批测试用例，并利用这些测试用例去运行程序，试图发现程序错误的过程。

2. 软件测试的目的

G.Myers 对软件测试的目的提出了以下观点：

（1）测试是为了发现程序中的错误而执行的过程。

（2）好的测试方案是极可能发现迄今为止尚未发现的错误的测试方案。

（3）成功的测试是发现了迄今为止尚未发现的错误的测试。

因此，软件测试的目标是以最少的时间和人力系统地找出软件中潜在的各种错误和缺陷。如果实施了成功的测试，就能够尽可能多地发现软件中的错误。

3. 软件测试的原则

（1）应当把“尽早地和不断地进行软件测试”作为软件开发者的座右铭。

（2）软件测试用例应由测试输入数据和对应的预期输出结果这两部分组成。

（3）程序员应该避免测试自己的程序。

（4）在设计测试用例的时候，应该包括合理的输入条件和不合理的输入条件。

（5）充分注意测试中的群聚现象。经验表明，测试后程序中残存的错误数量和该程序中已发现的错误数量成正比。

（6）严格执行测试计划，排除测试的随意性。

（7）应当对每一个测试用例做全面的检查。

（8）妥善保存测试计划，测试用例，出错统计和最终分析报告，为维护提供方便。

4. 软件测试的基本步骤

软件测试过程按测试的先后次序分为 4 个步骤：单元测试、集成测试、确认测试和平行运行，最后进行验收测试，如图 5.29 所示。

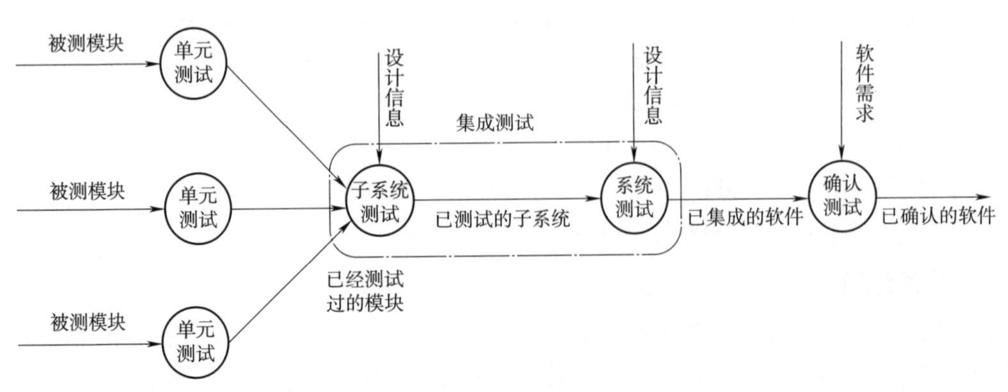

图 5.29　软件测试过程

（1）单元测试：分别完成每个单元的测试任务，以确保每个模块能正常工作。单元测试大量地采用了白盒测试。白盒测试是基于代码的测试，尽可能发现模块内部的程序差错，5.7 小节将详细介绍。

（2）集成测试：把已测试过的模块组装起来，检测与软件设计相关的程序结构问题。无论是子系统测试还是系统测试，都兼有检测和组装两重含义，通常都称为集成测试。集成测试较多地采用黑盒测试来设计测试用例。黑盒测试把程序看作一个不能打开的黑盒子，检测每个功能是否都能正常使用，5.7 小节将详细介绍。

在集成测试过程中每当一个新模块结合进来时，程序就发生了变化：建立了新的数据流路径，可能出现了新的 I/O 操作，激活了新的控制逻辑。这些变化有可能使原来工作正常的功能出现问题。在集成测试的范畴中，所谓回归测试是指重新执行已经做过的测试的某个子集，以保证上述这些变化没有带来非预期的副作用。

在此阶段，首先要检查以前找到的错误是否已经更正了。回归测试可使已更正的错误不再重现，并且不会产生新的错误。更广义地说，任何成功的测试都会发现错误，而且错误必须被修改。每当修改软件错误的时候，软件配置的某些成分（程序、文档或数据）也被修改了。回归测试就是用于保证由于调试或其他原因引起的变化，不会导致非预期的软件行为或额外错误的测试活动。

（3）确认测试：检验所开发的软件能否满足所有功能和性能需求的最后手段，也称验收测试，通常采用黑盒测试方法。与前面讨论的各种测试活动的不同之处主要在于它突出了用户的作用，同时软件开发人员也应有一定程度的参与。

如果一个软件是为许多用户开发的（例如，向大众公开出售的盒装软件产品），那么绝大多数软件开发商都使用被称为 Alpha 测试和 Beta 测试的方法，来发现那些只有最终用户才能发现的错误。

Alpha 测试简称 α 测试，采用黑盒测试，可以从软件产品编码结束之时开始，或在模块（子系统）测试完成之后开始，也可以在确认测试过程中产品达到一定的稳定和可靠程度之后再开始。α 测试的目的是评价软件产品的功能、局域化、可用性、可靠性、性能和支持等。尤其注重产品的界面和特色。α 测试即为非正式验收测试。α 测试是由一个用户在开发环境下进行的测试，也可以是公司内部的用户在模拟实际操作环境下进行的受控测试，α 测试不能由程序员或测试员完成。α 测试发现的错误，可以在测试现场立刻反馈给开发人员，由开发人员及时分析和处理。

Beta 测试是一种常用的验收测试方法。Beta 测试是软件产品完成了功能测试和系统测试之后，在产品发布之前所进行的软件测试，它是技术测试的最后一个阶段。通过了验收测试，产品就会进入发布阶段。Beta 测试由软件的最终用户在一个或多个用户场所进行。开发者通常不在 Beta 测试的现场，因 Beta 测试是软件在开发者不能控制的环境中的“真实”应用。

（4）平行运行：所谓平行运行就是同时运行新开发出来的系统和将被它取代的旧系统，以便比较新旧两个系统的处理结果。这样做的具体目的有如下几点。

① 可以在准生产环境中运行新系统而又不冒风险。

② 用户能有一段熟悉新系统的时间。

③ 可以验证用户指南和使用手册之类的文档。

④ 能够以准生产模式对新系统进行全负荷测试，可以用测试结果验证性能指标。

5. 软件测试方法

对于软件测试方法，可以从不同的角度加以分类。从测试是否针对系统的内部结构和具体实现算法的角度看，可以划分为白盒测试和黑盒测试；从是否需要执行被测试软件的角度，可分为静态分析和动态测试。

（1）静态分析：静态分析指被测试程序不在机器上运行，而是采用人工检测和计算机辅助静态分析的手段对程序进行检测。静态分析包括代码检查、静态结构分析等。它可以由人工进行，充分发挥人的逻辑思维优势，也可以借助软件工具自动进行。常用的静态测试方法有人工测试、计算机辅助静态分析。

（2）动态测试：动态测试指选择适当的测试用例，实际运行被测程序，对其运行情况（输入 / 输出的对应关系）进行分析。

动态测试方法与静态分析方法的区别是：需要通过选择适当的测试用例，上机执行程序进行测试。动态测试常用的方法有白盒测试、黑盒测试。

5.7 白盒测试与黑盒测试

5.7.1 白盒测试

白盒测试也叫玻璃盒测试（Glass Box Testing）、结构测试、逻辑驱动测试或基于程序的测试，是对软件的过程性细节做细致的检查。这一方法是把测试对象看作成一个打开的盒子，它允许测试人员利用程序内部的逻辑结构及有关信息来设计或选择测试用例，对程序所有逻辑路径进行测试。

常用的逻辑覆盖测试方法有：语句覆盖、判定覆盖、条件覆盖、判定 - 条件覆盖、条件组合覆盖及路径覆盖（见表 5.2）。不同的逻辑覆盖测试方法都是从各自不同的方面出发，为设计测试用例提出依据的。

表 5.2　6 种逻辑覆盖测试的对比

<table>
<tr><td rowspan="6">发现错误能力
弱
↓
强</td><td>语句覆盖</td><td>每条语句至少执行一次</td></tr>
<tr><td>判定覆盖</td><td>每个判定的每个分支至少执行一次</td></tr>
<tr><td>条件覆盖</td><td>每个判定的每个条件应取到各种可能的值</td></tr>
<tr><td>判定 - 条件覆盖</td><td>同时满足判定覆盖和条件覆盖</td></tr>
<tr><td>条件组合覆盖</td><td>每个判定中各种条件的每一种组合至少出现一次</td></tr>
<tr><td>路径覆盖</td><td>使程序中每一条可能的路径至少执行一次</td></tr>
</table>

假设有如下程序段（用 Visual Basic 书写）：

```
IF((A>1）AND(B=0))THEN  X=X/A
IF((A=2）OR(X>1))THEN  X=X+1
```

其中，AND 和 OR 是两个逻辑运算符。图 5.30 给出了它的流程图和流图。a、b、c、d 和 e 是控制流程图上的若干程序点。

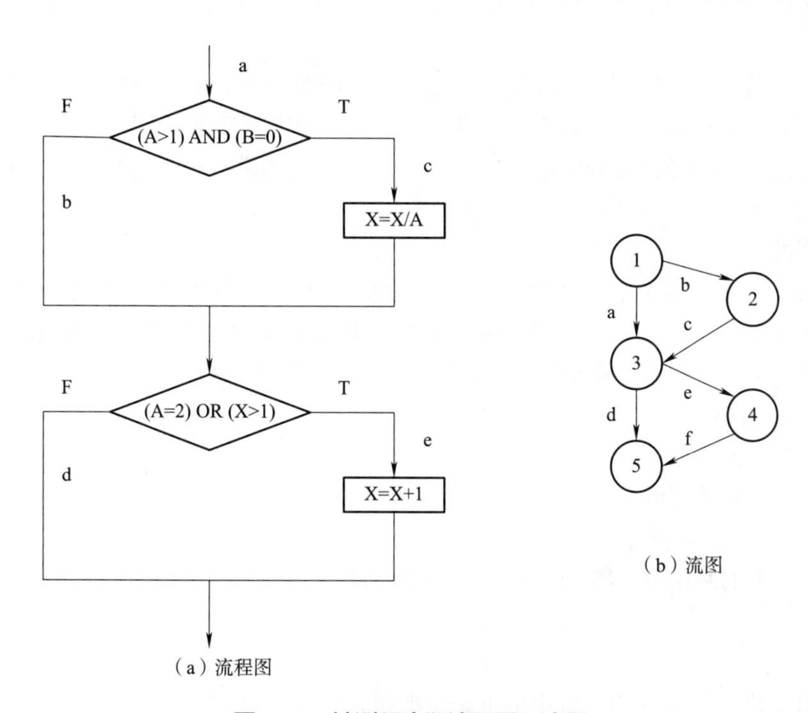

图 5.30　被测程序段流程图和流图

1. 语句覆盖

语句覆盖指设计足够的测试用例，使程序中的每个语句至少执行一次。在上述程序段中，只需设计一个能通过路径 ace 的测试用例即可。如果设计的测试用例是：

A=2　B=0　X=3。

则程序按流程图上的路径 ace 执行。这样该程序段的 4 个语句均得到执行，从而达到了语句覆盖。

语句覆盖是比较弱的覆盖标准。例如，第一个判定的运算符 AND 误写成运算符 OR 或是第二个判定中的运算符 OR 误写成运算符 AND，这时仍使用测试用例，程序仍将按流程图上的路径 ace 执行；又如第二个条件语句中 X>1 误写成 X>0，上述的测试用例也不能发现。

2. 判定覆盖

判定覆盖是指设计足够的测试用例，使得程序中的每个判定至少都获得一次 T 和 F 值，或者说使得程序中的每一个取 T 分支和取 F 分支至少经历一次。因此，判定覆盖又称为分支覆盖。以图 5.30 流程图为例，如果设计两个测试用例，使它们能通过路径 ace 和 abd，或通过路径 acd 及 abe，即可达到判定覆盖标准。

若选用的两组测试用例为

A=2　B=0　X=3；

A=1　B=0　X=1。

则可分别执行流程图上的路径 ace 和 abd，从而使两个判断的 4 个分支 c、e 和 b、d 分别得到覆盖。

注意：上述两组测试用例不仅满足了判定覆盖，同时还做到了语句覆盖。从这一点看判定覆盖比语句覆盖更强一些，但是如果程序段中的第 2 个判定条件 X>1 误写为 X<1，使用上述测试用例，照样能按原路径执行 (abe)，而不影响结果。也就是说，只达到判定覆盖仍无法确定判断内部条件的错误。

3. 条件覆盖

条件覆盖是指设计若干个测试用例，使每个判定中的每个条件的可能取值至少出现一次。图 5.30 中，在第 1 个判定 ((A>1) AND (B=0)) 中条件为 A>1、B=0；在第 2 个判断 (A=2) OR (X>1) 中条件为 A=2、X>1。只需采用两个测试用例，把 4 个条件的 8 种情况均作了覆盖：

A=2　B=0　X=3；

A=1　B=1　X=1。

分析上面两个测试用例在覆盖了 4 个条件的 8 种情况的同时，把两个判断的 4 个分支 b、c、d 和 e 也覆盖了。这样是否可以说，达到了条件覆盖，也就实现了判定覆盖呢?

假定使用如下的两组测试用例，看可执行程序段的覆盖情况。

A=1　B=0　X=3；

A=2　B=1　X=1。

可以看出，覆盖了条件的测试用例不一定能覆盖分支。事实上，它只覆盖了 4 个分支中的两个 (b 和 e)。为解决这一矛盾，需要对条件和分支兼顾。

4. 判定 – 条件覆盖

判定 – 条件覆盖要求设计足够的测试用例，使得判定中每个条件的所有可能 (T/F) 至少出现一次，并且每个判定本身的判定结果 (T/F) 也至少出现一次。

此时，采用下面两个测试用例，即可达到此要求。

A=2　B=0　X=3；

A=1　B=1　X=1。

从表面上看上述两组测试用例可以覆盖图中的 4 个判断分支和 8 个条件取值。但是它们正好是为了满足条件覆盖的测试用例，而第 1 组测试用例也是语句覆盖的测试用例，若第二个判断表达式中的条件“A=2 OR X>1”误写成了“A=2 OR X<1”，当 A=2 的测试为真的时候，是不可能发现这个逻辑错误的。原因在于含有 AND 和 OR 的逻辑表达式中，某些条件将抑制其他条件，如逻辑条件表达式 A AND B，如果 A 为 T，则整个表达式的值为 F，这个表达式中另外的几个条件就不起作用了，所以就不再检查条件 B 了，这样 B 中的错误就发现不了。

5. 条件组合覆盖

设计足够的测试用例，使得每个判定中条件的各种可能组合都至少出现一次。显然，满足条件组合覆盖的测试用例是一定满足判定覆盖、条件覆盖和判定 – 组合覆盖的。在上面的例子中的每个判定包含有两个条件，这两个条件在判定中有 8 种可能的组合，它们是为

（1）A>1，B=0　　记为 T1，T2；
（2）A>1，B ≠ 0　记为 T1，F2；
（3）A ≤ 1，B=0　记为 F1，T2；
（4）A ≤ 1，B ≠ 0 记为 F1，F2；
（5）A=2，X>1　　记为 T3，T4；
（6）A=2，X ≤ 1　记为 T3，F4；
（7）A ≠ 2，X>1　记为 F3，T4；
（8）A ≠ 2，X ≤ 1 记为 F3，F4。

这里设计了 4 个测试用例，用以覆盖上述 8 种条件组合，见表 5.3。

表 5.3　覆盖 8 种条件组合的测试用例

测试用例名称	A　B　X	覆盖组合号	执行路径	覆盖条件
测试用例 1	2　0　3	1，5	ace	T1,T2,T3,T4
测试用例 2	2　1　1	2，6	abe	T1,F2,T3,F4
测试用例 3	1　1　1	4，8	abd	F1,F2,F3,F4
测试用例 4	1　0　3	3，7	abe	F1,T2,F3,T4

6. 路径覆盖

路径覆盖是指设计足够的测试用例，覆盖被测程序中所有可能的路径。

对于图 5.30，设计见表 5.4 的测试用例，覆盖 4 条路径。

表 5.4　覆盖 4 条路径的测试用例

测试用例名称	A　B　X	覆盖组合编号	执行路径	覆盖条件
测试用例 1	2　0　3	1，5	ace	T1,T2,T3,T4
测试用例 2	2　1　1	2，6	abe	T1,F2,T3,F4
测试用例 3	1　1　1	4，8	abd	F1,F2,F3,F4
测试用例 4	3　0　1	1，8	acd	F1,T2,F3,T4

可以看出，满足路径覆盖，却不满足条件组合覆盖。

5.7.2　黑盒测试

黑盒测试又称功能测试、数据驱动测试或基于规格说明的测试。这种方法是把测试对象看作一个黑盒子，测试人员完全不考虑程序内部的逻辑结构和内部特性，只依据程序的需求规格说明书，检查程序的功能是否符合它的功能说明。黑盒测试法注重于测试软件的功能需求，主要试图发现下列几类错误：功能错误或遗漏、性能错误、初始化和终止错误、接口错误、数据结构或外部数据库访问错误。

黑盒测试常用的测试方法包括等价分类法、边界值分析法、错误推测法、因果图法、正交实验设计法、判定表驱动法、功能测试等。但是没有一种方法能提供一组完整的测试用例，以检查程序的全部功能，因而在实际测试中需要把各种方法结合起来使用。

1. 等价分类法

为了保证测试的完整性，需要输入所有有效和无效的数据，由于穷举测试的办法数量太大，以致于无法实际完成，而只能从输入数据中选取一部分作为测试用例。如何来选取这些测试用例，使其发现更多的错误呢？等价分类法就是解决这一问题的办法。等价分类法的主要思想是将输入数据按有效的或无效的（也称合理的或不合理的）划分成若干个等价类，测试每个等价类的代表值就等于对该类其他值的测试，即如从某个等价类中任选一个测试用例未发现程序错误，该类中其他测试用例的测试也不会发现程序的错误。这样就把漫无边际的随机测试改变为有针对性的等价类测试，用少量有代表性的例子代替大量测试目的相同的例子，有效地提高了测试的效率。

等价分类法分为有效等价类和无效等价类。有效等价类是指对于程序的规格说明是合理的、有意义的输入数据构成的集合。而无效等价类是对于程序的规格说明是不合理的、没有意义的输入数据构成的集合。

划分等价分类法需要经验，下面是有助于等价分类法划分的启发式规则：

（1）如果输入条件规定了取值的范围或值的个数，则可确定一个有效等价类（输入值或个数在此范围内）和两个无效等价类（输入值或个数小于这个范围的最小值或大于这个范围的最大值）。

例如，输入值是学生某一门课的成绩，范围是 0 ~ 100，则可确定一个有效等价类为“0 ≤ 成绩≤ 100”，两个无效等价类为“成绩 <0”和“成绩 >100”。

（2）如果一个输入条件说明了一个必须遵守的规则（如变量名的第一个字符必须是字母），则可划分一个有效等价类（第一字符是字母），和一个无效等价类（第一字符不是字母）。

（3）如果某个输入条件规定了输入数据的一组可能的值，而且程序是用不同的方式处理每一种值，则每个允许输入值是一个合理等价类，此外还有一个不合理等价类（任何一个不允许的输入值）。

例如，输入条件说明教师的职称有助教、讲师、副教授和教授 4 种类型，则分别取这四个值作为 4 个有效等价类，另外把 4 个职称之外的任何职称作为无效等价类。

（4）如果已知已划分的等价类中各元素在程序中的处理方式不同，则应将此等价类进一步划分成更小的等价类。

根据已划分的等价类，按以下步骤来设计测试用例：

（1）为每一个等价类规定唯一的编号。

（2）设计一个新的测试用例，使其尽可能多地覆盖尚未被覆盖过的有效等价类。重复这步，直到所有有效等价类均被测试用例所覆盖。

（3）设计一个新的测试用例，使其只覆盖一个无效等价类。重复此步，直到所有无效等价类均被覆盖。

因为某些程序对某一输入错误的检查往往会屏蔽对其他输入错误的检查，所以必须对每一个无效等价类分别设计测试用例。

2. 边界值分析法

实践经验表明，程序往往在处理边界时出错，例如，错误常发生在数组的上下标、循环条件的开始和终止处等，所以检查边界情况的测试用例是高效的。边界值分析就是选择等价类边界的测试用例，它是一种补充等价分类法的测试用例设计技术。下面提供几条设计原则以供参考：

（1）如果输入条件规定了取值范围，可以选择正好等于边界值的数据及刚刚超过边界值的数据作为测试用例。

例如，输入值的范围是 [a, b]，可取 a、b、略大于 a 的值、略小于 b 的值作为测试数据。

（2）如果输入条件规定了输入值的个数，则按最大个数、最小个数、稍小于最小个数及稍大于最大个数等情况分别来设计测试用例。

例如，一个输入文件可包括 1 ~ 100 个记录，则分别取有 1 个记录、100 个记录、0 个记录和 101 个记录的输入文件来作为测试用例。

（3）针对每个输出条件使用上面的第（1）和（2）条原则。

例如，一个学籍管理系统规定，只能查询 2002 ~ 2006 级学生的各科成绩，可以设计测试用例查询在规定范围内的某一届学生的学生成绩，还需要设计测试用例查询 2001 级、2007 级学生成绩。

（4）如果程序规格说明中给出的输入或输出域是个有序集合 (如顺序文件、线性表和链表等)，则应选取有序集合的第一个和最后一个元素作为测试用例。

3. 错误推测法

错误推测法是基于经验和直觉推测程序中所有可能存在的各种错误，从而有针对性地设计测试用例的方法。错误推测法是凭经验进行的，没有确定的步骤。其基本思想是列出程序中可能发生错误的情况，根据这些情况选择测试用例。

例如，对一个排序的程序，可能出错的情况有：

（1）输入表为空的情况。

（2）输入表中只有一行。

（3）输入表中所有的行都具有相同的值。

（4）输入表已经排好序。

4. 因果图法

使用边界值分析法和等价分类法，可以设计出具有代表性的、容易暴露程序错误的测试方案，但是无论是等价分类法还是边界值分析法，都只是孤立地考虑各个输入数据的测试功能，忽视了多个输入数据组合的后果，而这些输入数据的组合却可能检测出程序的错误。因果图法能有效地检测输入条件的各种组合可能会引起的错误。它的基本原理是通过绘制因果图，把用自然语言描述的功能说明转换为判定表，最后为判定表的每一列设计一个测试用例。

5. 综合策略

前面介绍的软件测试方法各有优劣。每种方法都能设计出一组有用测试例子，但这组测试用例一般只能发现某种类型的错误，而不能发现另一种类型的错误。因此在实际测试中，在测试过程中应该联合使用这两类方法，形成综合策略，通常先用黑盒测试设计基本的测试用例，再用白盒测试补充一些必要的测试用例，方法如下：

（1）在任何情况下都应使用边界值分析法，用这种方法设计的用例暴露程序错误能力强。

（2）必要时用等价类划分方法补充一些测试用例。

（3）再用错误推测法追加测试用例。

（4）对照程序逻辑，检查上述测试用例的逻辑覆盖程度，如未满足所要求的覆盖标准，再增加测试用例。

（5）如果需求说明中含有输入条件的组合情况，则一开始就可使用因果图法。

5.8 软件可靠性概念及分析

软件可靠性（Software Reliability）是软件产品在规定的条件下和规定的时间区间完成规定功能的能力。规定的条件是指直接与软件运行相关的使用该软件的计算机系统的状态和软件的输入条件，或统称为软件运行时的外部输入条件；规定的时间区间是指软件的实际运行时间区间；规定功能是指为提供给定的服务，软件产品所必须具备的功能。软件可靠性不但与软件存在的缺陷和（或）差错有关，而且与系统输入和系统使用有关。软件可靠性的概率度量称软件可靠度。

软件可靠性是关于软件能够满足需求功能的性质，软件不能满足需求是因为软件中的差错引起了软件故障。软件中有哪些可能的差错呢？

软件差错是软件开发各阶段潜在的人为错误，具体如下：

（1）需求分析定义错误。如用户提出的需求不完整，用户需求的变更未及时消化，软件开发者和用户对需求的理解不同等。

（2）设计错误。如处理的结构和算法错误，缺乏对特殊情况和错误处理的考虑等。

（3）编码错误。如语法错误，变量初始化错误等。

（4）测试错误。如数据准备错误，测试用例错误等。

（5）文档错误。如文档不齐全，文档相关内容不一致，文档版本不一致，缺乏完整性等。

从上到下，错误的影响是发散的，所以要尽量把错误消除在开发的前期阶段。错误引入软件的方式可归纳为两种特性：程序代码特性和开发过程特性。

程序代码一个最直观的特性是长度，另外还有算法和语句结构等，程序代码越长，结构越复杂，其可靠性越难保证。开发过程特性包括采用的工程技术和使用的工具，也包括开发者个人的业务经历水平等。

除了软件可靠性外，影响可靠性的另一个重要因素是健壮性，即对非法输入的容错能力。所以提高可靠性从原理上看就是要减少错误和提高健壮性。

应用软件系统规模越做越大越复杂，其可靠性越来越难保证。应用软件本身对系统运行的可靠性要求越来越高，在一些关键的应用领域，如航空、航天等，其可靠性要求尤为重要，在银行等服务性行业，其软件系统的可靠性也直接关系到自身的声誉和生存发展竞争能力。特别是软件可靠性比硬件可靠性更难保证，会严重影响整个系统的可靠性。在许多项目开发过程中，对可靠性没有提出明确的要求，开发商（部门）也不在可靠性方面花更多的精力，往往只注重速度、结果的正确性和用户界面的友好性等，而忽略了可靠性。在投入使用后才发现大量可靠性问题，增加了维护困难和工作量，严重时只有束之高阁，无法投入实际使用。

软件可靠性不同于硬件可靠性，软件可靠性与硬件可靠性之间主要存在以下区别：

（1）最明显的是硬件有老化损耗现象，硬件失效是物理故障，是硬件物理变化的必然结果，有“浴盆曲线”现象；软件不发生变化，没有磨损现象，有陈旧落后的问题，没有“浴盆曲线”现象。

（2）硬件可靠性的决定因素是时间，受设计、生产、运用的所有过程影响，软件可靠性的决定因素是与输入数据有关的软件差错，是输入数据和程序内部状态的函数，更多地决定于人。

（3）硬件的纠错维护可通过修复或更换失效的系统重新恢复功能，软件只有通过重新设计。

（4）对硬件可采用预防性维护技术预防故障，采用断开失效部件的办法诊断故障，而软件则不能采用这些技术。

（5）事先估计可靠性测试和可靠性的逐步增长等技术对软件和硬件有不同的意义。

（6）为提高硬件可靠性可采用冗余技术，而同一软件的冗余不能提高可靠性。

（7）硬件可靠性检验方法已建立，并已标准化且有一整套完整的理论，而软件可靠性验证方法仍未建立，更没有完整的理论体系。

（8）硬件可靠性已有成熟的产品市场，而软件产品市场还很新。

（9）软件错误是永恒的，可重现的，而一些瞬间的硬件错误可能会被误认为是软件错误。

5.9 详细设计实例

1. 引言

1.1 编写目的

该文档在概要设计的基础上，进一步细化系统结构，展示了软件结构的图标、物理设计、数据结构设计及算法设计，详细介绍了系统各个模块是如何实现的，包括涉及的算法，逻辑流程等。

预期的读者：程序员。

1.2 背景

a. 待开发软件系统的名称：计算机房收费系统。

b. 项目的任务提出者：张老板。

c. 项目的开发者：齐先生。

d. 项目的用户：志晟网络的全体用户。

e. 运行该软件的计算机站（中心）：志晟网络全体硬件设备。

1.3 定义

系统结构：对系统整体布局的宏观的描述。

算法：对于程序内部流程计算的逻辑表达方式。

1.4 参考资料

列出有关的参考资料，如下所示：

a.《计算机软件文档编制规范》（GB/T 8567—2006）。

b.《软件工程》（张海藩主编，人民邮电出版社出版）。

2. 程序系统的结构（见图 5.31）

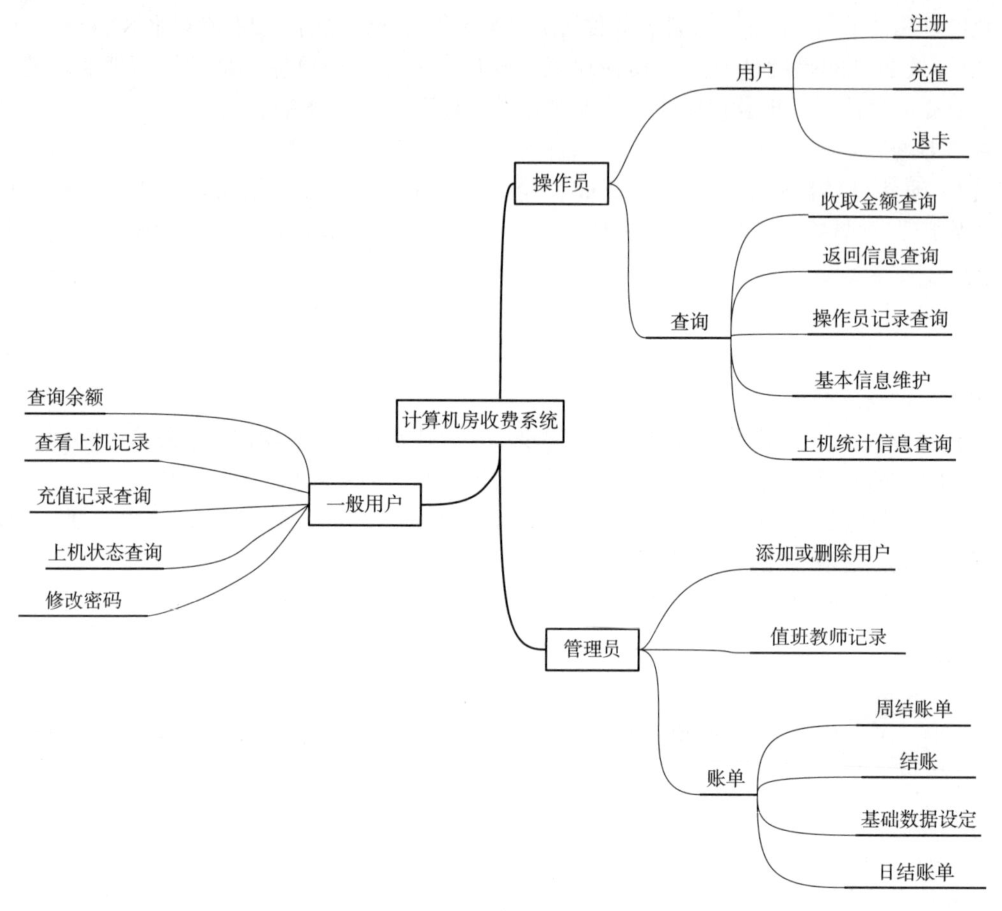

图 5.31　程序系统结构图

3. 一般用户设计说明

3.1 程序描述

该程序指对学生的上下机情况及学生信息进行查看，没有涉及管理功能，只是将学生的信息输入数据库，经过系统处理后得到新的数据信息。

3.2 功能（见图 5.32）

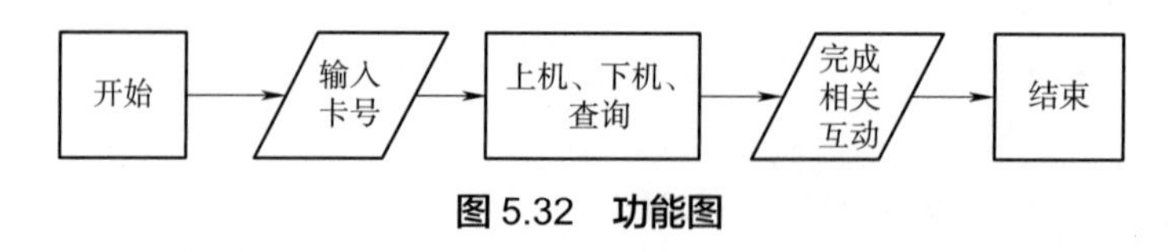

图 5.32　功能图

3.3 性能

3.3.1 精度

软件的输入精度：只保留整数部分。

软件的输出精度：只保留整数部分。

传输过程中的精度：只保留整数部分。

3.3.2 灵活性

a. 运行环境的变化：该软适用于现在流行的操作系统。
b. 精度和有效时限的变化：因不同情况而变化。
c. 计划的变化和改进：根据用户的需求随时软件做出更新和升级。
3.3.3 时间特性的要求
时间：0.5 s 内。
更新处理时间：0.5 s 内。
数据的更换和传送时间：1 s 内。
3.4 输入项（见表 5.5）

表 5.5　输入项

名称	标识	数据类型	长度	输入方式	安全保密
卡号	txtCardNo	Char	10	刷卡	中

3.5 输出项（见表 5.6）

表 5.6　输出项

名称	标识	数据类型	长度	输入方式	安全保密
卡号	txtCardNo	Char	10	刷卡	中
学号	txtSID	Char	10	自动	中
系别	txtDept	Char	5	自动	中
类型	txtType	Char	5	自动	中
姓名	txtName	Char	5	自动	中
性别	txtSex	Char	2	自动	中
上机日期	txtOnDate	Date	12	自动	中
下机日期	txtOffDate	Date	12	自动	中
上机时间	txtOnTime	Date	12	自动	中
下机时间	txtOffTime	Date	12	自动	中
余额	txtBalance	Char	5	自动	中
消费时间	txtCTime	Char	5	自动	中
消费金额	txtCMoney	Char	5	自动	中
备注	txtExplain	Char	25	自动	中

3.6 算法

时间差 = 下机时间 − 上机时间。

金额按照基本数据设定和时间差判断金额的计算方法。

3.7 流程逻辑（见图 5.33）

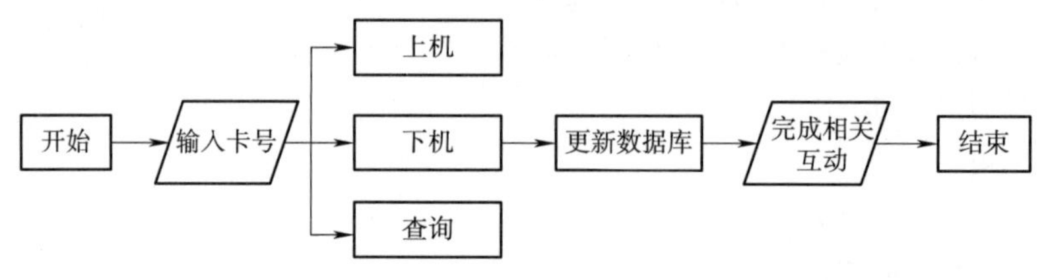

图 5.33 流程逻辑图

3.8 接口（见图 5.34）

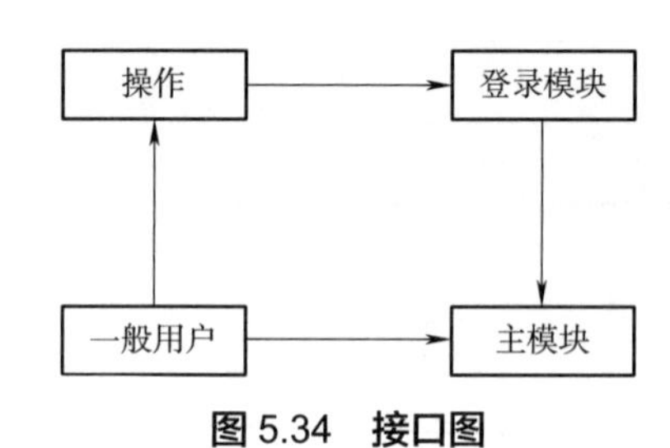

图 5.34 接口图

3.9 存储分配（见表 5.7）

表 5.7 存储分配表

名称	标识	数据类型	长度
卡号	txtCardNo	Char	10
学号	txtSID	Char	10
系别	txtDept	Char	5
类型	txtType	Char	5
姓名	txtName	Char	5
性别	txtSex	Char	2
上机日期	txtOnDate	Date	12
下机日期	txtOffDate	Date	12
上机时间	txtOnTime	Date	12
下机时间	txtOffTime	Date	12
余额	txtBalance	Char	5
消费时间	txtCTime	Char	5
消费金额	txtCMoney	Char	5
备注	txtExplain	Char	25

3.10 注释设计

说明准备在本程序中安排的注释，如下所示：

a. 在模块首部注释说明模块开始编写时间、编写人员及基本功能。

b. 在变量声明阶段，大概说明变量的类型和用途。

c. 在判断、循环或者顺序分支上注释说明程序代码的功能。

3.11 限制条件

必须保证程序正常的连接到服务器。

3.12 测试计划

测试用例：选取有代表性的数据，避免使用穷举法。

测试方法：使用白盒测试，语句覆盖、判定覆盖、条件覆盖等操作。

3.13 尚未解决的问题

暂无。

4. 操作员设计说明

4.1 程序描述

该程序指对学生的上机、下机情况及学生信息进行查看，包括注册、充值、修改信息、退卡以及对操作员工作记录的查询工作，一般用户没有此权限。

4.2 功能（见图 5.35）

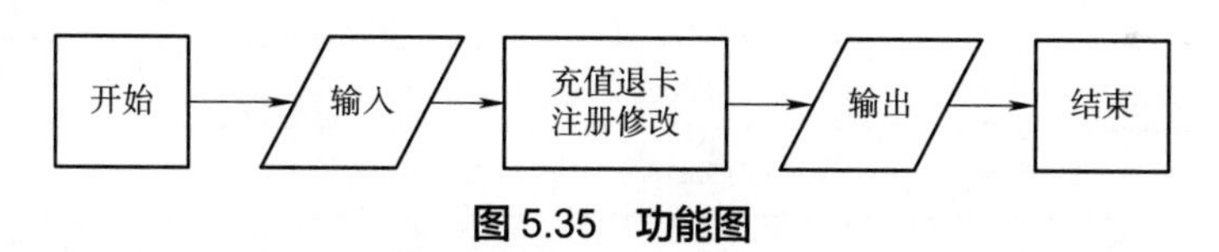

图 5.35　功能图

4.3 性能

4.3.1 精度

软件的输入精度：只保留整数部分。

软件的输出精度：只保留整数部分。

传输过程中的精度：只保留整数部分。

4.3.2 灵活性

a. 运行环境的变化：该软适用于现在流行的操作系统。

b. 精度和有效时限的变化：因不同情况而变化。

c. 计划的变化和改进：根据用户的需求随时软件做出更新和升级。

4.3.3 时间特性的要求

相应时间：0.5 s 内。

更新处理时间：0.5 s 内。

数据的更换和传送时间：1 s 内。

4.4 输入项（见表 5.8）

表 5.8 输入项

名　称	标　识	数据类型	长　度	输入方式	安全保密
卡号	txtCardNo	Char	10	刷卡	中
学号	txtSID	Char	10	自动	中
系别	txtDept	Char	5	自动	中
类型	txtType	Char	5	自动	中
姓名	txtName	Char	5	自动	中
性别	txtSex	Char	2	自动	中
上机日期	txtOnDate	Date	12	自动	中
下机日期	txtOffDate	Date	12	自动	中
上机时间	txtOnTime	Date	12	自动	中
下机时间	txtOffTime	Date	12	自动	中
余额	txtBalance	Char	5	自动	中
消费时间	txtCTime	Char	5	自动	中
消费金额	txtCMoney	Char	5	自动	中
备注	txtExplain	Char	25	自动	中
充值金额	txtRecharge	Char	6	自动	中
机器名	txtMachineName	Char	10	自动	中
教师	txtTeacher	Char	10	自动	中
注册日期	txtRegisterDate	Date	12	自动	中
注销日期	txtCancelDate	Date	12	自动	中
注册时间	txtRegisterTime	Date	12	自动	中
注销时间	txtCancelTime	Date	12	自动	中

4.5 输出项（见表 5.9）

表 5.9 输出项

名　称	标　识	数据类型	长　度	输入方式	安全保密
卡号	txtCardNo	Char	10	刷卡	中
学号	txtSID	Char	10	自动	中
系别	txtDept	Char	5	自动	中
类型	txtType	Char	5	自动	中

续表

名　称	标　识	数据类型	长　度	输入方式	安全保密
姓名	txtName	Char	5	自动	中
性别	txtSex	Char	2	自动	中
上机日期	txtOnDate	Date	12	自动	中
下机日期	txtOffDate	Date	12	自动	中
上机时间	txtOnTime	Date	12	自动	中
下机时间	txtOffTime	Date	12	自动	中
余额	txtBalance	Char	5	自动	中
消费时间	txtCTime	Char	5	自动	中
消费金额	txtCMoney	Char	5	自动	中
备注	txtExplain	Char	25	自动	中
充值金额	txtRecharge	Char	6	自动	中
机器名	txtMachineName	Char	10	自动	中
教师	txtTeacher	Char	10	自动	中
注册日期	txtRegisterDate	Date	12	自动	中
注销日期	txtCancelDate	Date	12	自动	中
注册时间	txtRegisterTime	Date	12	自动	中
注销时间	txtCancelTime	Date	12	自动	中

4.6 算法

总金额 = 剩余金额 + 充值金额

剩余金额 = 总金额 − 消费金额

退还金额 = 剩余金额 − 消费金额

4.7 流程逻辑（见图 5.36）

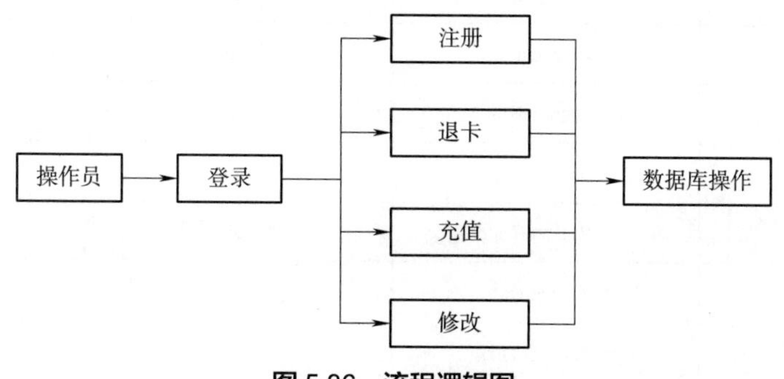

图 5.36　流程逻辑图

4.8 接口（见图 5.37）

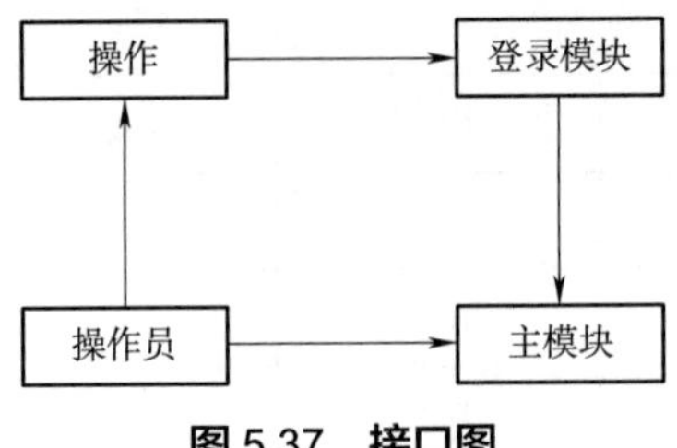

图 5.37　接口图

4.9 存储分配（见表 5.10）

表 5.10　存储分配

名　称	标　识	数据类型	长　度
卡号	txtCardNo	Char	10
学号	txtSID	Char	10
系别	txtDept	Char	5
类型	txtType	Char	5
姓名	txtName	Char	5
性别	txtSex	Char	2
上机日期	txtOnDate	Date	12
下机日期	txtOffDate	Date	12
上机时间	txtOnTime	Date	12
下机时间	txtOffTime	Date	12
余额	txtBalance	Char	5
消费时间	txtCTime	Char	5
消费金额	txtCMoney	Char	5
备注	txtExplain	Char	25
充值金额	txtRecharge	Char	6
机器名	txtMachineName	Char	10
教师	txtTeacher	Char	10
注册日期	txtRegisterDate	Date	12
注销日期	txtCancelDate	Date	12
注册时间	txtRegisterTime	Date	12
注销时间	txtCancelTime	Date	12

4.10 注释设计

说明准备在本程序中安排的注释，如下所示：

a. 在模块首部注释说明模块开始编写时间、编写人员及基本功能。

b. 在变量声明阶段，大概说明变量的类型和用途。

c. 在判断、循环或者顺序分支上注释说明程序代码的功能。

4.11 限制条件

必须保证程序正常的连接到服务器。

4.12 测试计划

主要在注册模块、注意选取不同的数据，确保输入数据合法，符合规定的范围。

对于充值、退卡以及信息维护模块，设计测试用例并观察测试结果是否符合逻辑规律。

4.13 尚未解决的问题

暂无

5. 管理员设计说明

5.1 程序描述

管理员模块主要是对整个系统的管理，包括对操作员的查看和管理，用户的添加和删除，系统基本数据的设定以及结账工作。

5.2 功能（见图5.38）

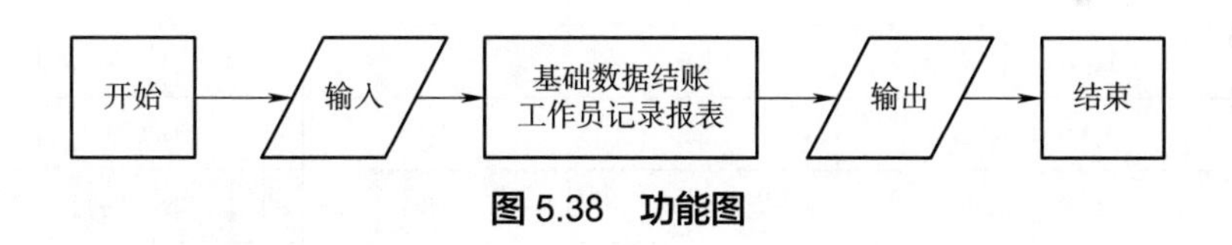

图5.38 功能图

5.3 性能

5.3.1 精度

软件的输入精度：只保留整数部分。

软件的输出精度：只保留整数部分。

传输过程中的精度：只保留整数部分。

5.3.2 灵活性

a. 运行环境的变化：该软适用于现在流行的操作系统。

b. 精度和有效时限的变化：因不同情况而变化。

c. 计划的变化和改进：根据用户的需求随时软件做出更新和升级。

5.3.3 时间特性的要求

相应时间：0.5 s内。

更新处理时间：0.5 s内。

数据的更换和传送时间：1 s内。

5.4 输入项（见表5.11）

表 5.11 输入项

名　称	标　识	数据类型	长　度	输入方式	安全保密
卡号	txtCardNo	Char	10	刷卡	中
学号	txtSID	Char	10	自动	中
系别	txtDept	Char	5	自动	中
类型	txtType	Char	5	自动	中
姓名	txtName	Char	5	自动	中
性别	txtSex	Char	2	自动	中
上机日期	txtOnDate	Date	12	自动	中
下机日期	txtOffDate	Date	12	自动	中
上机时间	txtOnTime	Date	12	自动	中
下机时间	txtOffTime	Date	12	自动	中
余额	txtBalance	Char	5	自动	中
消费时间	txtCTime	Char	5	自动	中
消费金额	txtCMoney	Char	5	自动	中
备注	txtExplain	Char	25	自动	中
充值金额	txtRecharge	Char	6	自动	中
机器名	txtMachineName	Char	10	自动	中
教师	txtTeacher	Char	10	自动	中
注册日期	txtRegisterDate	Date	12	自动	中
注销日期	txtCancelDate	Date	12	自动	中
注册时间	txtRegisterTime	Date	12	自动	中
注销时间	txtCancelTime	Date	12	自动	中
操作员用户名	ComboU serID	Char	10	选择	中
用户名	txtUserName	Char	10	输入	中
密码	txtPaasword 0	Char	10	输入	中
确认密码	txtPaasword 1	Char	10	输入	中
姓名	txtName	Char	10	输入	中
用户级别	ComboType	Char	10	选择	中
固定费用	txtFixedMoney	Int	2	输入	中
临时费用	txtTemporary	Int	2	输入	中
递增时间	txtAddTime	Int	2	输入	中
至少上机时间	txtLessTime	Int	2	输入	中
最少金额	txtLessMoney	Int	2	输入	中

5.5 输出项（见表 5.12）

表 5.12　输出项

名　称	标　识	数据类型	长　度	输入方式	安全保密
卡号	txtCardNo	Char	10	刷卡	中
学号	txtSID	Char	10	自动	中
系别	txtDept	Char	5	自动	中
类型	txtType	Char	5	自动	中
姓名	txtName	Char	5	自动	中
性别	txtSex	Char	2	自动	中
上机日期	txtOnDate	Date	12	自动	中
下机日期	txtOffDate	Date	12	自动	中
上机时间	txtOnTime	Date	12	自动	中
下机时间	txtOffTime	Date	12	自动	中
余额	txtBalance	Char	5	自动	中
消费时间	txtCTime	Char	5	自动	中
消费金额	txtCMoney	Char	5	自动	中
备注	txtExplain	Char	25	自动	中
充值金额	txtRecharge	Char	6	自动	中
机器名	txtMachineName	Char	10	自动	中
教师	txtTeacher	Char	10	自动	中
注册日期	txtRegisterDate	Date	12	自动	中
注销日期	txtCancelDate	Date	12	自动	中
注册时间	txtRegisterTime	Date	12	自动	中
注销时间	txtCancelTime	Date	12	自动	中
操作员用户名	ComboU serID	Char	10	选择	中
用户名	txtUserName	Char	10	输入	中
密码	txtPaasword 0	Char	10	输入	中
确认密码	txtPaasword 1	Char	10	输入	中
姓名	txtName	Char	10	输入	中
用户级别	ComboType	Char	10	选择	中
固定费用	txtFixedMoney	Int	2	输入	中
临时费用	txtTemporary	Int	2	输入	中
递增时间	txtAddTime	Int	2	输入	中
至少上机时间	txtLessTime	Int	2	输入	中
最少金额	txtLessMoney	Int	2	输入	中

5.6 算法

$$总金额 = 剩余金额 + 充值金额$$
$$剩余金额 = 总金额 - 消费金额$$
$$退还金额 = 剩余金额 - 消费金额$$

5.7 流程逻辑（见图 5.39）

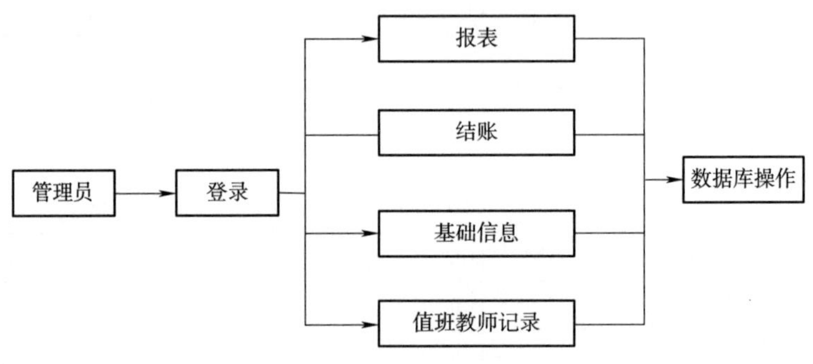

图 5.39　流程逻辑图

5.8 接口（见图 5.40）

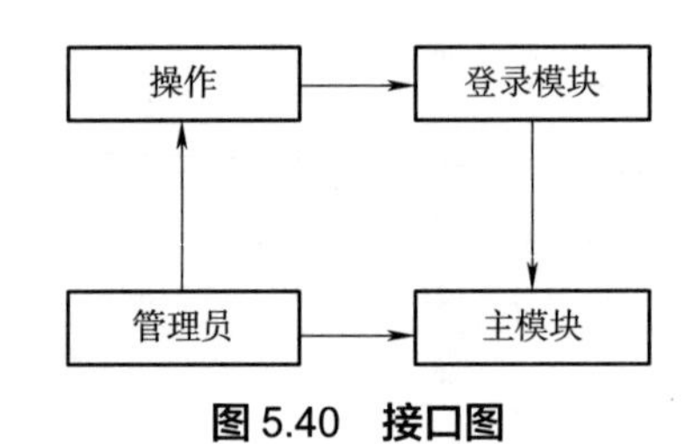

图 5.40　接口图

5.9 存储分配（见表 5.13）

表 5.13　存储分配表

名　称	标　识	数据类型	长　度
用户名	txtUserName	Char	10
密码	txtPaasword 0	Char	10
确认密码	txtPaasword 1	Char	10
姓名	txtName	Char	10
用户级别	ComboType	Char	10
固定费用	txtFixedMoney	Int	2
临时费用	txtTemporary	Int	2
递增时间	txtAddTime	Int	2
至少上机时间	txtLessTime	Int	2
最少金额	txtLessMoney	Int	2

5.10 注释设计

说明准备在本程序中安排的注释，如:

a. 在模块首部注释说明模块开始编写时间、编写人员及其基本功能。

b. 在变量声明阶段，大概说明变量的类型和用途。

c. 在判断、循环或者顺序分支上注释说明程序代码的功能。

5.11 限制条件

必须保证程序正常的连接到服务器。

5.12 测试计划

a. 主要在结账模块，注意选取不同的时间段，观察结账是否符合系统逻辑运算法则。

b. 对于添加删除用户模块，设计测试用例并观察测试结果是否符合逻辑规律。

c. 最后是日结账单和周结账单，检验报表是否正确，能否正确预览和打印。

本章小结

详细设计阶段的关键任务是确定怎样具体地实现用户需要的软件系统，也就是要设计出程序的“蓝图”。除了应该保证软件的可靠性之外，使将来编写出的程序可读性好，易理解、容易测试、容易修改和维护，是详细设计阶段最重要的目标。结构程序设计技术是实现上述目标的基本保证，是进行详细设计的逻辑基础。

人机界面设计是接口设计的一个重要的组成部分。 对于交互式系统来说，人机界面设计和数据设计、体系结构设计及过程设计一样重要。人机界面的质量直接影响用户对软件产品的接受程度，因此，对人机界面设计必须给予足够重视。在设计人机界面的过程中必须充分重视并认真处理好系统响应时间、用户帮助设施、出错信息处理和命令交互这 4 个设计问题。人机界面设计是一个迭代过程，通常，先创建设计模型，接下来用原型实现这个设计模型并由用户试用和评估原型，然后根据用户意见修改原型，直到用户满意为止。总结人们在设计人机界面过程中积累的经验，得出了一些关于用户界面设计的指南，认真遵守这些指南有助于设计出友好、用户体验好的人机界面。

过程设计应该在数据设计、体系结构设计和接口设计完成之后进行，它的任务是设计解题的详细步骤（即算法），它是详细设计阶段应完成的主要工作。过程设计的工具可分为图形、表格和语言 3 类，这 3 类工具各有所长，开发人员应该能够根据需要选用适当的工具，在许多应用领域中信息都有清楚的层次结构，在开发这类应用系统时可以采用面向数据结构的设计方法完成过程设计。本章以 Jackson 结构程序设计技术为例，对面向数据结构的设计方法做了初步介绍。

使用环形复杂度可以定量度量程序的复杂程度，实践表明，环形复杂度 V(G)=10 是模块规模的合理上限。

目前，软件测试仍然是保证软件可靠性的主要手段。测试阶段的根本任务是发现并改正软件中的错误。软件测试是软件开发过程中最艰巨最繁重的任务，大型软件的测试应该分阶段地进行，通常分为单元测试、集成测试和验收测试 3 个基本阶段。设计测试方案是测试阶段的关键技术问题，基本目标是选用最少量的高效测试数据，做到尽可能完善的测试，从而尽可能多地发现软件中的问题。

习题

一、填空题

1. 详细设计是软件设计的第二阶段，主要确定每个模块，也称________。

2. 详细设计的基本任务是为每个模块进行详细的________；为模块内的________进行设计；对________进行物理设计；其他设计；编写详细设计说明书和________。

3. 处理过程设计中采用的典型方法是（简称）________方法。

4. 结构化程度设计方法的基本要点是，①采用________的程序设计方法；②使用________构造程序；③________。

5. 20世纪70年代中期出现了面向数据结构的设计方法，其中有代表性的是_______和_______。

6. Jackson指出，无论数据结构还是程序结构，都限于________、________和________三种基本结构及它们的组合。

7. 在详细设计阶段，为提高数据的输入、储存、检索等操作的效率并节约存储空间，对某些数据项的值要进行________设计。

8. 在详细设计阶段，一种历史最悠久、使用最广泛的描述程序逻辑结构的工具是________。

9. 结构化程序设计方法简称________。PAD图指________图。过程设计语言简称________，也称________语言，又称________。

10. 过程设计语言与需求分析中描述加工逻辑的结构化语言统属于________码。

11. 过程设计语言的顺序结构采用________描述。

12. 在详细设计阶段，经常采用的工具有________、________、________等。

13. 详细设计的目标不仅是逻辑上正确地实现每个模块的功能，还应使设计上的处理过程________。

14. PAD图清晰地反映了程序的层次结构，图中的竖线为程序的________。

二、选择题

1. 在描述软件的结构和过程，提出的设计表达工具不正确的是（　　）。

   A. 图形表达工具：流程图、NS图等

   B. 文字表达工具：伪代码、PDL等

   C. 表格表达工具：判定表等

   D. 系统设计表达工具：用于表达软件过程

2. 一个程序如果把它作为一个整体，它也是只有一个入口、一个出口的单个顺序结构，这是一种（　　）。

   A. 结构程序　　B. 组合的过程

   C. 自顶向下设计　　D. 分解过程

3. 指出PDL是下列哪种语言（　　）。

   A. 高级程序设计语言　　B. 伪码

C. 中级程序设计语言　　D. 低级程序设计语言

4. 详细设计规格说明通常使用的手段是（　　）。

A. IPO 图与层次图　　B. HIPO

C. IPO 或 PDL　　D. HIPO 或 PDL

5. 软件详细设计主要采用的方法是（　　）。

A. 结构程序设计　　B. 模型设计

C. 结构化设计　　D. 流程图设计

6. Jackson 方法根据（　　）来导出程序结构。

A. 数据结构　　B. 数据间的控制结构

C. 数据流图　　D. IPO 图

7. 模块之间的层次关系一般可用不同的层次名来描述。写法一般有两种：（　　）和并列。

A. NS 图　　B. 嵌套　　C. PAD 图　　D. 循环

8. Jackson 方法是一种面向（　　）的方法。

A. 对象　　B. 数据结构　　C. 数据流　　D. 控制流

9. 模块的内部过程描述就是模块内部的（　　），它的表达形式就是详细设计语言。

A. 模块化设计　　B. 算法设计　　C. 程序设计　　D. 详细设计

10. 程序控制的三种基本结构中，（　　）结构可提供多条路径选择。

A. 反序　　B. 顺序　　C. 循环　　D. 分支

11. 程序控制的三种基本结构中，（　　）结构可提供程序重复控制。

A. 遍历　　B. 排序　　C. 循环　　D. 分支

12. Jackson 方法主要适用于规模适中的（　　）系统的开发。

A. 数据处理　　B. 文字处理　　C. 实时控制　　D. 科学计算

13. 对于过程设计语言，下面说法错误的是（　　）。

A. PDL 的总体结构与一般程序完全相同

B. PDL 的外语法同相应程序语言一致

C. PDL 的内语法使用自然语言，虽不能转换成源程序，但可作为注释嵌入的源程序中

D. PDL 提供的机制比图形全面，可自动生成程序代码，提高软件生产率

14. 对于详细设计，下面说法错误的是（　　）。

A. 详细设计是具体地编写程序

B. 详细设计的结果基本决定了最终程序的质量

C. 详细设计中采用的典型方法是结构化程序设计方法

D. 详细设计是在概要设计的基础上，将各个系统模块进行细化，细化的结果是极易生成程序的图纸

15. 以下说法错误的是（　　）（多选）。

A. PAD 图支持逐步求精地设计方法

B. 程序流程图往往反映是的最后的结果

C. 程序流程图容易造成非结构化的程序结构

D. PAD 图支持结构化的程序设计原理

E. 程序流程图清晰反映了逐步求精的过程

16. 结构化程序设计的一种基本方法是（　　）。

A. 筛选法　　B. 递归法

C. 迭代法　　D. 逐步求精法

17. 详细设计的任务是确定每个模块的（　　）。

A. 外部特性　　B. 内部特性

C. 算法和使用的数据　　D. 功能和输入输出数据

18. 结构化程序设计主要强调的是（　　）。

A. 程序的效率　　B. 程序执行速度

C. 程序易读性　　D. 程序的规模

19. 在软件详细设计过程中不采用的描述工具是（　　）。

A. 判定表　　B. IPO 图　　C. PAD 图　　D. DFD 图

20. PDL 是软件开发过程中用于（　　）阶段的描述工具。

A. 需求分析　　B. 概要设计　　C. 详细设计　　D. 编程

三、简答题

1. 简述 Jackson 方法的设计步骤。
2. PDL 有哪些优点？
3. 详细设计的基本任务是什么？
4. 试述详细设计的主要方法与描述工具？
5. 结构化程序设计方法的基本要点是什么？
6. 流程图有哪些种类？
7. PDL 具有哪些特点？

第6章 软件维护

学习目标

基本要求：了解软件维护的重要性、概念和特点；了解软件维护的过程和类型；了解提高软件可维护性的方法。

重点：软件维护的过程；决定软件可维护性的因素；软件系统文档的编写；影响维护工作量的因素。

难点：决定软件可维护性的因素；软件系统文档的编写。

软件维护是软件生命周期的最后一个阶段。它的任务是维护软件的正常运行，不断改进软件的性能和质量，为软件的进一步推广应用和更新替换做积极工作。

软件维护的工作量非常大，一般说来，大型软件的维护成本高达开发总成本的4倍左右。目前，软件开发组织把60%以上的工作量用于维护自己的软件上，而且随着软件数量的增多和使用寿命的延长，这个百分比还在持续上升。

软件工程的主要目的就是要提高软件的可维护性，减少软件维护所需要的工作量，降低软件系统的总成本。

6.1 软件维护的概念和特点

6.1.1 软件维护的概念

作为软件生命周期中的一项重要活动，软件维护有许多不同的定义，有些定义采用狭义具体的观点，有些定义采用更一般的观点。例如，B. J. Connelius 把软件维护定义为“软件系统交付之后所实施的所有工作”，包含所有内容，但却没有说明软件维护的要求。而采用具体观点的定义虽然说明了软件维护的活动，但是面太窄，这类定义最典型的是修改程序缺陷观点——软件维护是检测并修改错误；满足需要观点——软件维护是当运行环境或原始需求发生变化时对软件的修改；支持用户观点——软件维护是对用户提供支持。最经典的定义来自 IEEE 软件维护标准“IEEE STD1219-1993”，它的定义是比较全面的。产品的软件维护包括在产品交付之后针对应用系统进行的各项活动。IEEE 词汇表对软件维护这样描述：“在交付之后为了订正错误、改善性能或其他属性，或者适应变化的环境而进行的修改软件系统或构件的过程”。

6.1.2 软件维护的特点

1. 结构化维护与非结构化维护差别巨大

（1）非结构化维护：如果软件配置的唯一成分是程序代码，那么维护活动从评价程序代码开始，而且常常由于程序内部文档不足而使评价更困难，对于软件结构、全程数据结构、系统接口、性能和设计约束等经常会产生误解，而且对程序代码所做的改动的后果也是难以估量的。因为没有测试方面的文档，所以不可能进行回归测试。非结构化维护需要付出很大代价，这种维护方式是没有使用良好定义的方法学开发出来的软件的必然结果。

（2）结构化维护：如果有一个完整的软件配置存在，那么维护工作从评价设计文档开始，能够确定软件重要的结构特点、性能特点以及接口特点，估量要求的改动将带来的影响，并且计划实施途径；然后修改设计并且对所做的修改进行仔细复查。接下来编写相应的源程序代码；使用在测试说明书中包含的信息进行回归测试；最后，把修改后的软件再次交付使用。以上即构成结构化维护，它是在软件开发的早期运用软件工程方法学的结果。

2. 维护的代价高昂

在过去的几十年中，软件维护的费用稳步上升。1970 年用于维护已有软件的费用只占软件总预算的 35% ~ 40%，1980 年上升为 40% ~ 60%，1990 年上升为 70% ~ 90%。

维护费用只不过是软件维护的最明显的代价，其他一些现在还不明显的代价将来可能更为人们所关注。因为可用的资源必须供维护任务使用，以致耽误甚至丧失了开发的良机，这是软件维护的一个无形的代价。其他无形的代价还有：

- 当看来合理的有关改错或修改的要求不能及时满足时将引起用户不满；
- 由于维护时的改动，在软件中引入了潜伏的错误，从而降低了软件的质量；
- 当必须把软件工程师调去从事维护工作时，将在开发过程中造成混乱。

软件维护的最后一个代价是生产率的大幅下降。在软件前期设计实现阶段，由一位程序员引入的潜在错误，后期排查维护可能需要多人协作共同完成，需要花费更多人力和时间成本，后期的维护成本几乎以几何级数增加。

用于维护工作的劳动可以分成生产性活动（如分析评价、修改设计和编写程序代码等）和非生产性活动（如理解程序代码的功能、解释数据结构、接口特点和性能限度等）。

下式给出维护工作量的一个模型：

$$M = P+K \times \exp(c-d)$$

式中，M 是维护用的总工作量；P 是生产性工作量；K 是经验常数；c 是复杂程度（非结构化设计和缺少文档都会增加软件的复杂程度）；d 是维护人员对软件的熟悉程度；exp 表示指数函数。上式表明，如果软件的开发途径不好（即没有使用软件工程方法学），而且原来的开发人员不能参加维护工作，那么维护工作量和费用将呈指数地增加。

3. 维护的问题很多

与软件维护有关的绝大多数问题，都可归因于软件定义和软件开发的方法有缺点。在软件生命周期的前两个时期没有严格而又科学的管理和规划，几乎必然会导致在最后阶段出现问题。下面列出和软件维护有关的部分问题：

（1）理解别人写的程序通常非常困难，而且困难程度随着软件配置成分的减少而迅速增加。如果仅有程序代码没有说明文档，则会出现严重的问题。

（2）需要维护的软件往往没有合格的文档，或者文档资料显著不足。认识到软件必须有文档仅仅是第一步，容易理解并且和程序代码完全一致的文档才真正有价值。

（3）当要求对软件进行维护时，不能指望由开发人员仔细说明软件。由于维护阶段持续的时间很长，因此，当需要解释软件时，往往原来写程序的人已经不在附近了。

（4）绝大多数软件在设计时没有考虑将来的修改。除非使用强调模块独立原理的设计方法学，否则修改软件既困难又容易发生差错。

上述种种问题在现有的未采用软件工程思想开发出来的软件中都或多或少地存在着。不应该把一种科学的方法学看作万能灵药，但是，软件工程至少部分地解决了与维护有关的问题。

6.1.3　软件维护的思考

软件因其属于逻辑制品，设计实现过程极其复杂，依赖于设计工具、人的经验和技术等诸多因素，因此，软件总是或多或少存在这样那样的问题和不足，不存在完美无缺的软件，软件需要维护，而且应尽量在早期发现和改正问题，否则越到后期，维护成本越加高昂。

人的成长过程同样极其复杂，既有个人内在因素，也受外部环境影响。作为一位青年大学生，我们要树立自己的远大理想，既要勤奋好学，刻苦钻研，也要有家国情怀，爱党、爱国，把自己的远大理想同国家的需要和发展结合起来，在成长的道路上努力“扣好自己的每一粒扣子”，那么在人生路上扬帆起航，必定少走弯路，减少挫折。

6.2　软件维护的过程

维护过程本质上是修改和压缩了的软件定义和开发过程，而且事实上在提出一项维护要求之前，与软件维护有关的工作已经开始了。首先必须建立一个维护组织，随后必须确定报告和评价的过程，而且必须为每个维护要求规定一个标准化的事件序列。此外，还应该建立一个适用于维护活动的记录保管过程，并且规定复审标准。

1. 维护组织

虽然通常并不需要建立正式的维护组织，但是，即使对于一个小的软件开发团体而言，非正式地委托维护责任也是绝对必要的。每个维护要求都通过维护管理员转交给相应的系统管理员去评价。系统管理员是被指定去熟悉一小部分产品程序的技术人员。系统管理员对维护任务做出评价之后，由变化授权人决定应该进行的活动。

在维护活动开始之前就明确维护责任是十分必要的，这样做可以大大减少维护过程中可能出现的混乱。

2. 维护报告

应该用标准化的格式表达所有软件维护要求。软件维护人员通常给用户提供空白的维护要求表，有时称为软件问题报告表，这个表格由要求一项维护活动的用户填写。如果遇到了一个错误，那么必须完整描述导致出现错误的环境（包括输入数据、全部输出数据以及其他有关信息）。对于适应性或完善性的维护要求，应该提出一个简短的需求说明书。如前所述，由维护管理员和系统管理员评价用户提交的维护要求表。

维护要求表是一个外部产生的文件，它是计划维护活动的基础。软件组织内部应该制定出一个软件修改报告，它给出下述信息：

（1）满足维护要求表中提出的要求所需要的工作量；

（2）维护要求的性质；

（3）这项要求的优先次序；

（4）与修改有关的事后数据，如变化授权人、维护管理员、系统管理员、软件系统等。软件维护人员图如图 6.1 所示。

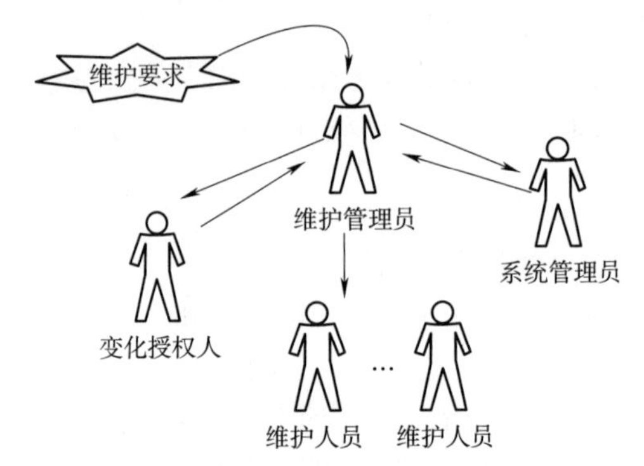

图 6.1 软件维护人员图

在拟定进一步的维护计划之前，把软件修改报告提交给变化授权人审查批准。

3. 维护的事件流

适应性维护和完善性维护的要求沿着相同的事件流前进。应该确定每个维护要求的优先次序，并且安排维护所要求的工作时间，就好像它是另一个开发任务一样（从所有意图和目标来看，它都属于开发工作）。如果一项维护要求的优先次序非常高，可能立即开始维护工作。

不管是何种类型的维护，都需要进行类似的技术工作。这些工作包括修改软件设计、复查、必要的代码修改、单元测试和集成测试（包括使用以前的测试方案的回归测试）、验收测试和复审。不同类型的维护强调的重点不同，但是基本途径是相同的。维护事件流中最后一个事件是复审，它再次检验软件配置的所有成分的有效性，并且保证满足维护要求表中的要求。

当然，也有不完全符合上述事件流的维护要求。当发生恶性的软件问题时，就会出现所谓的“救火”维护要求，这种情况需要立即把资源调用来解决问题。在完成软件维护任务之后，进行处境复查常常是有好处的。一般说来，这种复查试图回答下述问题：

- 在当前处境下设计、编码或测试的哪些方面能用不同方法进行？
- 哪些维护资源是应该有而事实上却没有的？
- 对于这项维护工作什么是主要的（以及次要的）障碍？
- 要求的维护类型中有预防性维护吗？

处境复查对将来维护工作的进行有重要影响，而且所提供的反馈信息对有效地管理软件组织十分重要。

4. 保存维护记录

对于软件生命周期的所有阶段而言，以前记录保存都是不完善的，而软件维护则根本没有记录保存下来。由于这个原因，往往不能估计维护技术的有效性，不能确定一个产品程序的“优良”程度，而且很难确定维护的实际代价是什么。

保存维护记录遇到的第一个问题就是，哪些数据是值得记录的？ Swanson 提出了下述内容：①程序标识；②源语句数；③机器指令条数；④使用的程序设计语言；⑤程序安装的日期；⑥自从安装以来程序运行的次数；⑦自从安装以来程序失效的次数；⑧程序变动的层次和标识；⑨因程序变动而增加的源语句数；⑩因程序变动而删除的源语句数；⑪每个改动耗费的人时数；⑫程序改动的日期；⑬软件工程师的名字；⑭维护要求表的标识；⑮维护类型；⑯维护开始和完成的日期；⑰累计用于维护的人时数；⑱与完成的维护相联系的纯效益。

应该为每项维护工作都收集上述数据。可以利用这些数据构成一个维护数据库的基础，并且对它们进行评价。

5. 评价维护活动

缺乏有效的数据就无法评价维护活动。如果已经开始保存维护记录了，则可以对维护工作做一些度量。至少可以从下述 7 个方面度量维护工作：

（1）每次程序运行平均失效的次数；

（2）用于每一类维护活动的总人时数；

（3）平均每个程序、每种语言、每种维护类型所做的程序变动数；

（4）维护过程中增加或删除一个源语句平均花费的人时数；

（5）维护每种语言平均花费的人时数；

（6）一张维护要求表的平均周转时间；

（7）不同维护类型所占的百分比。

根据对维护工作度量的结果，可以做出关于开发技术、语言选择、维护工作量规划、资源分配及其他许多方面的决定，而且可以利用这样的数据去分析评价维护任务。

6.3 软件维护的类型

1. 改正性维护

交付给用户使用的软件，即使通过严格的测试，仍可能有一些潜在的错误在用户使用的过程中发现和修改。诊断和改正错误的过程称为改正性维护。

2. 适应性维护

随着计算机的飞速发展，新的硬件系统和外围设备时常更新和升级，一些数据库环境、数据输入 / 输出方式、数据存储介质等也可能发生变换。为了使软件适应这些环境变化而修改软件的过程叫做适应性维护。

3. 完善性维护

在软件投入使用过程中，用户可能还会有新的功能和性能要求，可能会提出增加新功能、修改现有功能等要求。为了满足这类要求而进行的维护称为完善性维护。

4. 预防性维护

为了改进软件未来的可维护性或可靠性，或者为了给未来的改进奠定更好的基础而进行的修改，称为预防性维护。这种维护活动在实践中比较少见。

在各类维护中，完善性维护占软件维护工作的大部分。

据统计，完善性维护占全部维护活动的 50% ~ 66%，改正性维护占 17% ~ 21%，适应性维护占 18% ~ 25%，其他维护活动占 4% 左右。

6.4 软件的可维护性

可以把软件的可维护性定义为：维护人员理解、改正、改动或改进这个软件的难易程度。在前面的章节中曾经多次强调，提高可维护性是支配软件工程方法学所有步骤的关键目标。

6.4.1 决定软件可维护性的因素

维护就是在软件交付使用后进行的修改，修改之前必须理解待修改的对象，修改之后应该进行必要的测试，以保证所做的修改是正确的。如果是改正性维护，还必须预先进行调试以确定错误的具体位置。因此，决定软件可维护性的因素主要有下述5个：

1. 可理解性

软件可理解性表现为外来读者理解软件的结构、功能、接口和内部处理过程的难易程度。模块化（模块结构良好，高内聚，低耦合）、详细的设计文档、结构化设计、程序内部的文档和良好的高级程序设计语言等，都对提高软件的可理解性有重要贡献。

2. 可测试性

诊断和测试的容易程度取决于软件容易理解的程度。良好的文档对诊断和测试是至关重要的，此外，软件结构、可用的测试工具和调试工具，以及以前设计的测试过程也都是非常重要的。维护人员应该能够得到在开发阶段用过的测试方案，以便进行回归测试。在设计阶段应该尽力把软件设计成容易测试和容易诊断的。

对于程序模块来说，可以用程序复杂度来度量它的可测试性。模块的环形复杂度越大，可执行的路径就越多，因此，全面测试它的难度就越高。

3. 可修改性

软件的可修改程度与软件设计阶段采用的原则和策略是直接相关的。如模块的耦合、内聚、控制范围和作用范围、局部化程度都直接影响软件的可修改性。

4. 可移植性

软件可移植性指的是把程序从一种计算环境（硬件配置和操作系统）转移到另一种计算环境的难易程度。把与硬件、操作系统以及其他外围设备有关的程序代码集中放到特定的程序模块中，可以把因环境变化而必须修改的程序局限在少数程序模块中，从而降低修改的难度。

5. 可重用性

所谓重用（Reuse）是指同一事物不做修改或稍加改动就在不同环境中多次重复使用。大量使用可重用的软件构件来开发软件，可以从下述两个方面提高软件的可维护性：

（1）通常，可重用的软件构件在开发时经过很严格的测试，可靠性比较高，且在每次重用过程中都会发现并清除一些错误，随着时间推移，这样的软件构件将变成实质上无错误的。因此，软件中使用的可重用构件越多，软件的可靠性越高，改正性维护需求越少。

（2）很容易修改可重用的软件构件使之再次应用在新环境中，因此，软件中使用的可重用构件越多，适应性和完善性维护也就越容易。

6.4.2 文档

文档是影响软件可维护性的决定因素。由于长期使用的大型软件系统在使用过程中必然会经受多次修改，所以文档比程序代码更重要。

软件系统的文档可以分为用户文档和系统文档两类。用户文档主要描述系统功能和使用方法，并不关心这些功能是怎样实现的；系统文档描述系统设计、实现和测试等各方面的内容。

总的说来，软件文档应该满足下述要求：

（1）必须描述如何使用这个系统，没有这种描述时即使是最简单的系统也无法使用；

（2）必须描述怎样安装和管理这个系统；

（3）必须描述系统需求和设计；

（4）必须描述系统的实现和测试，以便使系统成为可维护的。

下面分别介绍用户文档和系统文档。

1. 用户文档

用户文档是用户了解系统的第一步，它应该能使用户获得对系统的准确的初步印象。文档的结构方式应该使用户能够方便地根据需要阅读有关的内容。

用户文档至少应该包括下述5方面的内容：

（1）功能描述，说明系统能做什么；

（2）安装文档，说明怎样安装这个系统以及怎样使系统适应特定的硬件配置；

（3）使用手册，简要说明如何着手使用这个系统（应该通过丰富例子说明怎样使用常用的系统功能，还应该说明用户操作错误时怎样恢复和重新启动）；

（4）参考手册，详尽描述用户可以使用的所有系统设施以及它们的使用方法，还应该解释系统可能产生的各种出错信息的含义（对参考手册最主要的要求是完整，因此通常使用形式化的描述技术）；

（5）操作员指南（如果需要有系统操作员），说明操作员应该如何处理使用中出现的各种情况。

上述内容可以分别作为独立的文档，也可以作为一个文档的不同分册，具体做法应该由系统规模决定。

2. 系统文档

所谓系统文档指从问题定义、需求说明到验收测试计划这样一系列和系统实现有关的文档。描述系统设计、实现和测试的文档对于理解程序和维护程序来说是极为重要的。和用户文档类似，系统文档的结构也应该把读者从对系统概貌的了解，引导到对系统每个方面每个特点的更形式化更具体的认识。本书前面各章已经较详细地介绍了各个阶段应该产生的文档，此处不再重复。

6.4.3　可维护性复审

可维护性是所有软件都应该具备的基本特点，在软件工程过程的每一个阶段都应该考虑并努力提高软件的可维护性，在每个阶段结束前的技术审查和管理复审中，应该着重对可维护性进行复审。

在需求分析阶段的复审过程中，应该对将来要改进的部分和可能会修改的部分加以注意并指明；应该讨论软件的可移植性问题，并且考虑可能影响软件维护的系统界面。

在正式的和非正式的设计复审期间，应该从容易修改、模块化和功能独立的目标出发，评价软件的结构和过程；设计中应该对将来可能修改的部分预做准备。

代码复审应该强调编码风格和内部说明文档这两个影响可维护性的因素。

在设计和编码过程中应该尽量使用可重用的软件构件，如果需要开发新的构件，也应该注意提高构件的可重用性。

每个测试步骤都可以暗示在软件正式交付使用前，程序中可能需要做预防性维护的部分。在测试结束时进行最正式的可维护性复审，这个复审称为配置复审。配置复审的目的是保证软件配置的所有成分是完整的、一致的和可理解的，而且为了便于修改和管理已经编目归档了。

在完成了每项维护工作之后，都应该对软件维护本身进行仔细认真的复审。

维护应该针对整个软件配置，不应该只修改源程序代码。当对源程序代码的修改没有反映在设计文档或用户手册中时，就会产生严重的后果。

每当对数据、软件结构、模块过程或任何其他有关的软件特点做了改动时，必须立即修改相应的技术文档。不能准确反映软件当前状态的设计文档可能比完全没有文档更坏。在以后的维护工作中很可能因文档不完全符合实际而不能正确理解软件，从而在维护中引入过多的错误。

用户通常根据描述软件特点和使用方法的用户文档来使用、评价软件。如果对软件的可执行部分的修改没有及时反映在用户文档中，则可能会使用户因为受挫折而产生不满。

如果在软件再次交付使用之前，对软件配置进行严格的复审，则可大大减少文档的问题。事实上，某些维护要求可能并不需要修改软件设计或源程序代码，只是表明用户文档不清楚或不准确，因此只需要对文档做必要的维护。

6.4.4 影响维护工作量的因素

在软件的维护过程中，花费的工作量会直接影响软件的成本。因此，应当考虑有哪些因素会影响软件维护的工作量，应该采取什么维护策略，才能有效地维护软件并控制维护的成本。影响软件维护工作量的因素有：

（1）系统大小。系统越大，功能越复杂，理解掌握起来就越困难，需要的维护工作量越大。

（2）程序设计语言。使用功能强的程序设计语言可以控制程序的规模。语言的功能越强，生成程序所需的指令数就越少；语言的功能越弱，实现同样功能所需的语句就越多，程序就越大，维护起来就越困难。

（3）系统年龄。老系统比新系统需要更多的维护工作量。许多老系统在当初并未按照软件工程的要求进行开发，没有文档，或文档太少，或者在长期的维护中许多地方与程序不一致，维护起来困难较大。

（4）数据库技术的应用。使用数据库工具，可有效地管理和存储用户程序中的数据，可方便地修改、扩充报表。数据库技术的使用可以减少维护工作量。

（5）先进的软件开发技术。在软件开发时，如果使用能使软件结构比较稳定的分析与设计技术（如面向对象分析、设计技术），可以减少一定的工作量。

（6）其他。如应用的类型、数学模型、任务的难度、IF 嵌套深度等都会对维护工作量产生一定的影响。

本章小结

软件的诞生过程中，从需求分析，到软件设计和实现，都离不开人的工作，难免会出现这样或那样的失误，从而导致软件或多或少地存在各类缺陷和错误。因此软件维护工作是软件生命周期中不可或缺的一项重要工作。

本章详细阐述了软件维护的相关概念，软件维护的过程，以及软件维护的类型。事实上，决定软件可维护性的因素有很多，包括软件的可测试性、可理解性、可修改性及可重用性等。软件维护的工作量因软件类型、规模、设计语言等要素不同而不同，工作量的大小则直接地影响软件开发成本。为此，高质量地完成软件分析、设计及实现各个阶段的工作，将有助于降低软件维护成本。

习题

一、填空题

1. 为了使应用软件适应计算机硬件、软件及数据环境所发生的变化而修改软件的过程称为________。

2. 为增加软件功能、增加软件性能、提高软件运行效率而进行的维护活动称为________。

3. 软件的________、________、________是衡量软件质量的几个主要特性。

4. 软件可维护性可用五个质量特性来衡量，即________、________、________、________、________。对于不同类型的维护，这五种特性的侧重点也不相同。

5. 不管维护类型如何，大体上要开展的技术工作包括________。

二、选择题

1. 在整个软件维护阶段所花费的全部工作中，（　　）所占比例更大。

A. 校正性维护　　B. 适应性维护
C. 完善性维护　　D. 预防性维护

2. 下面的叙述中，与可维护性关系最密切的是（　　）。

A. 软件从一个计算机系统和环境转移到另一个计算机系统和环境的容易程度
B. 尽管有不合法的输入，软件仍能继续正常工作的能力
C. 软件能够被理解、校正、适应及增强功能的容易程度
D. 在规定的条件下和规定的一段时间内，实现所指定的功能的能力

3. 软件维护工作过程中，第一步是确认（　　）。

A. 维护环境　　B. 维护类型　　C. 维护要求　　D. 维护者

4. 人们称在软件运行/维护阶段对软件产品所进行的修改就是维护。（　　）是由于开发时测试的不彻底、不完全造成的。

A. 校正性维护　　B. 适应性维护
C. 完善性维护　　D. 预防性维护

5. 下面说法错误的是（　　）。

A. 维护申请报告由申请维护的用户填写，软件维护组织内部还要制定一份软件修改报告
B. 软件修改报告指出的问题之一是：为满足软件问题报告实际要求的工作量
C. 软件修改报告指出的另外三个问题是：要求修改的性质、优先权和关于修改的事后数据
D. 提出维护申请报告之后，由用户和软件维护组来评审维护请求

三、简答题

1. 什么是软件可维护性？可维护性度量的特性是什么？
2. 影响软件维护代价的因素有哪些？
3. 什么是非结构化维护？非结构化维护的特点是什么？
4. 什么是结构化维护？结构化维护的特点是什么？
5. 好的文档的作用和意义是什么？

第7章 面向对象方法学引论

学习目标

基本要求：了解面向对象方法学的4个要点；了解面向对象方法的3种模型；掌握面向对象的基本概念。

重点：对象的概念、属性和方法。

难点：面向对象方法的建模思想。

面向对象的方法是尽可能模拟人类习惯的思维方式，使软件的开发方法与过程尽可能接近人类认识世界、解决问题的方法与过程。该方法将软件系统看作一系列离散的解空间对象的集合，并使问题空间的对象与解空间对象尽量一致，这些解空间对象相互之间通过发送消息相互作用，从而获得问题空间的解。这样，问题空间与解空间的结构、描述的模型一致，可减少软件系统开发的复杂度，使系统易于理解和维护。

7.1 面向对象方法概述

7.1.1 面向对象方法学的要点

面向对象方法具有下述4个要点：

1. 对象（Object）

客观世界由各种对象组成，任何事物都是对象，复杂的对象可以由比较简单的对象组合而成。按照这种观点，可以认为整个世界就是一个最复杂的对象。面向对象方法把客观世界中的实体抽象为问题世界中的对象。

面向对象方法用对象分解取代了传统方法的功能分解。面向对象的软件系统由对象组成，软件中的任何元素都是对象，复杂的软件对象由相对简单的对象组合而成。

2. 类（Class）和实例（Instance）

把所有对象都划分成各种对象类，每个对象类定义了一组数据和一组方法。其中数据用于表示对象的静态属性，是对象的状态信息；方法是允许施加于该类对象上的操作，是该类所有对象共享的，并不需要为每个对象都复制操作的代码。

属于某个类的对象叫做该类的实例。对象的状态则包含在它的实例变量，即实例的属性中。因此，每当建立该对象类的一个新实例时，就按照类中对数据的定义为这个新对象生成一组专用的数据，以描述该对象独特的属性值。

例如，学生类都具有学号、姓名、性别等属性，具体到每一个学生，这些属性都是不尽相同的。

类好比是一个对象模板，它定义了各个实例所共有的结构，用它可以产生多个对象。类所代表的是一个抽象的概念或事物，而对象是在客观世界中实际存在的，是类的实例。

3. 继承（Inheritance）

按照父类（也称为基类）与子类（也称为派生类）的关系，把若干个对象类组成一个层次结构的系统（也称为类等级）。在这种层次结构中，通常下层的派生类具有和上层的基类相同的特性（包括数据和方法），这种现象称为继承。

例如，学生是一个类，根据学生入学条件的不同、学制的不同、课程的不同等，学生类可以分为专科生、本科生和研究生三个子类，每个学生分别属于不同的子类，但都是学生。凡学生类定义的数据和方法，专科生、本科生和研究生都自动拥有。各个特殊类可以从一般类中继承共性，这样就避免了重复。

如果在派生类中对某些特性又做了重新描述，则在派生类中的这些特性将以新描述为准，即低层的特性将屏蔽高层的同名特性。

建立继承结构的优点有：（1）编程容易；（2）代码短，结构清晰，容易理解；（3）代码极易修改和维护，不同派生类的共同部分需要修改时，只需在修改基类即可；（4）需要增加新类时，非常简单，只需在新类中描述与基类属性或方法不同部分即可。

4. 消息传递

消息是对象发出的服务请求，对象彼此之间仅能通过传递消息互相联系。对象与传统的数据有本质区别，它不是被动地等待外界对它施加操作，而是必须发消息请求它执行它的某个操作，处理它的私有数据。对象是处理的主体，不能从外界直接对它的私有数据进行操作。

也就是说，对象的私有信息被封装在该对象类的定义中，必须发消息请求它执行某个操作，处理它的数据，外界看不见这些信息，更不能直接对它的信息进行操作，这就是“封装性”。

综上所述，面向对象就是使用对象、类和继承机制，并且在对象之间只能通过消息传递实现彼此通信。这种关系可用下列方程来概括：

面向对象方法 =Objects+Classes+Inheritance+Communication with messages

即：面向对象方法 = 对象 + 类 + 继承 + 通信。

7.1.2　面向对象方法的优点

面向对象方法的本质是主张参考人们认识一个现实系统的方法，完成分析、设计与实现一个软件系统，提倡用人类在现实生活中常用的思维方法来认识和理解描述客观事物，强调最终建立的系统能映射问题域，使得系统中的对象，以及对象之间的关系能够如实地反映问题域中固有的事物及其关系。其优点如下：

1. 与人类习惯的思维方法一致

传统的程序设计技术是面向过程的设计方法，这种方法以算法为核心，把数据和过程作为互相独立的部分。忽略数据和操作之间的内在联系，问题空间和解空间并不一致。数据代表问题空间中的实体，程序代码则用于处理这些数据。

面向对象技术以对象为核心，尽可能符合人类习惯的思维方法，描述问题空间和解空间尽可能一致。面向对象方法与传统的开发方法本质的不同在于：使用现实世界的概念抽象地思考问题，从而自然地解决问题。它强调模拟现实世界中的概念而不是算法，鼓励开发者在软件开发的绝大部分过程中都用应用领域的概念去思考。它为开发者提供了随着对某个应用系统的认识逐步深入和具体化的过程，以及逐步设计和实现该系统的可能性。因为可以先设计出由抽象类构成的系统框架，随着认识深入和具体化再逐步派生出更具体的派生类，这样的开发过程符合人们认识客观世界并解决复杂问题时逐步深化的渐进过程。在面向对象的方法中，计算机的特点并不重要，对现实世界的模拟才是最重要的。

2. 稳定性好

使用传统方法建立起来的软件系统的结构紧密依赖于系统所要完成的功能，如果功能需求发生变化时，将引起软件结构的整体修改。事实上，用户需求变化大部分是针对功能的，因此，这样的软件系统不稳定。

面向对象方法是用对象模拟问题域中的实体，用对象之间的联系描述实体间的联系，以对象为中心来构造软件系统的。它并不基于系统应具备功能的分解。所以，当系统的功能需求变化时，并不会引起软件结构的整体变化，往往仅需要做一些局部的修改。由于现实世界中的实体是相对稳定的，因此，以对象为中心构造的软件系统也比较稳定。

3. 可重用性好

传统的软件重用技术认为利用标准函数库，就能在很大程度上提高软件的可重用性，减少开发软件的工作量。但是，实际上除了一些接口十分简单的标准数学函数经常重用外，几乎每次开发一个新的软件系统时，都要针对这个具体的系统做大量重复而又烦琐的工作。

面向对象的技术较好地解决软件重用性问题。对象所固有的封装性和信息隐藏等机理，使得对象内部的实现与外界隔离，具有较强的独立性。对象类提供了比较理想的模块化机制和比较理想的可重用的软件成分。面向对象技术允许两种方式重复使用一个对象类：（1）创建该类的实例，从而直接使用它；（2）从它派生出一个满足当前需要的新类。继承性机制使得子类不仅可以重用其父类的数据结构和程序代码，而且可以在父类代码的基础上方便地进行修改和扩充，子类的修改并不影响父类的使用。

4. 较易开发大型软件产品

用面向对象方法开发大型软件时，可以把一个大型软件产品分解成一系列相互独立的模块来处理，这样可以降低开发的技术难度，也使开发工作的管理变得容易。

5. 可维护性好

使用面向对象技术开发的软件稳定性比较好、比较容易修改、比较容易理解、易于测试和调试，因此软件的可维护性好。

对面向对象的软件进行维护，主要通过派生出一些新类来实现。因此，维护后的测试和调试工作也主要围绕这些派生出来的新类进行。类的独立性很强，向类的实例发消息即可运行它，观察它是否能正确地完成要求它做的工作，对类的测试通常比较容易实现，如果发现错误也往往集中在类的内部，比较容易调试。

总之，面向对象技术的优点并不是减少了开发时间，相反，初次使用这种技术开发软件，可能比用传统方法所需时间还稍微长一点。开发人员必须花很大精力去分析对象是什么，每个对象应该承担什么责任，所有这些对象怎样很好地合作以完成预定的目标。这样做的好处是，提高了目标系统的可重用性，减少了生命周期后续阶段的工作量和可能犯的错误，提高了软件的可维护性。此外，一个设计良好的面向对象的系统是易于扩充和修改的，因此能够适应不断增加的新需求。

7.1.3 面向对象软件工程的内容

面向对象软件工程包括面向对象的分析、面向对象的设计、面向对象的编程、面向对象的测试和面向对象的软件维护等主要内容。

1. 面向对象的分析

面向对象分析直接针对问题域中客观存在的事物建立面向对象分析模型中的对象。用对象的属性和方法描述事物的静态特征和行为。问题域有哪些值得考虑的事物，面向对象分析模型中就有哪些对象。而且对象及其服务的命名都强调与客观事物一致。此外，面向对象分析模型也保留了问题域中事物之间关系。把具有相同属性和相同服务的对象归结为一类；用一般 / 特殊结构（又称分类结构）描述一般类与特殊类之间的关系（即继承关系）。用整体 / 部分结构（又称组装结构）描述事物间的组成关系；用实例连接和消息连接表示事物之间的静态联系和动态联系。静态联系是指一个对象的属性与另一对象属性有关，动态联系是指一个对象的行为与另一对象行为有关。

无论是对问题域中的单个事物，还是对各个事物之间的关系，面向对象分析模型都保留着它们的原貌，没有转换、扭曲，也没有重新组合，所以面向对象分析模型能够很好地映射问题域。

2. 面向对象的设计

面向对象设计包括两方面的工作：一是把面向对象分析模型直接搬到面向对象设计（不经过转换，仅作某些必要的修改和调整），作为面向对象设计的一个组成部分；二是针对具体实现中的人机界面、数据存储、任务管理等因素补充一些与实现有关的部分。这些部分与面向对象分析采用相同的表示法和模型结构。

从面向对象分析到面向对象设计不存在转换，只有很局部的修改或调整，并增加几个与实现有关的独立部分。因此面向对象分析与面向对象设计之间不存在传统软件工程方法中分析与设计之间的鸿沟，二者能够紧密衔接，大大降低了从面向对象分析过渡到面向对象设计的难度、工作量和出错率。

3. 面向对象的编程

面向对象编程的工作就是用同一种面向对象的编程语言把面向对象设计模型中的每个成分书写出来。

4. 面向对象的测试

面向对象的测试以对象类作为基本测试单位，查错范围主要是类定义内的属性和服务，以及有限的对外接口（消息）所涉及的部分。在对父类测试完成之后，子类的测试重点只是那些新定义的属性和服务。

5. 面向对象的软件维护

面向对象的软件工程方法为改进软件维护工作提供了有效的途径。由于程序与问题域一致，设计过程中各个阶段的表示一致，从而大大降低了理解的难度。

7.1.4　面向对象方法与人类认识客观世界的方法

面向对象方法学的出发点和基本原则是尽可能模拟人类习惯的思维方式，使开发软件的方法与过程尽可能接近人类认识世界、解决问题的方法与过程。由于客观世界的问题都是由客观世界中的实体及实体之间的关系构成的，因此我们把客观世界中的实体抽象为对象（Object）。

持面向对象观点的程序员认为计算机程序的结构应该与所要解决的问题一致，而不是与某种分析或开发方法保持一致，他们的经验表明，对任何软件系统而言，其中最稳定的成分往往是其相应问题论域（Problem Domain）中的成分。例如，在过去几百年中复式计账的原则未做任何实质性的改变，而其使用的工具早已从鹅毛笔变成了计算机。

所以，“面向对象”是一种认识客观世界的世界观，是从结构组织角度模拟客观世界的一种方法。

7.2 面向对象的概念和建模

7.2.1 面向对象的基本概念

如 7.1.1 所述，面向对象方法 = 对象 + 类 + 继承 + 通信，下面对这几个部分进行简要描述，在第 8 章中我们将展开进行详细描述。

1. 对象

对象是客观事物或概念的抽象表述，对象不仅能表示具体的实体，也能表示抽象的规则、计划或事件。通常有以下的对象类型：

（1）有形的实体：在现实世界中，每个实体都是对象，如教学楼、计算机、课桌、机器等，这些都属于有形的实体，也是容易识别的对象。

（2）作用：指人或组织，如学校、教师、学生、政府机关、公司、部门等所起的作用。

（3）事件：指在某个特定时间内所发生的事。如学习、上课、办公、事故等。

（4）性能说明：对产品的性能指标的说明，例如，计算机中 CPU 的速度、型号、性能说明等。

对象不仅能表示结构化的数据，而且也能表示抽象的事件、规则以及复杂的工程实体，这是结构化方法所不能做到的，因此，对象具有很强的表达能力和描述功能。

由于客观世界中的实体通常既具有静态的属性，又具有动态的行为。因此，面向对象方法中的对象是由描述该对象属性的数据，以及对这些数据施加的所有操作封装在一起构成的统一体。对象的操作表示它的动态行为，通常称为服务或方法。对象的两个主要因素是属性和方法，其定义如下：

属性是用来描述对象静态特征的一个数据项。

方法是用来描述对象动态特征（行为）的一个操作序列。

一个对象可以有多项属性和多个方法。一个对象的属性和方法被结合成一个整体，对象的属性值只能由这个对象的方法存取。

对象标识是对象的另一要素。对象标识也就是对象的名字，有外部标识和内部标识之分。前者供对象的定义者或使用者用，后者供系统内部唯一地识别对象。

对象的特点有如下几点：

（1）以数据为中心：操作围绕对其数据所需要做的处理来设置，而且操作的结果往往与当时所处的状态（数据的值）有关。

（2）对象是主动的：对象是进行处理的主体，不是被动等待对它进行处理，而是必须通过它的接口向对象发送消息，请求它执行某个操作，处理它的私有数据。

（3）实现了数据封装：对象好像是一只黑盒子，它的私有数据完全被封装在盒子内部，对外是隐藏的、不可见的，对私有数据的访问或处理只能通过公有的操作进行。

（4）本质上具有并行性：不同对象各自独立地处理自身的数据，彼此通过发消息和传递信息完成通信。

（5）模块独立性好：即模块的内聚性强，耦合性弱。

2. 类

类的定义是指具有相同属性和服务的一组对象的集合，它为属于该类的全部对象提供了统一的抽象描述，其内部包括属性和方法两个主要部分。即类是方法和数据的集成，它是关于对象性质的描述，包括外部特性和内部实现两个方面。类通过描述消息模式及其相应的处理能力来定义对象的外部特性；通过描述内部状态的表现形式及固有处理能力的实现来定义对象的内部实现。

类给出了属于该类的全部对象的抽象定义，而对象则是符合这种定义的一个实体。因此，一个对象又称作类的一个实例，类也可称作对象的模板。同类对象具有相同的属性与方法是指它们的定义形式相同，而不是说每个对象的属性值都相同。一个类可以生成多个不同的对象，同一个类的所有对象具有相同的性质。

3. 继承性

继承性是使用现存的定义作为基础，建立新定义的技术，是父类和子类之间共享数据结构和方法的机制，这是类之间的一种关系。在定义和实现一个类的时候，可以在一个已经存在的类的基础上来进行，把这个已经存在的类所定义的内容作为自己的内容，并加入若干新内容。继承性通常表示父类与子类的关系。子类的公共属性和操作归属于父类，并为每个子类共享，子类继承了父类的特性。

继承性包括两种类型：

单重继承：一个子类只有一个父类，即子类只继承一个父类的数据结构和方法。

多重继承：一个子类可有多个父类，继承多个父类的数据结构和方法。

通过继承关系还可以构成层次关系，单重继承构成的类之间的层次关系是一棵树，多重继承构成的类之间的关系是一个网格（如果将所有无子类的类都看成还有一个公共子类）。而且继承关系是可传递的，即如果 C1 继承 C2，C2 继承 C3，则 C1 间接继承了 C3。

与多继承相关的一个问题是命名冲突问题。所谓命名冲突是指：当一个子类继承了多个父类时，如果这些一般类中的属性或方法有同名的现象，则当子类中引用这样的属性名或者方法名时，系统无法判定它的语义到底是指哪个父类中的属性和方法。解决的办法有两种：一是，不允许多继承结构中的各个父类的属性及方法取相同的名字，但这会为开发者带来一些不便；二是，由面向对象程序设计语言提供一种更名机制，使程序可以在特殊类中更换从各个一般类继承来的属性或方法的名字。

4. 消息和方法

（1）消息。

消息是指对象之间在交互中所传送的通信信息。一个消息应该包含以下信息：消息名、接收消息对象的标识、服务标识、消息和方法、输入信息、回答信息等。消息使对象之间互相联系、协同工作，实现系统的各种服务。

通常一个对象向另一个对象发送信息请求某项服务，接受对象响应该消息，激发所要求的服务操作，并将操作结果返回给请求服务的对象，这种通信机制叫做消息传递。发送消息的对象不需要知道接收消息的对象如何对请求予以响应。

消息的接收者是提供服务的对象。在设计时，它对外提供的每个服务应规定消息的格式，这种规定称作消息协议。

消息中只包含发送者的要求，它指示接收者要完成哪些处理，不需要告诉接收者应该怎样完成这些处理。消息完全由接收者解释，接收者独立决定采用什么方式完成所需的处理。一个对象能够接收多个不同形式、内容的消息；相同形式的消息可以送往不同的对象。不同的对象对于形式相同的消息可以有不同的解释，做出不同的反映。对于传来的消息，对象可以返回相应的回答信息，但这种返回并不是必需的，这与子程序的调用 / 返回有着明显的不同。

（2）方法。

每个对象类都有一组方法，它们实际上是类对象上的各种操作。一个方法包括方法名、参数及方法体。方法描述了类与对象的行为，每一个对象都封装了数据和算法两个方面，数据由一组属性表示，而算法即是当一个对象接收到一条消息后，它所包含的方法决定对象如何动作。通常是在某种编程语言（如 Java、C++）下实施的运算。

7.2.2 面向对象的建模

在上一小节中介绍了面向对象的基本概念，因此，我们得出结论：面向对象开发方法的思想是对问题空间进行自然分割，以更接近人类思维的方式建立问题域模型。它是通过面向对象的分析（OOA）、面向对象的设计（OOD）和面向对象的程序设计（OOP）等过程，将现实世界的问题空间平滑地过渡到软件空间的一种软件开发过程，为了更好地理解面向对象开发方法，我们通常采用建立问题模型的方法，简称为“建模”。所谓模型，就是为了理解事物而对事物作出的一种抽象，是对事物的一种无歧义的书面描述。通常，模型由一组图示符号和组织这些符号的规则组成，利用它们来定义和描述问题域中的术语和概念。模型是一种思考工具，利用这种工具可以把知识规范地表达出来。

为了开发复杂的软件系统，系统分析员应该从不同角度抽象出目标系统的特性，使用精确的表示方式构造系统的模型，验证模型是否满足用户对目标系统的需求，并在设计过程中逐渐把和实现有关的细节加进模型中，直至最终用程序实现模型。模型为大量的、无从下手的信息提供了一种有效的组织机制。

模型一旦被建立，就要经受用户和各个领域专家的严格审查。由于模型具有规范化和系统化的特点，因此特别容易暴露出系统分析人员对于目标系统认识的片面性和不一致性。这些错误通过不断的审查和修改，就可以提前被清理，而不至于成为目标系统中的错误。

用面向对象的方法开发软件的关键在于按照人们习惯的思维方式，用面向对象的观点建立问题域的模型，这样才能开发出尽可能自然地表现求解方法的软件。

用面向对象方法开发软件，通常需要建立 3 种形式的模型，分别是描述系统数据结构的对象模型、描述系统控制结构的动态模型和描述系统功能的功能模型。这 3 种模型都涉及数据、控制和操作等共同的概念，只不过每种模型描述的侧重点不同。它们从各个不同侧面反映了系统的实质性内容，综合起来即全面反映了对目标系统的需求。

对任何一个大型目标系统来说，上述 3 种系统模型都是必不可少的，但是在不同的应用问题中，这 3 种模型的相对重要程度会有所不同，但是，用面向对象方法开发软件，在任何情况下，对象模型始终都是最重要、最关键、最基本、最核心的。在第 8 章中我们将详细介绍这 3 种模型。

本章小结

面向对象方法的本质是通过建模的方式帮助人们完成分析、设计与实现一个软件系统，提倡用人类在现实生活中常用的思维方法来认识、理解和描述客观事物，强调最终建立的系统能映射问题域，使得系统中的对象以及对象之间的关系能够如实地反映问题域中固有的事物及其关系。面向对象方法的关键工作，是分析、确定问题域中的对象及对象间的关系，并建立描述系统数据结构的对象模型、描述系统控制结构的动态模型和描述系统功能的功能模型。用面向对象观点建立系统的模型，能够促进和加深对系统的理解，有助于开发出更容易理解、更容易维护的软件。

习题

1. 面向对象方法中属性和方法的概念分别是什么？
2. 简述面向对象软件开发方法的优点。
3. 什么是面向对象模型？
4. 什么是动态模型？
5. 什么是功能模型？

第 8 章 面向对象分析

学习目标

基本要求：理解面向对象分析的基本过程；结合案例掌握几种特殊模型的构建过程。

重点：建立对象模型、动态模型、功能模型。

难点：对象模型构建中确定和筛选类与对象；分析确定类与对象之间的关联。

面向对象软件工程主要包括面向对象的分析、面向对象的设计、面向对象的实现这三大方面。而自软件工程问世以来，随着计算机科学技术的进步和人们对软件认识的不断加深，先后出现了多种分析与设计方法。不同的方法基于不同的概念来建立系统的分析模型和设计模型，并给出了不同的过程策略。本章将简单介绍各种分析模型的构建，帮助理解面向对象的分析过程。

8.1 分析的基本过程

不论采用哪种方法开发软件，分析的过程都是提取系统需求的过程。分析工作主要包括 3 项内容，这就是理解、表达和验证。首先，系统分析员通过与用户及领域专家的充分交流，力求完全理解用户需求和该应用领域中的关键性的背景知识，并用某种无二义性的方式把这种理解表达成文档资料，分析过程得出的最重要的文档资料是软件需求规格说明书。

面向对象分析（OOA）的关键是识别出问题域内的类与对象，并分析它们相互间的关系，最终建立起问题域的简洁、精确、可理解的正确模型。面向对象分析的结果就是多种模型，主要包括对象模型、动态模型和功能模型。在这三种模型中，对象模型是最基本、最重要、最核心的。

面向对象分析，就是抽取和整理用户需求并建立问题域精确模型的过程。

通常，面向对象分析过程从分析陈述用户需求的文件开始。可能由用户单方面写出需求描述，也可能由系统分析员配合用户，共同写出需求描述。当软件项目采用招标方式确定开发单位时，“标书”往往可以作为初步的需求描述。

接下来，系统分析员应该深入理解用户需求，抽象出目标系统的本质属性，并用模型准确地表示出来。用自然语言书写的需求描述通常是有二义性的，内容往往不完整、不一致。分析模型应该对问题的精确而又简洁的表示。后继的设计阶段将以分析模型为基础。更重要的是，通过建立分析模型能够纠正在开发早期对问题域的误解。

8.1.1 问题分析的目标模型

如上所述，面向对象建模得到的模型包含系统的 3 个子模型，即静态结构（对象模型）、交互次序（动态模型）和数据变换（功能模型）。解决的问题不同，这 3 个子模型的重要程度也不同。

几乎解决任何一个问题，都需要从客观世界实体及实体间相互关系抽象出极有价值的对象模型；当问题涉及交互作用和时序时（例如，用户界面及过程控制等），动态模型是重要的；解决运算量很大的问题（例如，高级语言编译、科学与工程计算等），则涉及重要的功能模型。动态模型和功能模型中都包含了对象模型中的操作（即服务或方法）。对象模型是 3 个模型中最关键的一个模型，它的作用是描述系统的静态结构。包括构成系统的类和对象、它们的属性和操作，以及它们之间的联系。

在接下来的内容中，我们将依次讨论对象模型、动态模型和功能模型的构建。

8.1.2　面向对象分析的主要概念及表示法

统一建模语言（Unified Modeling Language，UML）是一种为面向对象系统的产品进行说明、可视化和编制文档的标准语言，是面向对象设计的建模工具，独立于任何具体程序设计语言。在本书中，我们将使用 UML 语言为面向对象分析相关的主要概念进行说明。

1. 类 -&- 对象

对象是问题域中事物的抽象或者是问题域中事物实现的抽象，它是属性值及其相应服务的一种封装，对象也称为实例；类是一个或多个对象的描述；“类 -&- 对象”指的是一个类和属于该类的对象。

“类 -&- 对象”的符号为长方形，如图 8.1 所示，用两条横线把长方形分成上、中、下 3 个区域（下面两个区域可省略），3 个区域分别放类的名字、属性和方法。

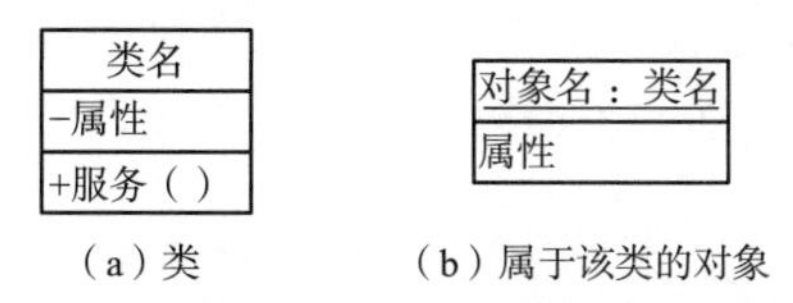

图 8.1　UML 语言中“类 -&- 对象”的符号表示法

2. 结构

在任何一个问题域中，事件之间并不是互不相关、互相独立的，因此不仅要用对象描述问题域中的事物，而且还要对象之间的关系来描述事物之间的联系。对象之间有以下几种关系：

- 对象之间的分类关系；
- 对象之间的组装关系；
- 对象属性之间的静态连接；
- 对象行为之间的动态连接。

对象的分类和组装关系可以分为一般 / 特殊结构和整体 / 部分结构两种。

一般 / 特殊结构（分类结构）是一种“is a”结构。例如，飞机与交通工具都是类，飞机是一种特殊的交通工具。他们之间就是“is a”的关系。上层类体现一般性和共性，下层类体现特殊性和具体性。一般 / 特殊结构的符号如图 8.2 所示，一般类放在顶端，特殊类放在下端，用线把它们连起来，空心三角形表示这是一个一般 / 特殊结构。

整体 / 部分结构（组装结构）是“has a”结构。例如，飞机和发动机都是类，发动机是飞机的一部分，他们之间就是“has a”的关系。上层类表示整体，下层类表示成员。整体 / 部分结构的符号如图 8.3 所示，整体类在顶端，成员类在下端，用线把它们连起来，实心三角形表示这是一个整体 / 部分结构。

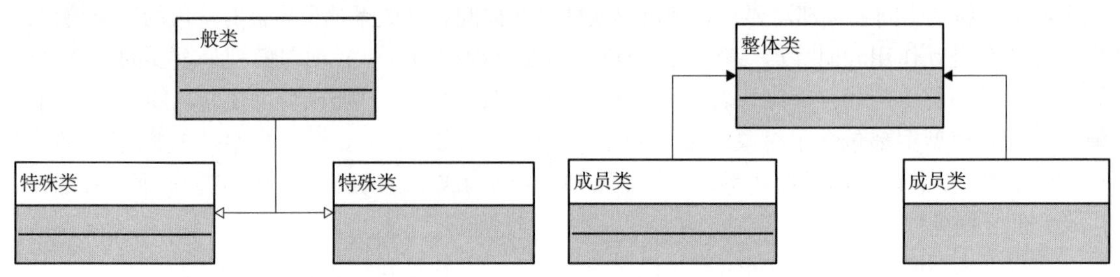

图 8.2　UML 语言中一般 / 特殊结构的符号表示法　　图 8.3　UML 语言中整体 / 部分结构的符号表示法

3. 连接

对象的属性与属性之间、行为和行为之间的也存在各种联系，我们把这种联系称为连接。连接包括实例连接和消息连接。它们的符号表示如图 8.4 所示。

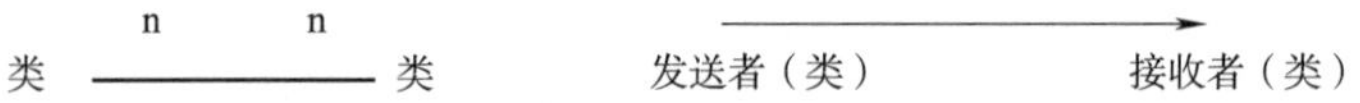

类 ——n———n—— 类　　　发送者（类）——→ 接收者（类）

（a）实例连接的符号表示　　（b）消息连接的符号表示

图 8.4　UML 语言中连接的符号表示法

实例连接反映了对象与对象间的静态关系。例如，教师与学生间的关系。这种关系的实现可以通过对象的属性表达出来，这种关系称为实例连接。

消息连接描述对象之间的动态联系，如果一个对象在执行方法时，需要通过消息请求另一个对象为它完成某个方法，则称第一个对象与第二个对象之间存在着消息连接。消息连接是有向的，从消息发送者指向消息接收者。

4. 主题

主题指导读者理解大型而复杂的对象模型。在初步面向对象分析的基础上，主题有助于分解大型项目以便成立工作小组承担不同的主题。也就是说，通过划分主题，将一个大型、复杂的对象分解成几个小的、不同的概念范畴。图 8.5 列出了主题的两种表示方法。

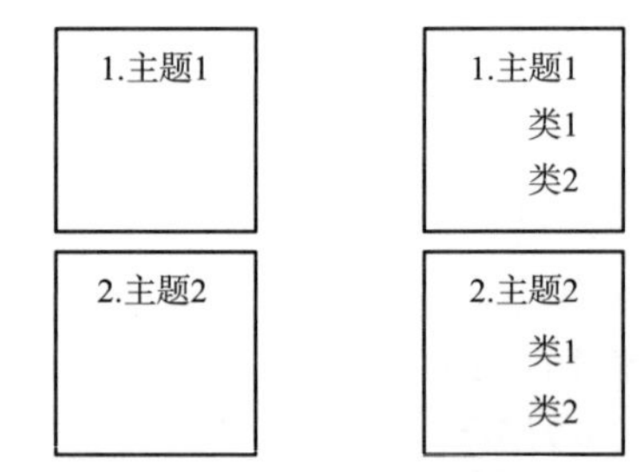

（a）主题的简单表示　（b）主题的扩展表示

图 8.5　主题的两种表示

5. 封装性

封装是一种信息隐蔽技术，用户只能见到对象封装界面上的信息，把对象的实现细节对外界隐藏起来。封装有两个含义：第一个含义是把对象的全部属性和全部方法结合在一起，形成一个不可分割的独立单位（即对象）。第二个含义也称作信息隐蔽，即尽可能隐蔽对象的内部细节，对外形成一个边界，只保留有限的对外接口使之与外部发生联系。

封装的条件为

（1）一个清晰的边界，所有对象的内部软件的范围被限定在这个边界内；

（2）确定的接口，这个接口描述这个对象和其他对象之间相互的作用；

（3）受保护的内部实现，这个实现给出了由软件对象提供的功能的细节，这些只能通过定义这个对象的类所提供的方法进行访问。

6. 多态性

多态性是指相同操作的消息发送给不同的对象时，每个对象将根据自己所属类中所定义的操作去执行，而产生不同的结果。即在类等级的不同层次中可以共享（公用）一个行为（方法）的名字，然而不同层次中的每个类却各自按自己的需要来实现这个行为。当对象接收到发送给它的消息时，根据该对象所属于的类动态选用在该类中定义的实现算法。

例如，在父类“几何图形”中定义了一个操作“绘图”，它的子类“椭圆”和“矩形”都继承了“几何图形”的“绘图”操作。同是“绘图”操作，分别作用在“椭圆”和“矩形”上，却绘制出不同的图形。

多态性允许每个对象以适合自身的方式去响应共同的消息，这样就增强了操作的透明性，可理解性和可维护性。与多态性密切相关的有两个概念。

（1）重载：对子类中继承来的属性或者操作进行重新定义。重载有两种形式：

- 函数重载是指在同一作用域内的若干个参数特征不同的函数可以使用相同的函数名。
- 运算符重载是指同一个运算符可以施加在不同类型的操作数上面。

在 C++ 中函数重载是根据函数参数的个数和类型决定使用哪个程序代码的，运算符重载是根据被操作数的类型，决定使用运算符的哪种语义。

（2）动态绑定：在运行时根据对象所接收的消息，动态地确定要连接哪一段方法代码。

8.1.3　面向对象分析的主要原则

面向对象分析是面向对象的软件开发过程中直接接触问题域的阶段，尽可能全面地运用抽象、封装、继承、分类、聚合、关联、消息通信、粒度控制、行为分析等这些原则完成高质量、高效率的分析。下面逐一介绍这些原则的概念和特征。

1. 抽象

抽象是十分复杂的活动，但大体上仍然有序，抽象是人类认识复杂世界的基本方法。在面向对象的技术当中，抽象方法就是发现对象的基本方法。

在现实世界中，任何事物之所以能够被分类，主要是因为同一类的事物表现出相似性，根据用户的思考角度，在一个较高的层次上，关注共性，忽略不同的个性，这样，就可以得到事物的抽象。面向对象分析中的类就是抽象得到的。例如，系统中的对象是对现实世界中事物的抽象；类是对象的抽象；一般类是对特殊类的进一步抽象；属性是事物静态特征的抽象；服务是事物动态特征的抽象。但是要注意的是，抽象不仅关注事物的本质，还关注观察问题的角度。不同类型系统中的同一对象，我们需要关注其不同的属性和行为。

2. 分类

分类就是把具有相同属性和服务的对象划分为一类，用类作为这些对象的抽象描述。

分类原则实际上是抽象原则运用于对象描述时的一种表现形式。在面向对象分析中，所有的对象都是通过类来描述的。对属于同一个类的多个对象并不进行重复描述，而是以类为核心来描述它所代表的全部对象。运用分类原则也意味着通过不同程度的抽象而形成一般 / 特殊结构，一般类比特殊类的抽象程度更高。

3. 聚合

聚合的原则是把一个复杂的事物看成若干比较简单的事物的组装体，从而简化对复杂事物的描述。

在面向对象分析中运用聚合原则就是要区分事物的整体和它的组成部分，分别用整体对象和部分对象来进行描述，形成一个整体/部分结构，以清晰地表达它们之间的组成关系。例如，空调的一个部件是压缩机，在面向对象分析中可以把空调作为整体对象，把压缩机作为部分对象，通过整体/部分结构表达它们之间的组成关系（空调带有一个压缩机，或者说压缩机是空调的一部分）。

4. 关联

关联又称组装，它是人类思考问题时经常运用的思想方法，通过一个事物联想到另外的事物。能使人发生联想的原因是事物之间确实存在着某些联系。

在面向对象分析中运用关联原则就是在系统模型中明确地表示对象之间的静态联系。例如，一个学校的教师和班级之间存在着这样一种联系：某教师能教某几个班的课（或者说，某个班允许某些教师来教）。如果这种联系信息是系统功能所需要的，则要求在面向对象分析模型中通过实例连接明确地表示这种联系。

5. 消息通信

这一原则要求对象之间只能通过消息进行通信，而不允许在对象之外直接地存取对象内部的属性。通过消息进行通信是由于封装原则而引起的。在面向对象分析中要求用消息连接表示出对象之间的动态联系。

6. 粒度控制

人们在研究一个问题域时既需要微观的思考，也需要宏观的思考。例如，在设计一座大楼时，宏观的问题有大楼的总体布局，微观的问题有房间的管线安装位置。设计者需在不同粒度上进行思考和设计，并向施工者提供不同比例的图纸。一般来讲，人在面对一个复杂的问题域时，不可能在同一时刻既能纵观全局，又能洞察秋毫。因此需要控制自己的考虑范围：考虑全局时，注重其大的组成部分，暂时不需要详细考察每一部分的具体的细节；而考虑某部分的细节时则暂时撇开其余的部分。这就是粒度控制原则。

在面向对象分析中运用粒度控制原则就是引入主题的概念，把面向对象分析模型中的类按一定的规则进行组合，形成一些主题，如果主题数量仍较多，则进一步组合为更大的主题。这样使面向对象分析模型具有大小不同的粒度层次，从而有利于分析员和读者对复杂性的控制。

7. 行为分析

现实世界中事物的行为是复杂的。由大量的事物所构成的问题域中各种行为往往相互依赖、相互交织。控制行为复杂性的原则有以下几点：

- 确定行为的归属和作用范围；
- 认识事物之间行为的依赖关系；
- 认识行为的起因，区分主动行为和被动行为；
- 认识系统的并发行为；
- 认识对象状态对行为的影响。

8.1.4 面向对象分析过程

面向对象分析首要的工作是建立问题域的对象模型。这个模型描述了现实世界中的“类与对象”以及它们之间的关系，也表示了目标系统的静态数据结构。静态数据结构对应用细节依赖较少，比较容易确定；当用户的需求变化时，静态数据结构相对来说比较稳定。因此，用面向对象方法开发绝大多数软件时，首先都建立对象模型，然后再建立另外两个子模型。

面向对象分析过程包括以下主要活动：

（1）发现对象、定义它们的类。

（2）识别对象的内部特征，包括定义属性和服务。

（3）识别对象的外部关系，包括建立一般 / 特殊结构、建立整体 / 部分结构、建立实例连接和建立消息连接。

注意：以上活动的总目标是建立面向对象分析基本模型——类图。这里所说的对象是对数据及其处理方式的抽象，它反映了系统保存和处理现实世界中某些事物的信息的能力。类是多个对象的共同属性和方法集合的描述，它包括如何在一个类中建立一个新对象的描述。结构是指问题域的复杂性和连接关系。类成员结构反映了泛化 / 特化关系，整体 / 部分结构反映整体和部分之间的关系。

（4）划分主题，建立主题图。主题是指事物的总体概貌和总体分析模型。

（5）建立事件跟踪图、状态图、系统模型图和数据流图等。

（6)定义服务，建立详细说明。这是对 3 种模型的详细定义与解释，可以作为一个独立的活动，更自然的做法是分散在其他活动之中。

（7）原型开发，这项活动可在面向对象分析过程中反复进行。

以上从（1）到（7）各个活动以及它们的子活动，没有特定的次序要求，并且可以交互进行，分析员可以按照自己的工作习惯决定采用什么次序以及如何交替进行。

8.2 对象模型的构建

我们在构建对象模型时，通常从 5 个层次出发，主题层、类 -&- 对象层、结构层、属性层、服务层。如图 8.6 所示，每一个层次从不同的角度将对象模型更细化、更具体化。

主题层：主题层给出分析模型的总体概况，是控制开发人员在同一时间所能考虑的模型规模的机制。

类 -&- 对象层：对象是数据及其处理的抽象，它反映了类保存有关信息和与现实世界交互的能力。

结构层：结构层表示问题域的复杂度，一般 / 特殊结构反映了从一般到特殊的关系，整体 / 部分结构反映了整体到部分的关系。

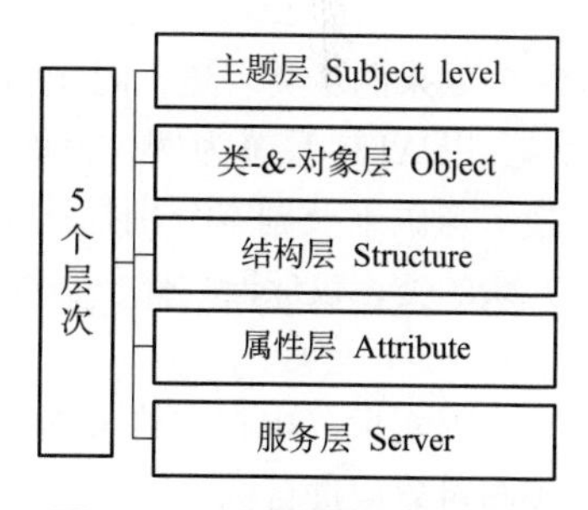

图 8.6　对象模型的 5 个层次

属性层：属性是数据元素，用来描述对象或结构的实例，可在类图中给出对象的属性。

服务（方法）层：服务是接收到消息后必须执行的一系列处理，可在类图中标明它并在对象的存储中指定。

因此，根据对象模型的 5 个层次，我们可以得出建立对象模型的 4 个典型步骤：

（1）确定对象类和关联。对于大型复杂问题还要进一步划分出若干个主题；

（2）给类和关联增添属性。以进一步描述它们；

（3）划分主题。主题是指导开发人员观察整个模型的机制；

（4）设计继承关系。利用适合的继承关系进一步合并和组织类。

8.2.1　确定类与对象

类与对象是客观存在的。系统分析员的首要任务就是找出所有候选的类与对象，然后从中去掉不正确的或不必要的。

1. 找出候选的类与对象

对象是问题域中有意义的事物的抽象，它们既可能是物理实体，也可能是抽象概念。具体地说，大多数客观事物可分为下述 5 类：

（1）可感知的物理实体，例如，飞机、汽车、书、房屋等。

（2）人或组织的角色，例如，医生、教师、雇主、雇员、计算机系、财务处等。

（3）应该记忆的事件，例如，飞行、演出、访问、交通事故等。

（4）两个或多个对象的相互作用，通常具有交易或接触的性质，例如，购买、纳税、结婚等。

（5）需要说明的概念，例如，政策、保险政策、版权法等。

另一种非正式分析方法以用自然语言书写的需求描述为依据。把陈述中的名词作为类与对象的候选者，把形容词作为确定属性的线索，把动词作为方法的候选者。例如，银行、自动取款机（ATM）、系统、中央计算机、分行计算机、柜员终端、网络、总行、分行、软件、成本、市、街道、营业厅、储蓄所、柜员、储户、现金、支票、账户、事务、现金兑换卡、余额、磁卡、分行代码、卡号、用户、副本、信息、密码、类型、取款额、账单、访问等。

分析员还应该根据领域知识或常识进一步把隐含的类与对象提取出来。例如，在 ATM 系统的需求描述中提取“通信链路”和“事务日志”。

2. 筛选出正确的类与对象

非正式分析仅仅找到一些候选的类与对象，下面应该严格考察每个候选对象，从中去掉不正确的或不必要的，仅保留确实应该记录其信息或需要其提供方法的那些对象。

筛选时主要依据下列标准，删除不正确或不必要的类与对象。

（1）冗余。

如果两个类表达了同样的信息，则应该保留在此问题域中最富于描述力的名称。

以 ATM 系统为例，上面用非正式分析法得出了 34 个候选的类，其中储户与用户，现金兑换卡与磁卡及副本分别描述了相同的两类信息，因此，应该去掉“用户”“磁卡”“副本”等冗余的类，仅保留“储户”和“现金兑换卡”这两个类。

（2）无关。

现实世界中存在许多对象，不能把它们都纳入到系统中去，仅需要把与本问题密切相关的类与对象放进目标系统中。

以 ATM 系统为例，这个系统并不处理分摊软件开发成本的问题，而且 ATM 和柜员终端放置的地点与本软件的关系也不大。因此，应该去掉候选类“成本”“市”“街道”“营业厅”和“储蓄所”。

（3）笼统。

在需求描述中常常使用一些笼统的、泛指的名词，要么系统无须记忆有关它们的信息，要么在需求描述中有更明确更具体的名词对应它们所暗示的事务。

以 ATM 系统为例，“银行”实际指总行或分行，“访问”在这里实际指事务，“信息”的具体内容在需求描述中随后就指明了。此外还有一些笼统含糊的名词。总之，在本例中应该去掉“银行”“网络”“系统”“软件”“信息”“访问”等候选类。

（4）属性。

在需求描述中有些名词实际上描述的是其他对象的属性。

在 ATM 系统的例子中，“现金”“支票”“取款额”“账单”“余额”“分行代码”“卡号”“密码”“类型”等，实际上都应该作为属性对待。

（5）操作。

在需求描述中有时可能使用一些既可作为名词，又可作为动词的词。

例如：谈到电话时通常把“拨号”当作动词，当构建电话模型时确实应该把它作为一个操作，而不是一个类。但是，在开发电话的自动记账系统时，“拨号”需要有自己的属性（如日期、时间、受话地点等），因此应该把它作为一个类。

（6）实现。

在分析阶段不应该过早地考虑怎样实现目标系统。因此，应该去掉和实现有关的候选的类与对象。

在 ATM 系统的例子中，“事务日志”无非是对一系列事务的记录，它的确切表示方式是面向对象设计的议题；“通信链路”在逻辑上是一种联系，在系统实现时它是关联类的物理实现。总之，应该暂时去掉“事务日志”和“通信链路”这两个类，在设计或实现时再考虑它们。

综上所述，在 ATM 系统的例子中，经过初步筛选，剩下的类与对象为 ATM、中央计算机、分行计算机、柜员终端、总行、分行、柜员、储户、账户、事务、现金兑换卡。

8.2.2　确定关联

两个或多个对象之间的相互依赖、相互作用的关系就是关联。分析确定关联，能促使分析员考虑问题域的边缘情况，有助于发现那些尚未被发现的类与对象。在分析确定关联的过程中，不必花过多的精力去区分关联和聚集。

1. 初步确定关联

需求描述中的描述性动词或动词词组，通常表示关联。

以 ATM 系统为例，经过分析初步确定出下列关联：

（1）直接提取动词短语得出的关联。

- ATM、中央计算机、分行计算机及柜员终端组成网络。
- 总行拥有多台 ATM。
- ATM 设在主要街道上。
- 分行提供分行计算机和柜员终端。
- 柜员终端设在分行营业厅及储蓄所内。
- 分行分摊软件开发成本。
- 储户拥有账户。
- 分行计算机处理针对账户的事务。
- 分行计算机维护账户。
- 柜员终端与分行计算机通信。
- 柜员输入针对账户的事务。
- ATM 与中央计算机交换关于事务的信息。
- 中央计算机确定事务与分行的对应关系。
- ATM 读现金兑换卡。
- ATM 与用户交互。
- ATM 吐出现金。
- ATM 打印账单。
- 系统处理并发的访问。

（2）需求描述中隐含的关联。

- 总行由各个分行组成。
- 分行保管账户。
- 总行拥有中央计算机。
- 系统维护事务日志。
- 系统提供必要的安全性。
- 储户拥有现金兑换卡。

（3）根据问题域知识得出的关联。

- 现金兑换卡访问账户。
- 分行雇用柜员。

2. 筛选

经初步分析得出的关联只能作为候选的关联，还需经过进一步筛选，主要依据如下：

（1）已删去的类之间的关联。

如果已经删掉的候选类，则与这个类有关的关联也应该删去，或用其他类重新表达这个关联。

由于已经删去了“系统”“网络”“市”“街道”“成本”“软件”“事务日志”“现金”“营业厅”“储蓄所”“账单”等候选类，因此，与这些类有关的下列 8 个关联也应该删去：

- ATM、中央计算机、分行计算机及柜员终端组成网络。
- ATM 设在主要街道上。
- 分行分摊软件开发成本。
- 系统提供必要的安全性。
- 系统维护事务日志。
- ATM 吐出现金。
- ATM 打印账单。
- 柜员终端设在分行营业厅及储蓄所内。

（2）与问题无关的或应在实现阶段考虑的关联。

应该把处在本问题域之外的关联或与实现密切相关的关联删去。例如，在 ATM 系统的例子中，“系统处理并发的访问”并没有标明对象之间的新关联，它只不过提醒我们在实现阶段需要使用实现并发访问的算法，以处理并发事务。

（3）瞬时事件。

关联应该描述问题域的静态结构，而不应该是一个瞬时事件。

以 ATM 系统为例，“ATM 读现金兑换卡”描述了 ATM 与用户交互周期中的一个动作，它并不是 ATM 与现金兑换卡之间的固有关系，因此应该删去。类似地，还应该删去“ATM 与用户交互”。

如果用动作表述的需求隐含了问题域的某种基本结构，则应该用适当的动词词组重新表示这个关联。

例如，在 ATM 系统的需求描述中，“中央计算机确定事务与分行的对应关系”隐含了“中央计算机与分行通信”的关系。

（4）三元关联。

三个或三个以上对象之间的关联，大多可以分解为二元关联或用词组描述成限定的关联。

例如，“柜员输入针对账户的事务”可以分解成“柜员输入事务”和“事务修改账户”这样两个二元关联。而“分行计算机处理针对账户的事务”也可以做类似的分解。“ATM 与中央计算机交换关于事务的信息”这个候选的关联，实际上隐含了“ATM 与中央计算机通信”和“在 ATM 上输入事务”这两个二元关联。

（5）派生关联。

应该去掉那些可以用其他关联定义的冗余关联。

例如，在 ATM 系统的例子中，“总行拥有多台 ATM”实质上是“总行拥有中央计算机”和“ATM 与中央计算机通信”这两个关联组合的结果。而“分行计算机维护账户”的实际含义是“分行保管账户”和“事务修改账户”。

3. 进一步完善

应该进一步完善经筛选后余下的关联，通常从下述几个方面进行改进：

（1）正名。好的名字是帮助读者理解的关键因素之一。因此，应该选择含义更明确的名称作为关联名。例如，“分行提供分行计算机和柜员终端”应改为“分行拥有分行计算机”和“分行拥有柜员终端”。

（2）分解。为了能够适用于不同的关联，必要时应该分解以前确定的类与对象。例如，在 ATM 系统中，应该把“事务”分解成“远程事务”和“柜员事务”。

（3）补充。在分析过程中遗漏的关联就应该及时补上。例如，在 ATM 系统中把“事务”分解成上述两类之后，需要补充“柜员输入柜员事务”“柜员事务输进柜员终端”“在 ATM 上输入远程事务”和“远程事务由现金兑换卡授权”等关联。

（4）标明重数。初步判定各个关联的类型，并粗略确定关联的重数。

图 8.7 是经上述分析过程之后得出的 ATM 系统原始的类图。

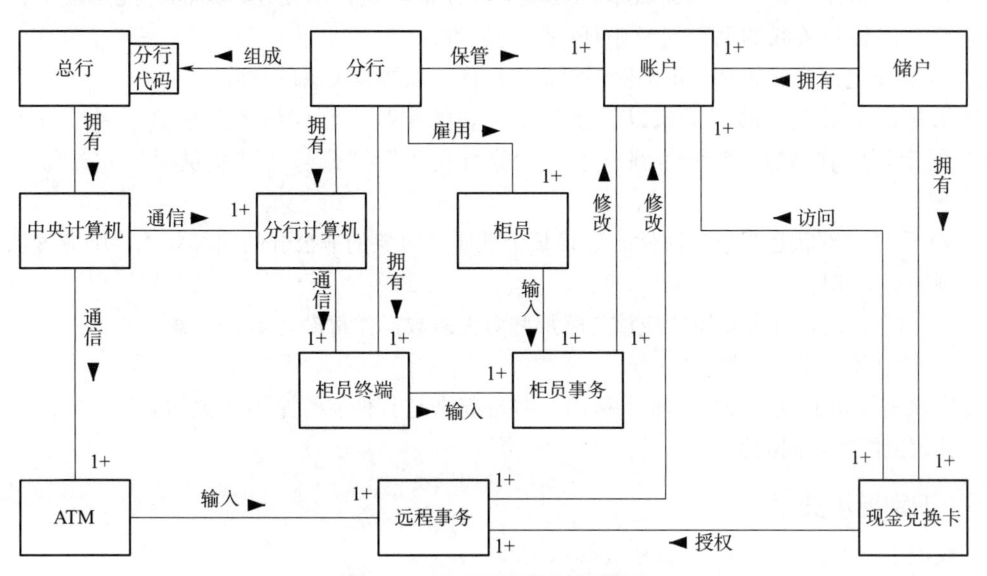

图 8.7　ATM 系统原始的类图

8.2.3 划分主题

划分主题的原则为使不同主题内的对象相互间依赖和交互最少。

以ATM系统为例，可以把它划分成总行（包含总行和中央计算机这两个类）、分行（包含分行、分行计算机、柜员终端、柜员事务、柜员和账户等类）和ATM（包含ATM、远程事务、现金兑换卡和储户等类）等3个主题。

8.2.4 确定属性

属性是对象的性质。确定属性的过程包括分析和选择两个步骤。一般来说，分析强调对象的外观或功能，选择则强调目标系统的需求。

1. 分析

在需求描述中往往用名词词组表示属性。

例如，“汽车的颜色”或“光标的位置”。往往用形容词表示可枚举的具体属性值，例如，“红色的”“打开的”。

分析员还必须借助于领域知识和常识才能分析得出需要的属性。分析员应该仅考虑与具体应用直接相关的属性，不要考虑那些超出所要解决的问题范围的属性。在分析过程中应该首先找出最重要的属性，以后再逐渐把其余属性增加进去。这种分析方法称为迭代。

2. 选择

认真考察经初步分析而确定下来的那些属性，从中删掉不正确的或不必要的属性。

一般不正确的属性有如下几种情况：

（1）误把对象当作属性。如果某个实体的独立存在比它的值更重要，则应把它作为一个对象。在具体应用领域中具有自身性质的实体，必然是对象。

（2）误把关联类的属性当作一般对象的属性。如果某个性质依赖于某个关联类，则该性质是关联类的属性。在多对多关联中，关联类属性很明显，即使在以后的开发阶段中，也不能把它归并成相互关联的两个对象中任一个的属性。

（3）把限定误当成属性。正确使用限定词往往可以减少关联的重数。

如果把某个属性值固定下来以后能减少关联的重数，则应该考虑把这个属性重新表述成一个限定词。在ATM系统的例子中，“分行代码”“账号”“雇员号”“站号”等都是限定词。

（4）误把内部状态当成了属性。如果某个性质是对象的非公开的内部状态，则应该从对象模型中删掉这个属性。

（5）过于细化。在分析阶段应该忽略那些对大多数操作都没有影响的属性。

（6）存在不一致的属性。

类应该是简单而且一致的。如果得出一些看起来与其他属性毫不相关的属性，则应该考虑把该类分解成两个不同的类。

8.2.5 识别继承关系

一般说来，可以使用两种方式建立继承关系：

1. 自底向上

抽象出现有类的共同性质泛化出父类，这个过程实质上模拟了人类归纳思维过程。

如在 ATM 系统中，“远程事务”和“柜员事务”是类似的，可以泛化出父类“事务”；类似地，可以从“ATM”和“柜员终端”泛化出父类“输入站”。

自底向上也称为从特殊类发现一般类。

2. 自顶向下

把现有类细化成更具体的子类，这模拟了人类的演绎思维过程。

利用多重继承可以提高共享程度，但是同时也增加了概念上以及实现时的复杂程度。使用多重继承机制时，通常应该指定一个主要父类，从它继承大部分属性和行为；次要父类只补充一些属性和行为。

8.2.6　反复修改

软件开发过程是一个迭代的过程，建模过程同理。面向对象的概念和符号在整个开发过程中都是一致的，更容易实现反复修改、逐步完善。有些细化工作是在建立了动态模型和功能模型之后才进行的。建模的步骤并不一定严格按照前面讲述的次序进行。

反复修改时可以从以下几个常见的特殊方面着手：

（1）取消没有特殊属性的特殊类。在一般 / 特殊结构中，特殊类没有自己特殊的属性和操作。如图 8.8 所示。

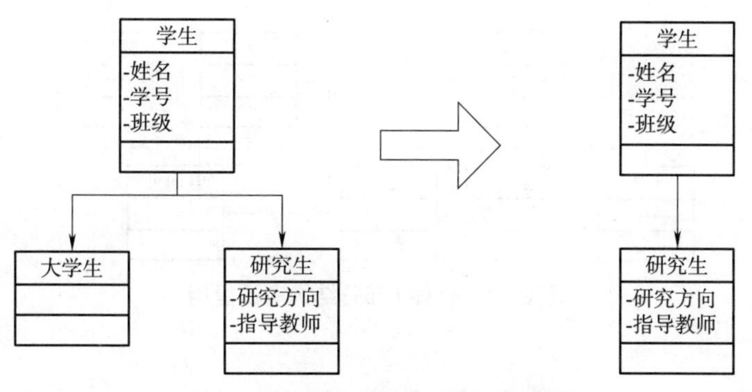

图 8.8　取消没有特殊属性的特殊类

（2）通过增加属性简化一般 / 特殊结构。某些特殊类之间的差别可以由一般类的某个属性值来体现，而且除此之外，没有更多的不同。如图 8.9 所示。

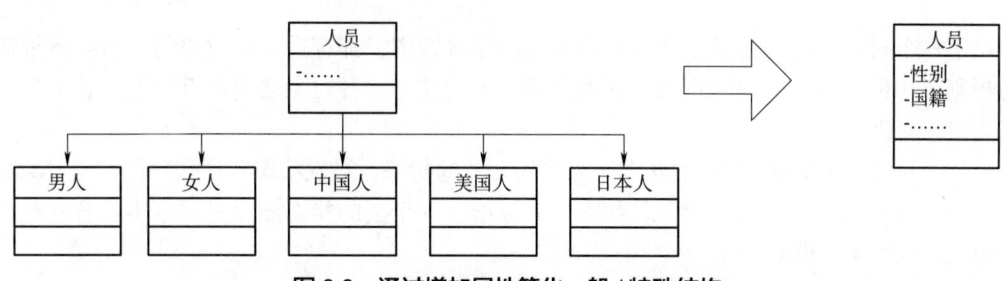

图 8.9　通过增加属性简化一般 / 特殊结构

（3）特殊结构到简化结构这两种结构的变通。取消用途单一的一般类，减少继承层次。如图 8.10 所示。

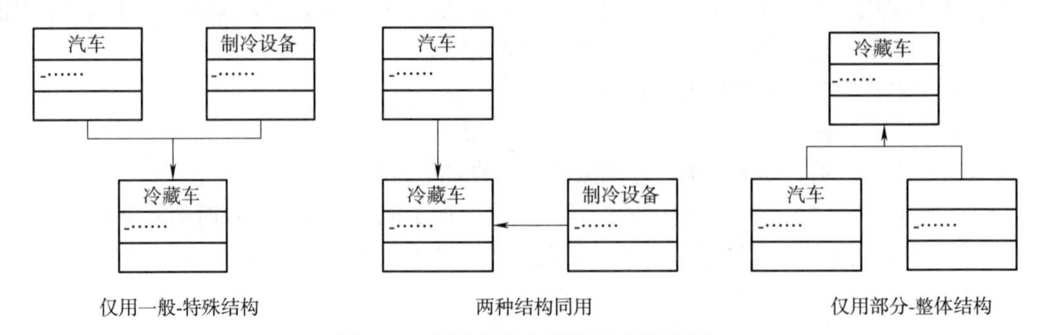

图 8.10　特殊结构与简化结构的变通

（4）用整体 / 部分结构实现复用。在以下两种情况下都可以运用整体 / 部分结构而实现或支持复用：一种情况是在两个或更多的对象类中都有一组属性和方法描述这些对象的一个相同的组成部分。把它们分离出来作为部分对象，建立整体 / 部分结构，这些属性和方法就被多个类复用，从而简化了它们的描述。另一种情况是系统中已经定义了某类对象，在定义其他对象时，发现其中一组属性和方法与这个已定义的对象是相通的，那就不必再重复地定义这些属性与方法，只需建立它与前一类对象之间的整体 / 部分结构。如图 8.11 所示。

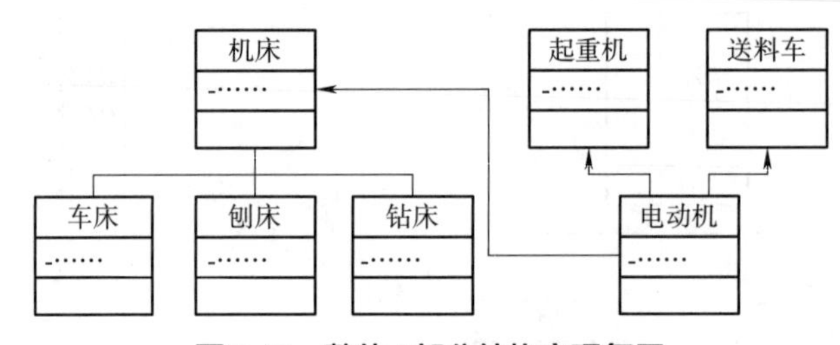

图 8.11　整体 / 部分结构实现复用

8.3 动态模型的构建

动态模型表示瞬时的、行为化的系统的控制性质，它规定了对象模型中的对象的合法变化序列。

对于一个对象来说，在其生命周期的每个特定阶段中，都有适合该对象的一组运行规律和行为规则，用以规范该对象的行为。这就是该对象的状态。各对象之间相互触发，就形成了一系列的状态变化。

通常，我们使用 UML 提供的状态图来描绘对象的状态，触发状态转换的事件以及对象的行为，其中，每个类的动态行为用一张状态图来描绘，各个类的状态图通过共享事件合并起来，从而构成系统的动态模型。

在开发交互式系统时，动态模型起着重要作用，构建动态模型的步骤如下：

（1）编写典型交互行为的脚本。虽然脚本中不可能包括每个偶然事件，但是，至少必须保证不遗漏常见的交互行为。

（2）从脚本中提取出事件。确定触发每个事件的动作对象以及接收事件的目标对象。

（3）排列事件发生的次序。确定每个对象可能有的状态及状态间的转换关系，并用状态图描绘它们。

（4）比较各个对象的状态图。检查它们之间的一致性，确保事件之间的匹配。

8.3.1 编写脚本

所谓“脚本”，原意是指表演戏曲、话剧，拍摄电影、电视剧等所依据的本子，里面记载台词、故事情节等。在建立动态模型的过程中，脚本是指系统在某一执行期间内出现的一系列事件。

脚本描述用户与目标系统之间的一个或多个典型的交互过程，以便对目标系统的行为有更具体的认识。编写脚本有助于确保整个交互过程的正确性的和清晰性。

编写脚本时，首先，编写正常情况的脚本。然后，考虑特殊情况，例如，输入或输出的数据为最大值（或最小值）。最后，考虑出错情况。

例如，输入的值为非法值或响应失败。对大多数交互式系统来说，出错处理都是最难实现的部分。如果可能，应该允许用户异常中止一个操作或取消一个操作。此外，还应该提供如帮助和状态查询之类的在基本交互行为之上的“通用”交互行为。

脚本描述事件序列。每当系统中的对象与用户交换信息时，就发生一个事件。所交换的信息值就是该事件的参数（例如，“输入密码”事件的参数是所输入的密码）。也有许多事件是无参数的，这样的事件仅传递一个信息——该事件已经发生了。

对于每个事件，都应该指明触发该事件的动作对象（例如，系统、用户或其他外部事物）、接受事件的目标对象以及该事件的参数。

8.3.2 设想用户界面

大多数交互行为都可以分为应用逻辑和用户界面两部分。通常，系统分析员首先集中精力考虑系统的信息流和控制流，而不是首先考虑用户界面。

但事实上，采用不同界面（例如，命令行或图形用户界面），可以实现同样的程序逻辑。

开发人员在编写脚本之后，将快速地构造出一个能够反映用户需求的初始系统模型，让用户看到未来系统概貌，以便判断脚本中哪些事件是符合要求的，哪些是还需要改进的。这就是通常我们提到的快速原型法。

8.3.3 绘制事件跟踪图

完整、正确的脚本为建立动态模型奠定了必要的基础。

为了有助于建立动态模型，通常在绘制状态图之前先绘制出事件跟踪图。为此首先需要进一步明确事件及事件与对象的关系。

1. 确定事件

仔细分析每个脚本，以便从中提取出所有外部事件。事件包括系统与用户交互的所有信号、输入、输出、中断、动作等。从脚本中容易找出正常事件，但是不要遗漏了异常事件和出错条件。

传递信息的对象的动作也是事件。例如，储户插入现金兑换卡、储户输入密码、ATM 吐出现金等都是事件。大多数对象到对象的交互行为都对应着事件。应该把对控制流产生相同效果的事件组合在一起作为一类事件，并给它们取一个唯一的名字。例如，“吐出现金”是一个事件类，尽管这类事件中的每个个别事件的参数值不同（吐出的现金数额不同），然而这并不影响控制流。

2. 绘制出事件跟踪图

从脚本中提取出各类事件并确定每类事件的发送对象和接收对象之后，就可以用事件跟踪图把事件序列以及事件与对象的关系形象、清晰地表示出来。事件跟踪图实质上是扩充的脚本，可认为事件跟踪图是简化的 UML 顺序图。如图 8.12 所示为通话事件跟踪图。

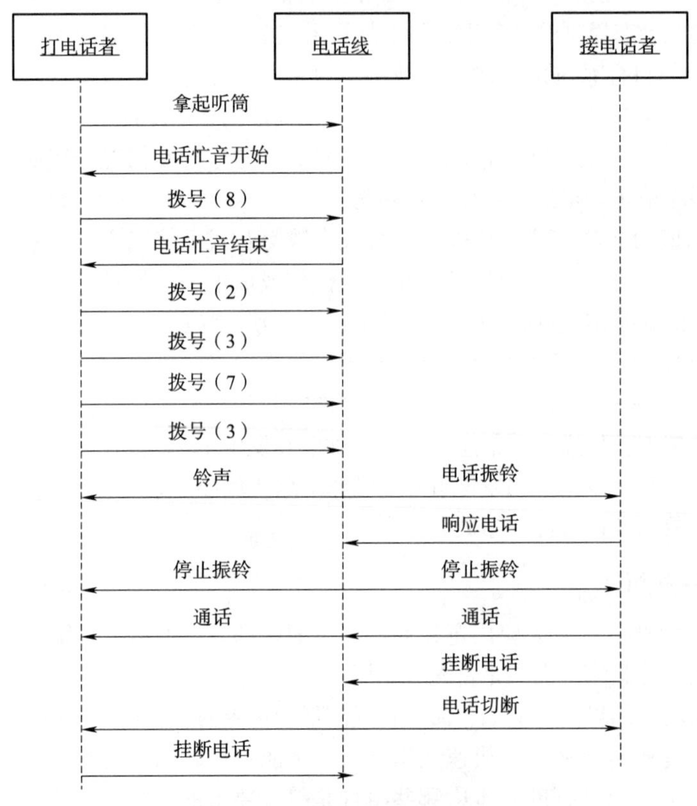

图 8.12　通话事件跟踪图

8.3.4　绘制状态图

状态图描绘事件与对象状态的关系。当对象接收了一个事件以后，它的下个状态取决于当前状态及所接收的事件。由事件引起的状态改变称为“转换”。

通常，用一张状态图描绘一类对象的行为，它确定了由事件序列引出的状态序列。但是，也不是任何一个类都需要有一张状态图描绘它的行为。系统分析员应该集中精力仅考虑具有重要交互行为的那些类。

从一张事件跟踪图出发绘制状态图时，应该集中精力仅考虑影响一类对象的事件，也就是说，仅考虑事件跟踪图中指向某条竖线的那些箭头线。如果同一个对象对相同事件的响应不同，则这个对象处在不同状态。应该尽量给每个状态取个有意义的名字。

通常，从事件跟踪图中当前考虑的竖线射出的箭头线，是这条竖线代表的对象达到某个状态时所做的行为（往往是引起另一类对象状态转换的事件）。根据一张事件跟踪图画出状态图之后，再把其他脚本的事件跟踪图合并到已画出的状态图中。为此需在事件跟踪图中找出以前考虑过的脚本的分支点。

例如，“验证账户”就是一个分支点，因为验证的结果可能是“有效账户”，也可能是“无效账户”，然后把其他脚本中的事件序列并入已有的状态图中，作为一条可选的路径。考虑完正常事件之后再考虑边界情况和特殊情况，其中包括在不适当的时候发生的事件。有时用户不能做出快速响应，然而某些资源又必须及时收回，于是在一定间隔后就产生了“超时”事件。对用户出错情况往往需要花费很多精力处理，但是，出错处理是不能省略的。如图 8.13 用户操作状态图所示。

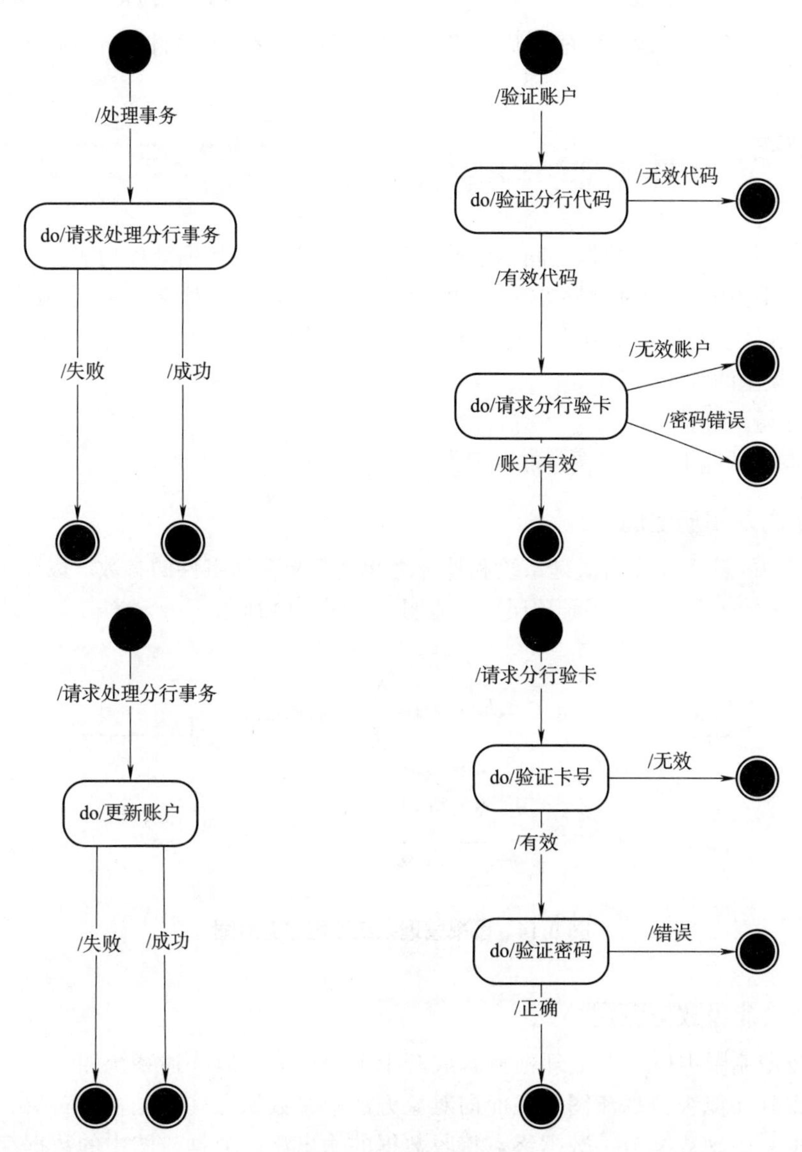

图 8.13　用户操作状态图

8.3.5　审查动态模型

各个类的状态图通过共享事件合并起来，构成系统的动态模型。

在完成了每个具有重要交互行为的类的状态图之后，应该检查系统级的完整性和一致性。每个事件都应该既有发送对象又有接收对象，当然，有时发送者和接收者是同一个对象。对于没有前驱或没有后继的状态应该着重审查，如果这个状态既不是交互序列的起点也不是终点，则这是一个错误。应该审查每个事件，跟踪它对系统中各个对象所产生的效果，以保证它们与每个脚本都匹配。

例如，在总行类的状态图中，事件“分行代码错”是由总行发出的，但是在 ATM 类的状态图中并没有一个状态接收这个事件。因此，在 ATM 类的状态图中应该再补充一个状态“do/ 显示分行代码错信息”，它接收由前驱状态“do/ 验证账户”发出的事件“分行代码错”，它的后续状态是“退卡”。

8.4 功能模型的构建

功能模型表明了系统中数据之间的依赖关系，以及有关的数据处理功能。它由一组数据流图组成，数据流图中的处理对应与状态图中的活动或动作，数据流对应于对象图中的对象或属性。因此，通常在建立了对象模型和动态模型之后再建立功能模型。

建立功能模型的步骤如下：

（1）确定输入和输出值。

（2）绘制出功能级数据流图并加以细化。

8.4.1 确定输入和输出值

数据流图中的输入和输出值是系统和外部之间进行交互的事件的参数。以图书管理系统为例，首先绘制出关于图书管理系统顶层数据流图，如图 8.14 所示。

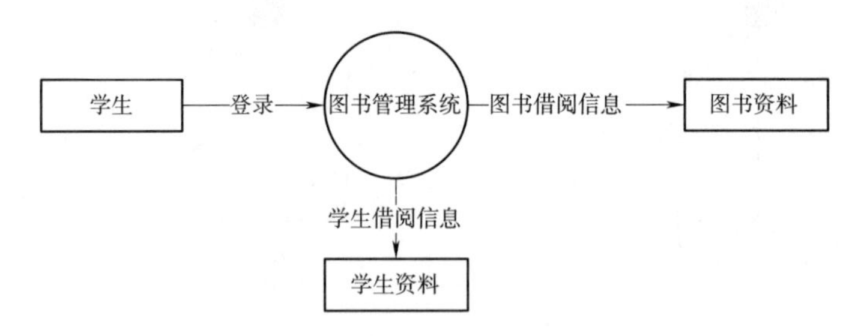

图 8.14 图书管理系统顶层数据流图

8.4.2 绘制功能级数据流图

把顶层数据流图中单一的处理框分解成若干个处理框，以描述系统加工、变换数据的基本功能，即得到功能级数据流图。在面向对象方法中，数据源往往是主动对象，它通过生成或者使用数据来驱动数据流，数据终点接收数据的输出流。数据流图中的数据存储是被动对象，本身不产生任何操作，只响应存储和访问数据的要求。输入箭头表示增加、更改或删除所存储的数据，输出箭头表示从数据存储中查找信息。因此，处理过的一层数据流图如图 8.15 所示。

另外，还需要说明的是，把数据流图分解细化到一定程度之后，就应该描述图中各个处理框的功能。要着重描述每个处理框所代表的功能，而不是实现功能的具体算法。描述既可以是说明性的，也可以是过程性的。

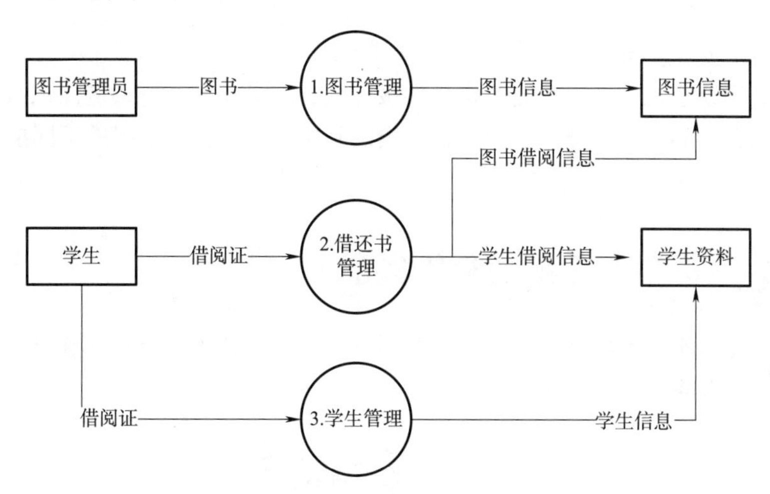

图 8.15　图书馆管理系统一层数据流图

8.5 服务的定义

“对象”是由描述其属性的数据及可以对这些数据施加的操作（即服务）封装在一起构成的独立单元。为建立完整的对象模型，既要确定类中应该定义的属性，又要确定类中应该定义的服务。

只有建立了动态模型和功能模型之后，才能最终确定类中应有的服务，因为这两个子模型更明确地描述了每个类中应该提供哪些服务。事实上，在确定类中应有的服务时，既要考虑该类实体的常规行为，又要考虑在本系统中特殊需要的服务。类的服务通常有以下 4 种：

1. 常规操作

类中定义的每个属性都是可以访问的，也就是说，在每个类中都应该定义读、写该类的每个属性的操作。但是，通常无须在类图中显式地表示这些常规操作。

2. 从事件导出的操作

状态图中发往对象的事件也就是该对象接收到的消息，因此该对象必须有由消息选择符指定的操作，这个操作修改对象状态（即属性值）并启动相应的服务。

例如，发往 ATM 对象的事件“中止”，启动该对象的服务“打印账单”；发行分行的事件“请分行验卡”启动该对象的服务“验证卡号”；而事件“处理分行事务”启动分行对象的服务“更新账户”。可以看出，所启动的这些服务通常就是接收事件的对象在相应状态的行为。

3. 与数据流图中处理框对应的操作

数据流图中的每个处理框都与一个对象（也可能是若干个对象）上的操作相对应。应该仔细对照状态图和数据流图，以便更正确地确定对象应该提供的服务。

例如，从状态图（见图 8.15）上看出分行对象应该提供“验证卡号”服务，而在数据流图上与之对应的处理框是“验卡”，结合实际应该完成的功能看，该对象提供的这个服务应该是“验卡”。

4. 利用继承减少冗余操作

应该尽量利用继承机制以减少需要定义的服务数目。只要不违背领域知识和常识，就尽量抽取出相似类的公共属性和操作，以建立这些类的新父类，并在类等级的不同层次中正确定义各个服务。

8.6 面向对象系统分析案例

某银行拟开发一个自动取款机系统，它是一个由自动取款机、中央计算机、分行计算机及柜员终端组成的网络系统。其网络结构图如图 8.16 所示。

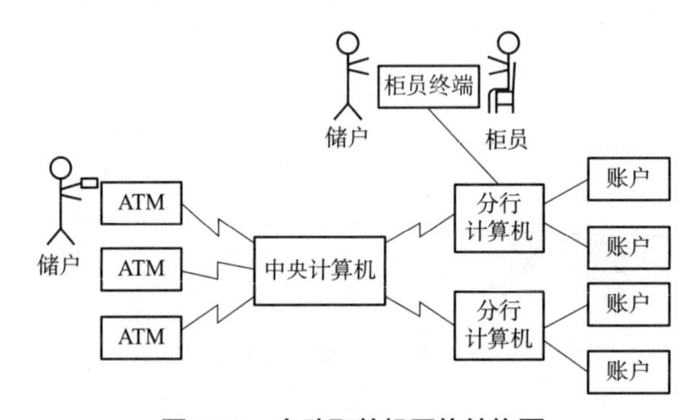

图 8.16 自动取款机网络结构图

ATM 和中央计算机由总行投资购买。总行拥有多台 ATM，分别设在全市各主要街道上。分行负责提供分行计算机和柜员终端。

柜员终端设在分行营业厅及分行下属的各个储蓄所内。该系统的软件开发成本由各个分行分摊。

银行柜员使用柜员终端处理储户提交的储蓄事务。储户可以用现金或支票向自己拥有的某个账户内存款或开新账户。

储户可以从自己的账户中取款。通常，一个储户可能拥有多个账户。柜员负责把储户提交的存款或取款事务输进柜员终端，接收储户交来的现金或支票，或付给储户现金。柜员终端与相应的分行计算机通信，分行计算机具体处理针对某个账户的事务并且维护账户。

拥有银行账户的储户有权申请领取现金兑换卡。使用现金兑换卡可以通过 ATM 访问自己的账户。目前仅限于用现金兑换卡在 ATM 上提取现金（即取款），或查询有关自己账户的信息（例如，某个指定账户上的余额）。将来可能还要求使用 ATM 办理转账、存款等事务。

所谓现金兑换卡就是一张特制的磁卡，上面有分行代码和卡号。分行代码唯一标识总行下属的一个分行，卡号确定了这张卡可以访问哪些账户。通常，一张卡可以访问储户的若干个账户，但是不一定能访问这个储户的全部账户。

每张现金兑换卡仅属于一个储户所有，但是，同一张卡可能有多个副本，因此，必须考虑同时在若干台 ATM 上使用同样的现金兑换卡的可能性。也就是说，系统应该能够处理并发的访问。

当用户把现金兑换卡插入 ATM 之后，ATM 就与用户交互，以获取有关这次事务的信息，并与中央计算机交换关于事务的信息。

首先，ATM 要求用户输入密码，接下来 ATM 把从这张卡上读到的信息以及用户输入的密码传给中央计算机，请求中央计算机核对这些信息并处理这次事务。中央计算机根据卡上的分行代码确定这次事务与分行的对应关系，并且委托相应的分行计算机验证用户密码。如果用户输入的密码是正确的，ATM 就要求用户选择事务类型（取款、查询等）。当用户选择取款时，ATM 请求用户输入取款额。最后，ATM 从现金出口吐出现金，并且打印出账单交给用户。

8.6.1　建立对象模型

根据上述需求描述，我们首先建立对象模型：

（1）从问题陈述名词及领域知识中提取出的候选类，他们可能是物理实体，也可能是抽象概念。检查问题陈述中所有的名词，从而得到候选对象。需求描述中不会一个不漏地写出问题中的所有有关对象，还需要根据领域知识或常识进一步把隐含的对象提取出来，如图 8.17 所示。

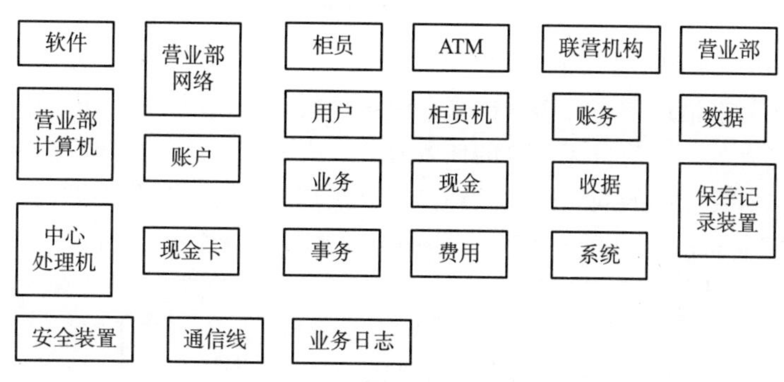

图 8.17　银行对象候选类

（2）筛选掉不必要的类。从候选对象中去掉不正确或者不必要的对象，仅保留确实应该记录其信息或需要提供服务的那些对象。如图 8.18 所示。

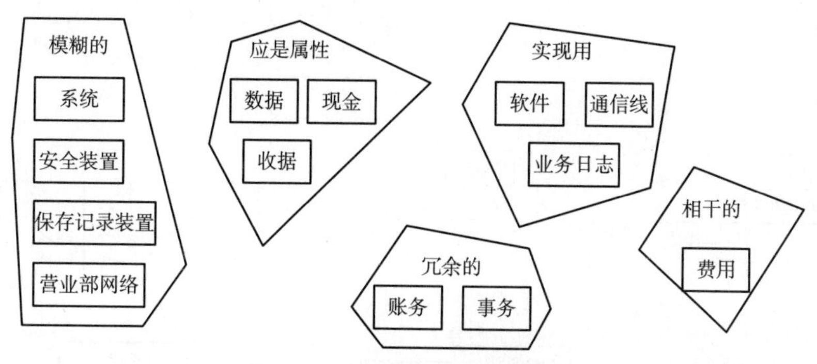

图 8.18　银行对象候选类筛选

（3）初步确定关联，建成原始类图。直接提取需求描述中的动词词组，如联营机构通过银行代码来区分不同的机构（银行），机构（银行）由多个营业部组成来提供服务。柜员终端与营业部计算机的通信、营业部计算机处理针对账户的事务等，并分析需求描述中隐含的关联，如营业部保管账户、储户拥有现金兑换卡等。还需要根据问题域知识得出一些关联，如现金兑换卡访问账户、营业部雇佣柜员，如图 8.19 所示。

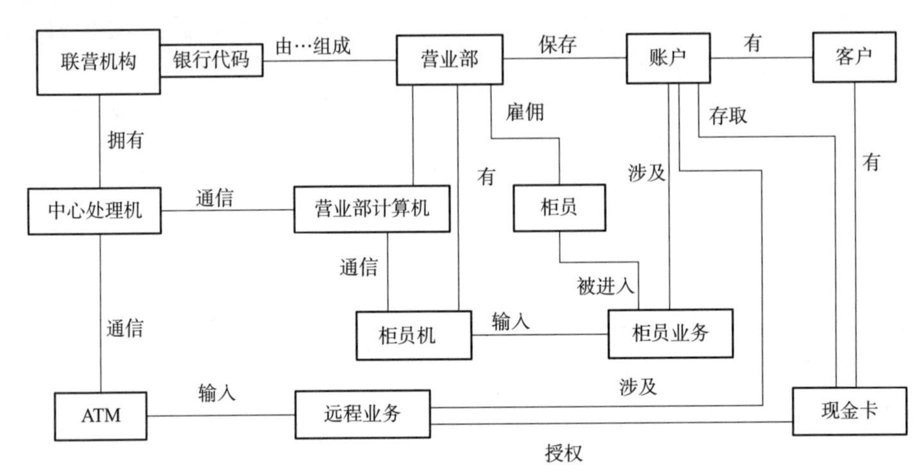

图 8.19　银行业务原始类图

（4）分析原始类图中的属性和继承关系。在这里，属性通常由修饰性的名词词组来表示。属性一般不可能在需求描述中完全表达出来，应该分析应用领域，并考虑最主要的属性。属性的确定既与问题域有关，也与目标系统的任务有关，应该仅考虑与具体应用直接相关的属性，不要考虑那些超出所要解决的问题范围及纯粹用于实现的属性。在分析过程中，应该首先找出最重要的属性，以后再逐渐把其余的属性添加进去。如图 8.20 所示。

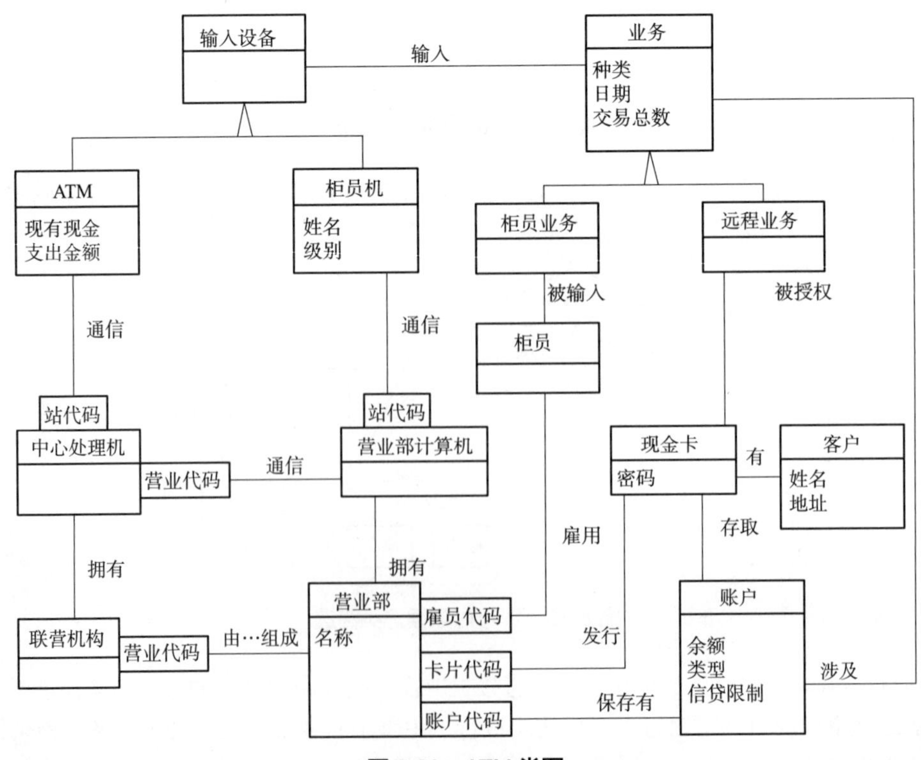

图 8.20　ATM 类图

8.6.2　建立动态模型

动态模型表示瞬时的、行为化的系统的控制性质，它规定了对象模型中的对象的合法变化序列。对于一个对象来说，在其生命周期的每个特定阶段中，都有适合该对象的一组运行规律和行为规则，用以规范该对象的行为。通常，使用 UML 提供的状态图来描绘对象的状态、触发状态转换的事件以及对象的行为（对事件的响应）。

以本 ATM 系统中的取款系统为例，首先要编写典型交互行为脚本，必须保证脚本中不遗漏常见的交互行为。ATM 通常情况下的脚本如图 8.21 所示。

脚本：
- ATM要求用户插入一张现金兑换卡；用户插入一张现金兑换卡
- ATM接收磁卡并读其卡号
- ATM要求输入密码：用户输入密码
- ATM通过联营机构核实卡号和密码：联营机构联系对应的营业部校验密码后通知该ATM
- ATM要求用户选择业务方式（提款、汇兑、查询）：用户选择提款方式
- ATM询问现金数额：用户输入现金数额
- ATM核实数额范围：提交联营机构，将业务传送给营业部，确认成交返回账户余额
- ATM分配现金并要求用户提款：用户取走现金
- ATM询问用户是否要继续提款：用户取走现金
- ATM打印收据、退出现金兑换卡并提示用户拿走，用户得到现金兑换卡

图 8.21　通常情况脚本

有例外情况的 ATM 脚本如图 8.22 所示。

脚本：
- ATM要求用户插入一张现金兑换卡：用户插入一张现金兑换卡
- ATM接收磁卡并读其卡号
- ATM要求输入密码：用户输入密码
- ATM通过联营机构核实序号和密码：联营机构联系对应的营业部校验密码后拒绝此密码
- ATM提出密码错误并要求用户重新输入，用户输入密码，ATM通过联营机构核实成功
- ATM要求用户选择业务方式（提款、汇兑、查询）：用户选择提款方式
- ATM询问现金数额：用户改变想法，输入"取消"
- ATM退出现金兑换卡并提示用户拿走，用户得到现金兑换卡
- ATM要求另一个用户插入现金兑换卡

图 8.22　例外情况脚本

编写脚本结束后，开发人员使用原型法设计用户界面，即开发出简单的用户图形界面用于和需求人员确认。用户界面如图 8.23 所示。

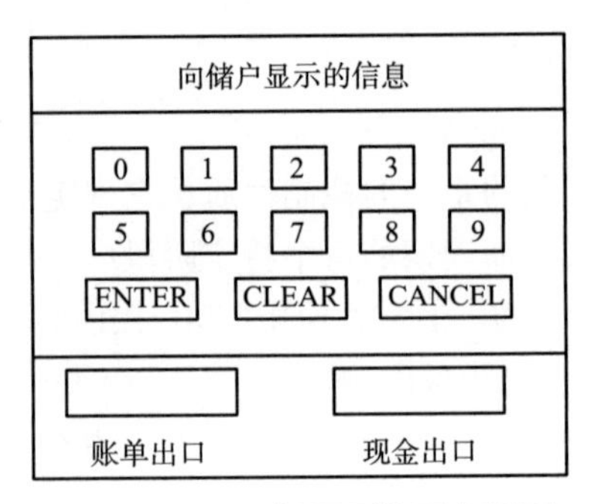

图 8.23　ATM 机图形化用户界面

然后，开发人员从脚本中提取出事务，确定触发每个事件的动作对象以及接收事件的目标对象。排列事件发生的次序，生成事件跟踪图（时序图）。ATM 脚本的事件轨迹（通常情况）如图 8.24 所示。

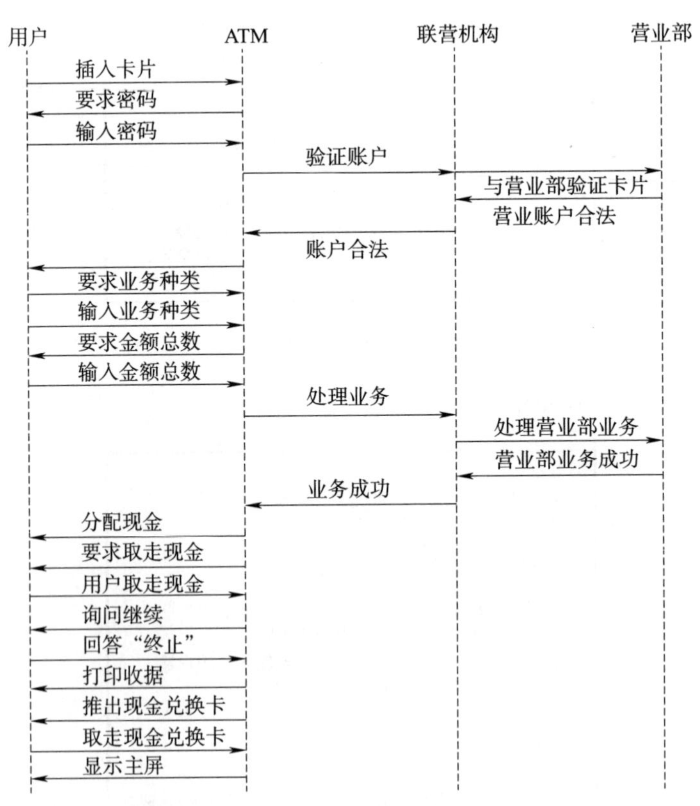

图 8.24　ATM 脚本的事件轨迹（时序图）

根据时序图确定每个对象可能有的状态以及状态间的转换关系，并用状态图描绘出来。比较各个对象的状态图，检查它们之间的一致性，确保事件之间的匹配。ATM 对象类的状态图如图 8.25 和图 8.26 所示。

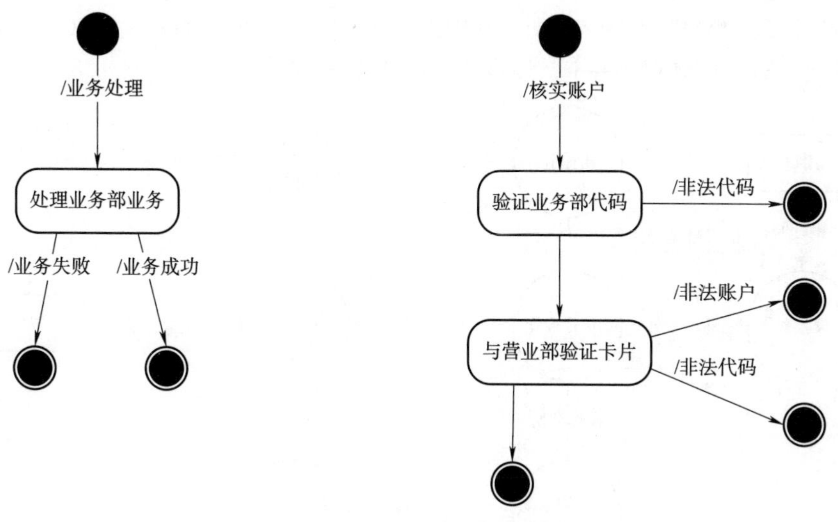

图 8.25　联营机构对象类状态图

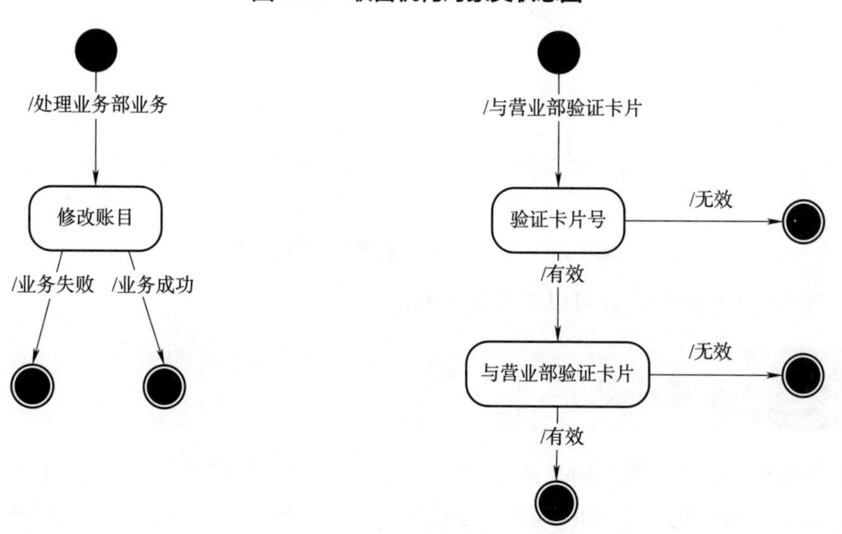

图 8.26　营业部对象类状态图

8.6.3　建立功能模型

根据已经建立好的对象模型和动态模型，首先可以确认输入和输出值，画出顶层数据流图，如图 8.27 所示。

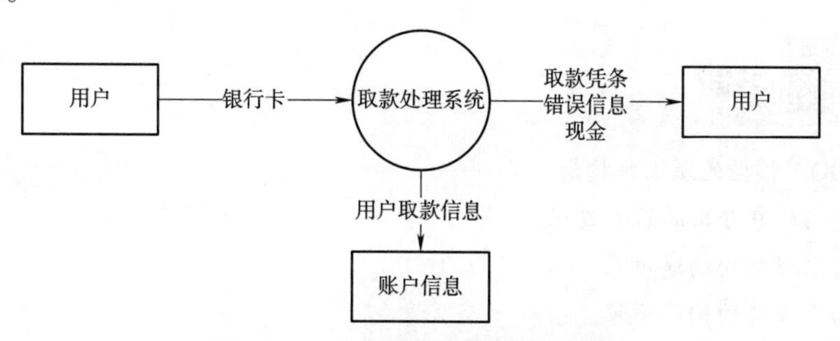

图 8.27　ATM 取款系统顶层数据流图

将银行卡插入ATM机后，输入密码成功则进入选择操作界面，进行后续取款操作并打印凭条，连续输入三次密码，ATM机则吞卡，逐步细化，得出一层数据流图，如图8.28所示。

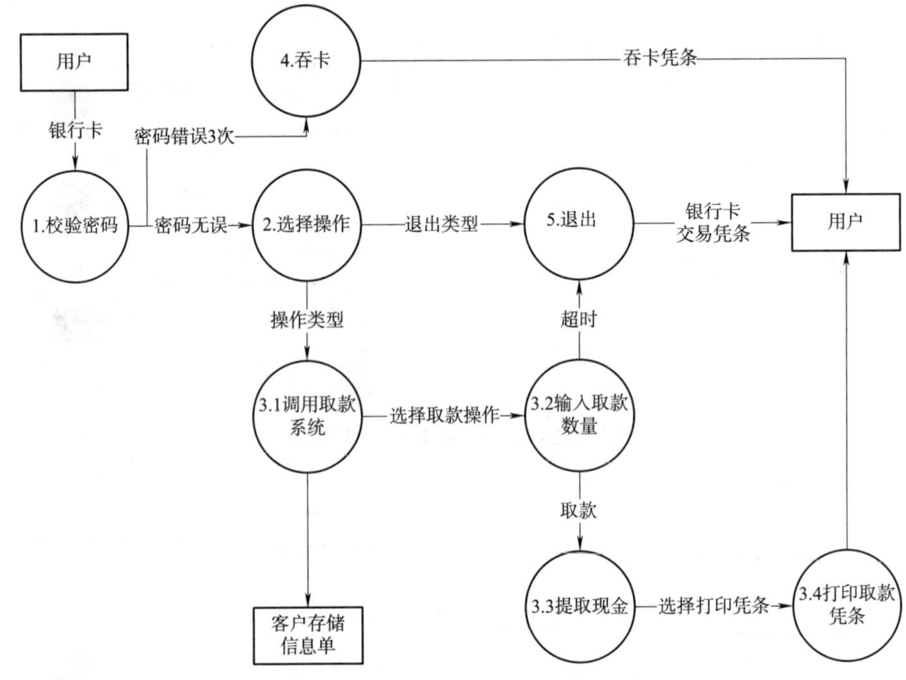

图8.28　ATM机取款系统一层数据流图

根据项目功能点的数量，还可以考虑继续细化。

本章小结

面向对象分析（OOA）强调的是运用面向对象方法，对问题域和系统功能进行理解和分析，找出描述问题和系统功能所需要的对象，通过定义对象的属性、操作和对象之间的关系，建立一个符合问题域、满足用户功能需求的面向对象模型。

本章中我们主要介绍了三种模型，即对象模型、动态模型和功能模型，这三种模型存在相互联系，动态模型描述了类实例的生命周期或运行周期，动态模型的状态转换驱使行为发生，这些行为在功能模型的数据流图中被映射成处理框；功能模型数据流图中的数据流，往往是对象模型中对象的属性值，而数据流图中的数据存储以及数据的源点和终点，通常是对象模型中的对象。

习题

1. 简述OOA模型的层次结构。
2. 简述面向对象分析的基本过程。
3. 简述对象模型的构建步骤。
4. 简述动态模型的构建步骤。
5. 简述功能模型的构建步骤。

第 9 章

面向对象设计

学习目标

基本要求：了解面向对象设计的准则和启发规则；了解几种有代表性的子系统的系统设计；理解对象设计中的类、关联及优化设计。

重点：面向对象设计的准则。

难点：面向对象设计中关于设计的优化。

面向对象分析是提取和整理用户需求，并建立问题域精确模型的过程。面向对象的设计则是把分析阶段得到的需求转变成符合成本和质量要求的、抽象的系统实现方案的过程。从面向对象分析到面向对象设计（Object-oriented programming，OOP），是一个逐渐扩充模型的过程。或者说，面向对象设计就是用面向对象观点建立求解域模型的过程。

尽管分析和设计的定义有明显区别，但是在实际的软件开发过程中二者的界限是模糊的。许多分析结果可以直接映射成设计结果，而在设计过程中又往往会加深和补充对系统需求的理解，从而进一步完善分析结果。因此，分析和设计活动是一个多次反复迭代的过程。面向对象方法学在概念和表示方法上的一致性，保证了在各项开发活动之间的平滑（无缝）过渡，领域专家和开发人员能够比较容易地跟踪整个系统开发过程，这是面向对象方法与传统方法相比所具有的一大优势。

生命周期方法学把设计进一步划分成总体设计和详细设计两个阶段，类似地，也可以把面向对象设计再细分为系统设计和对象设计。系统设计确定实现系统的策略和目标系统的高层结构。对象设计确定解空间中的类、关联、接口形式及实现服务的算法。

9.1 面向对象设计准则

优秀的设计，是权衡了各种因素，从而使得系统在其整个生命周期中的总开销最小的设计。对大多数软件系统而言，60% 以上的软件费用都用于软件维护，因此，优秀软件设计的一个主要特点就是容易维护。这些原理在进行面向对象设计时仍然成立，但是增加了一些与面向对象方法密切相关的新特点，具体为如下的面向对象设计准则。

1. 模块化

传统的面向过程方法中的模块通常是函数、过程及子程序等，而面向对象方法中的模块则是类、对象、接口、构件等。

在面向过程的方法中，数据及在数据上的处理是分离的；而在面向对象方法中，数据及其上的处理是封装在一起的，具有更好的独立性，也能够更好地支持复用。

2. 抽象

面向对象方法不仅支持过程抽象，而且支持数据抽象。类实际上就是一种抽象数据类型。可以将类的抽象分为规格说明抽象及参数化抽象。

类对外开放的公共接口构成了类的规格说明，即协议。这种接口规定了外部可以使用的服务，使用者无须知道这些服务的具体实现算法。通常将这类抽象称为规格说明抽象。

参数化抽象是指当描述类的规格说明时并不具体指定所要操作的数据类型，而是将数据类型作为参数。

3. 信息隐藏

在面向对象方法中，信息隐藏通过对象的封装性实现。对于类的用户来说，属性的表示方法和操作的实现算法都应该是隐藏的。

4. 低耦合

耦合是指一个软件结构内不同模块之间互连的紧密程度。在面向对象方法中，对象是最基本的模块，因此，耦合主要指不同对象之间相互关联的紧密程度。

低耦合是优秀设计的一个重要标准，因为这有助于使得系统中某一部分的变化对于其他部分的影响降到最低程度，在理想情况下，对某一部分的理解、测试或者修改，无须涉及系统的其他部分。

当然，对象不可能是完全孤立的，当两个对象必须相互联系互相依赖时，应该通过类的协议（即公共接口）实现耦合，而不应该依赖于类的具体实现细节。

一般来说，对象之间的耦合可分为两大类：

（1）交互耦合。交互耦合指的是对象之间的耦合通过消息连接来实现。为使交互耦合尽可能低，应该遵守下述准则：尽量降低消息连接的复杂程度。如尽量减少信息中包含的参数个数，降低参数的复杂程度。还应减少对象发送（或接收）的消息数。

（2）继承耦合。继承是一般类与特殊类之间耦合的一种形式，应该提高继承耦合程度。从本质上看，通过继承关系结合起来的基类和派生类，构成了系统中粒度更大的模块。因此，它们彼此之间应该结合得越紧密越好。

为获得紧密的继承耦合，特殊类应该对它的一般类具体化。因此，如果一个派生类摒弃了基类许多属性，那它们之间是低耦合的。在设计时应该使特殊类尽量多继承并使用其一般化类的属性和服务，从而更紧密地耦合到其一般类。

5. 高内聚

内聚衡量一个模块内各个元素彼此结合的紧密程度。在设计时应该力求做到高内聚。在面向对象设计中存在以下 3 种内聚：

（1）服务内聚：一个服务应该完成一个且仅完成一个功能。

（2）类内聚：设计类的原则是，一个类应该只有一个用途，它的属性和服务应该是高内聚的。类的属性和服务应该全都是完成该类对象的任务所必需的，其中不包含无用的属性或服务。如果某个类有多个用途，通常应该把它分解成多个专用的类。

（3）一般 / 特殊内聚：设计出的一般 / 特殊结构，应该符合多数人的概念，更准确地说，这种结构应该是对相应的领域知识的正确抽取。

6. 可重用

软件重用是提高软件开发生产率和目标系统质量的重要途径。

重用基本上从设计阶段开始。重用有两方面的含义：一是，尽量使用已有的类（包括开发环境提供的类库，及以往开发类似系统时创建的类），二是，如果确实需要创建新类，则在设计这些新类的协议时，应该考虑将来的可重用性。

体系结构设计描述了建立计算机系统所需的数据结构和程序构件。一个好的体系结构设计要求软件模块的分层及编程标准的执行。

在面向对象软件中，常见的软件模块有类、接口、包和构件。

在设计阶段我们往往关注类、接口和包，在实现阶段关注构件，而在部署阶段则关注构件的部署，也就是将构件部署在哪些节点上。

9.2 面向对象设计的启发规则

人们使用面向对象方法学开发软件的历史虽然不长，但也积累了一些经验。总结这些经验得出了几条启发性规则，它们往往能帮助软件开发人员提高面向对象设计的质量。

1. 设计结果应该清晰易懂

易于理解的设计方便使用者重用。显然，人们不会重用那些他们不理解的设计。保证设计结果清晰易懂的主要因素如下：

（1）命名一致：如不同类中相似服务的名字应该是相同的，而且尽量使用人们习惯熟悉的名字。

（2）使用已有的协议（即公共接口）：如果开发同一软件的其他设计人员已经建立了类的协议，或者在所使用的类库中已有相应的协议，则应该使用这些已有的协议。

（3）减少消息连接的数目：如果已有标准的消息协议，设计人员应该遵循这些协议。如果确需自己建立消息协议，则应该尽量减少消息模式的数目，只要可能，就使消息具有一致的模式，以利于读者理解。

（4）避免模糊的定义：一个类的用途应该是有限的，而且应该从类名可以较容易地推想出它的用途。

2. 一般 / 特殊结构的深度应适当

类的等级层次应该适当，一般说来，在一个中等规模（大约包含 100 个类）的系统中，类等级的层次结构通常保持在 7 层左右，不超过 9 层。应该仅仅从方便编码的角度出发随意创建派生类，应该使一般 / 特殊结构与领域知识或常识保持一致。

3. 设计简单的类

应该设计小而简单的类，以便于开发和管理。设计类的时候应该避免包含过多的属性，类的任务也应该有明确而精练的定义，尽量简化对象之间的合作关系，不要提供太多的服务。为使类保持简单，还应该注意以下几点：

（1）避免包含过多的属性。属性过多通常表明这个类过分复杂了，它所完成的功能可能太多了。

（2）有明确的定义，为了使类的定义明确，分配给每个类的任务应该简单，最好能用一两个单语句描述它的任务。

（3）尽量简化对象之间的合作关系、如果需要多个对象协同配合才能做好一件事，则破坏了类的简明性和清晰性。

（4）不要提供太多服务，一个类提供的服务过多，同样表明这个类过分复杂。典型地，一个类提供的公共服务不超过 7 个。

在开发大型软件系统时，遵循上述启发规则也会带来另一个问题：设计出大量较小的类，这同样会带来一定复杂性。解决这个问题的办法，是把系统中的类按逻辑分组，也就是划分主题。

4. 使用简单的协议

一般来说，消息的参数不要超过 3 个。在对有复杂的消息、相互关联的对象修改时往往会导致其他对象的修改。

5. 设计简单的服务

面向对象设计出来的类中的服务通常都很小，一般只有 3~5 行源程序代码，可以用仅含一个动词和一个宾语的简单句子描述它的功能。如果一个服务中包含了过多的程序语句，或者语句嵌套层次太多，或者使用了复杂的 CASE 语句，则应该仔细检查这个服务，设法分解或简化它，一般说来，应该尽量避免使用复杂的服务。如果需要在服务中使用 CASE 语句，通常应该考虑用一般 / 特殊结构代替这个类的可能性。

6. 把设计变动减至最小

通常，设计的质量越高，设计结果保持不变的时间也会越长（即稳定性越好）。即便出现必须修改设计的情况，也应该使修改的范围尽可能小。

9.3 系统的分解

在研究和描述系统的过程中，人们会发现所面对的系统通常都是庞大而又复杂的，一般无法通过一张图表把系统所有元素之间的关系表达清楚，这时就需要按一定的原则把复杂的系统分解成若干个子系统。每个子系统的复杂程度相对总系统而言要小得多，便于人们分析和理解。

系统分解过程事实上是确定子系统边界的过程，每个人根据对系统理解的方式与角度不同，对子系统的划分将出现不同的结果，但通常的原则有三个：

（1）可控制性原则；系统内部的元素一般是可以控制的，而系统外部的元素则不可控制，因而把系统中的若干元素划分为同一子系统时，该子系统应能管理和控制所属的所有元素。

（2）功能聚合性原则；在系统内部的元素通常按功能聚集原则来进行子系统划分。软件系统由若干模块构成，而模块具有各自的功能。若干模块按功能聚集构成子系统。

（3）接口标准化原则。系统在分解的过程中，需要定义大量的接口。接口是子系统之间的连接点，即子系统输入 / 输出的界面。在信息系统中接口的功能是十分重要的。通过接口可以完成过滤 (通过接口去掉不需要的输入 / 输出元素)、编码 / 解码 (将一种数据格式转换成另一种数据格式)、纠错 (输入或输出错误的检测和修正)、缓冲 (让两个子系统通过缓冲区耦合，取得同步) 几个方面的工作。

9.4 人机交互子系统的设计

面向对象分析阶段对用户界面已作了初步的分析，给出了所需的属性和操作。在面向对象的设计阶段，则对系统的人机交互子系统进行详细设计，把交互的细节加入到用户界面的设计中，其中包括指定窗口和报表的形式、设计命令层次等项内容。交互界面的友好性直接关系到一个软件系统的成败，设计结果对用户情绪和工作效率产生重要影响。交互界面设计得好，则会使系统对用户产生吸引力，能够激发用户的创造力，提高工作效率；相反，设计得不好则会使用户感到不适应、不方便，甚至产生厌烦情绪。

1. 设计的内容

在人机交互子系统设计中，要增加人机交互的细节，包括指定窗口，设计窗口的布局和设计报表的形式等，原型有助于开发和选择实际的交互机制。

2. 设计的方法

人机交互界面是给用户使用的，为设计好人机交互部分，设计者必须认真研究使用它的用户。把自己置身于用户的地位，身临其境地观察用户如何工作，这对设计人机交互界面是非常必要的。

（1）用户分类。

研究使用系统的用户的各类人员，他们是如何干自己的工作的？他们想完成什么任务？必须完成什么任务？设计者提供什么工具来帮助他们完成这种任务？工具如何做能够最协调、使用方便？通常从以下几个方面考虑，使用系统的人可能有如下分类：

- 按技能层次分类：可分为初学者、初级、中级、高级。
- 按职务分类：可分为总经理、经理和办事员等。
- 按不同成员分类：可分为职员、顾客。

（2）描述用户及其任务脚本。

应该仔细了解将来使用系统的每类用户的情况，把获得的下列各项信息记录下来：

- 用户类型；
- 使用系统要达到的目的；
- 特征（年龄、性别、受教育程度和限制因素等）；
- 成功的关键因素（需求、爱好和习惯等）；
- 技能水平；
- 完成本职工作的脚本。

（3）设计命令层次。

研究用户交互的意义及准则。若已建立的交互系统中已有命令层次，则先着手研究已有的人机交互行为的意义和准则。然后建立初始命令层，再细化命令层。

（4）设计详细交互。

设计详细交互主要遵循以下原则：

- 一致性。使用一致的术语、一致的步骤及一致的动作行为。
- 减少操作步骤。在完成任务的前提下，把单击、拖动和键盘操作减到最少。
- 尽量显示提示信息。尽量为用户提供有意义的、及时的反馈。
- 提供一定的容错或纠错机制。人在与系统交互的过程中难免会犯错误，因此应该提供“撤销”命令以使用户撤销错误动作，消除错误动作造成的后果。
- 排列命令层次。把使用最频繁的操作放在前面，按照用户工作步骤进行排列。
- 帮助。有联机学习手册，易学易用。

（5）设计人机交互子系统的类。

人机交互子系统在一定程度上依赖于所使用的图形用户接口，接口不同，人机交互子系统类也不同。要设计人机交互子系统类，可以从构造窗口及其组成的人机交互开始。

各个类都包含窗口中的菜单条、下拉菜单及弹出菜单的定义，各个类也定义了创建菜单所需的服务，反相显示所选择项目的服务和唤醒相关的行为的服务，各个类也负责窗口中信息的实际显示，各个类都封装了其所有物理对话的考虑。

9.5 问题域子系统的设计

通过面向对象分析所得出的问题域精确模型，为设计问题域子系统奠定了良好的基础，建立了完整的框架。面向对象设计仅需从实现角度对问题域模型作进一步细化和补充。

1. 设计的内容

在分析模型基础上，增加一些实际的修改，这些修改是针对具体的设计考虑的，主要是增添、合并或分解类与对象、属性及服务，调整继承关系等。当问题域子系统过分复杂庞大时，应该把它进一步分解成若干个小的子系统。

2. 设计的方法

（1）按照需求信息的最新变动调整并修改模型。

系统需求的变化只需要先修改面向对象分析模型，然后再把这些修改反映到问题域子系统中。

（2）调整和组合问题域中的类。

首先，应尽量重用已定义好的类，或从重用类中添加一般 / 特殊关系派生出与问题域相关的类，这样就可以利用继承关系，重用继承来的属性和服务功能。若确实没有可供重用的类而必须创建新类，也应当充分考虑新类的协议内容，以利于今后的重用。

其次，若在设计过程中发现，一些具体类需要定义一个公共协议，也就是说，这些类都需要定义一组类似的服务。在这种情况下可以引入一个父类（也叫根类），以便建立这个协议（即命名公共服务集合）。

（3）为建立公共操作集合加入一般类。

在一般类中定义所有特殊类都可使用的操作，但这种操作可以是虚函数，其细节在特殊类中定义。

（4）调整继承的支持层次。

如果对象模型中包含多重继承关系，然而所使用的程序设计语言没有多重继承机制，就要对分析模型进行修改。使用化为单一层次的方法，将多重继承化为单重继承，这意味着不再在设计中明确表示一个或多个一般具体层次，而意味着某些属性和服务可在具体类中重复多次。

支持继承机制的语言能直接描述问题域中固有的语义，并能表示公共的属性和服务，为重用奠定了较好的基础。因此，只要可能，就应该使用具有继承机制的语言开发软件系统。

3. 改进系统性能

性能是评价一个系统运行效率的重要指标，性能的改进主要从系统的运行速度、空间消耗、成本的节省、用户满意度等方面进行，例如，在类及对象中扩充一些保存临时结果的属性以节省计算时间；尽量合并那些运行时需要频繁交换信息的对象类。

4. 支持数据管理

为了支持数据管理，各个被存储对象必须了解自身是如何存储的。一种方法是“自己保存自己”，即通知对象保存自己，各对象知道如何保存自身，加入完成对象这种定义的属性和服务；另一种方法是各个对象将自己发送给数据管理系统，由相应系统保存。

9.6 任务管理子系统的设计

任务是处理的别名，是执行一系列活动的一段程序。当系统有并发行为时，需要依据各个行为的协调和通信关系，通过划分任务，可以简化系统结构的设计及部分编码工作。

1. 设计的内容

任务管理的内容是确定各种类型的任务，并把任务分配到适当的硬件或软件上去执行。在设计、编码等过程中，多任务增加了处理复杂度，必须仔细选择各个任务。

2. 设计的方法

（1）确定事件驱动型任务。

某些任务是由事件驱动而执行的，这种任务可能负责与设备的通信，与一个或多个窗口、其他任务及子系统的通信。

在系统运行时，这类任务的工作过程如下：任务处于睡眠状态，等待来自数据线或其他数据源的中断；一旦接收到中断，就唤醒了该任务，接收数据并把数据放入内存缓冲区或其他目的地，通知需要知道这件事的对象，然后该任务又回到睡眠状态。

（2）确定时钟驱动型任务。

这些任务在特定时间内或固定的时间间隔被触发执行某些处理。例如，某些设备要求周期性地获得数据或控制。某些子系统、人机接口、任务、处理器或其他系统也可能需要周期性地通信，这就需要时钟驱动型任务。

时钟驱动型任务的工作过程如下：任务设置了唤醒时间后进入睡眠状态；任务睡眠，等待来自系统的中断；一旦接收到这种中断，任务就被唤醒，执行它的工作，再通知所有有关的对象，然后该任务又回到睡眠状态。

（3）确定优先任务及关键任务。

根据处理的优先级来安排各个任务，保证紧急事件能在限定的时间内得到处理。优先级分以下两种：① 高优先级：某些服务完成一些有特权的操作，如资源调度等，被赋予了很高的优先级。为了在严格限定的时间内完成这种服务，应把这类服务分离成独立的、高优先级的任务。② 低优先级：有些服务的工作不是特别重要，系统在允许的情况下才会去执行它们，这类任务属于低优先级处理。

关键任务是对系统成功或失败起关键作用的处理。在设计过程中必须使用附加的任务把关键处理分离出来，以满足高可靠性处理的要求，并对其安全性精心地设计和编码，并且应该严格测试。

（4）确定协调任务。

当存在 3 个以上任务时，就应当考虑增加一个任务，用它来作为协调任务。协调任务的引入会增加总开销，但是协调任务有助于把不同任务之间的协调控制封装起来。

（5）评审各个任务。

必须对各个任务进行评审，确保它们能够满足选择任务的工程标准。

（6）定义各个任务。

任务定义包括下列内容：

① 任务的内容：先对任务命名，然后简洁地描述该任务。如果一个服务可以分解成多个任务，则修改该服务的名称描述，以使每一个服务都可以映射到一个任务中。

② 如何协调：先说明任务是事件驱动型还是时钟驱动型的，对于事件驱动型的任务来说，描述触发它的事件；对时钟驱动型的事件来说，描述触发该任务之前的时间间隔，同时说明这是一次性的时间还是反复的时间段。

③ 如何通信：说明任务应从哪里取得数据值，任务应把它的值发往何处。

9.7 数据管理子系统的设计

数据管理子系统是系统存储、管理对象的基本设施，它建立在数据存储管理系统上，并且独立于各种数据管理模式。数据管理子系统提供数据管理系统中对象的存储及检索的基础结构，包括对永久性数据的访问和管理。

1. 数据存储管理的 3 种模式

（1）文件管理系统：它是操作系统的一个组成部分，使用它实现数据存储管理具有成本低和方法简单的特点。它的不足之处在于文件操作的级别较低，为提供适当的抽象级别还必须编写额外的代码。

（2）关系数据库管理系统：它提供了各种最基本的数据管理功能（例如，中断恢复、多用户共享、多应用共享、完整性、事务支持等），并使用标准化的语言（大多数商品化关系数据库管理系统都使用 SQL）为多种应用提供一致性的接口。

（3）面向对象数据库管理系统：面向对象数据库管理系统是一种正在不断发展的新技术，主要由两种方法来实现，一种是扩充的关系数据库管理系统，另一种是扩充的面向对象程序设计语言。

2. 数据管理子系统的设计

设计数据管理子系统的主要内容是数据存放格式的设计和相应服务的设计。数据存放格式设计可采用文件存放数据，也可采用关系数据库或面向对象数据库存放数据。设计相应的服务是为每个需要存储的对象及类增加用于存储管理的属性和操作，在类与对象的定义中加以描述。

9.8 设计类中的服务

9.8.1 设计类中应有的服务

对象模型是进行对象设计的基本框架。但是，面向对象分析得出的对象模型，通常只在每个类中列出很少几个最核心的服务。设计者必须把动态模型中对象的行为以及功能模型中的数据处理，转换成由适当的类所提供的服务。

一张状态图描绘了一类对象的生命周期，状态图中的状态转换是执行对象服务的结果。

功能模型指明了系统必须提供的服务。状态图中状态转换所触发的动作，在功能模型中有时可能扩展成一张数据流图。

9.8.2　设计实现服务的方法

在面向对象设计过程中应该进一步设计实现服务的方法，主要应该完成以下几项工作。

1. 设计实现服务的算法

设计实现服务的算法时，应该考虑下列几个因素：

（1）算法复杂度。通常选用复杂度较低（即效率较高）的算法，但也不要过分追求高效率，应以能满足用户需求为准。

（2）容易理解与容易实现。容易理解与容易实现的要求往往与高效率有矛盾，设计者应该对这两个因素适当折中。

（3）易修改。应该尽可能预测将来可能做的修改，并在设计时预先做些准备。

2. 选择数据结构

在分析阶段，仅需考虑系统中需要的信息的逻辑结构，在面向对象设计过程中，则需要选择能够方便、有效地实现算法的物理数据结构。

3. 定义内部类和内部操作

在面向对象设计过程中，可能需要增加一些在需求陈述中没有提到的类，这些新增加的类，主要用来存放在执行算法过程中所得出的某些中间结果。

9.9 设计关联

在对象模型中，关联是连接不同对象的纽带，它指定了对象相互间的访问路径。在面向对象设计过程中，设计人员必须确定实现关联的具体策略。既可以选定一个全局性的策略统一实现所有关联，也可以分别为每个关联选择具体的实现策略，以与它在应用系统中的使用方式相适应。

为了更好地设计实现关联的途径，首先应该分析使用关联的方式。在应用系统中，使用关联有两种方式：单项关联和双向关联。

用指针可以方便地实现单项关联，如果关联的重数是一元的，则实现关联的指针是一个简单指针；如果重数是多元的，则需要用一个指针集合实现关联。

实现双向关联则有以下 3 种办法：

（1）只用属性实现一个方向的关联，当需要反向遍历时就执行一次正向查找。

（2）两个方向的关联都用属性实现，这种方法能实现快速访问。

（3）用独立的关联对象实现双向关联，关联对象不属于相互关联的任何一个类，它是独立的关联类的实例。

9.10 设计优化

系统的整体质量与设计人员所制定的折中方案密切相关。最终产品成功与否，在很大程度上取决于是否选择好了系统目标。最糟糕的情况是，没有站在全局高度正确确定各项质量指标的优先级，以致系统中各个子系统按照相互对立的目标做了优化，导致系统资源的严重浪费。

在折中方案中设置的优先级应该是模糊的。事实上，不可能指定精确的优先级数值 (例如，速度 48%，内存 25%，费用 8%，可修改性 19%)。

注意：最常见的情况，是在效率和清晰性之间寻求适当的折中方案。

（1）增加冗余关联以提高访问效率。在面向对象设计过程中，当考虑用户的访问模式，以及不同类型的访问彼此间的依赖关系时，就会发现，分析阶段确定的关联可能并没有构成效率最高的访问路径。

（2）优化算法的一个途径是尽量缩小查找范围，例如，假设存在一个雇员数据库，用户希望在里面找出既会讲日语又会讲法语的所有雇员。如果某公司只有 5 位雇员会讲日语，会讲法语的雇员却有 200 人，则优化算法是先查找会讲日语的雇员，然后再从这些会讲日语的雇员中查找同时又会讲法语的人。

（3）保留派生属性。通过某种运算而从其他数据派生出来的数据，是一种冗余数据，通常把这类数据存储在计算它的表达式中。如果希望避免重复计算复杂表达式所带来的开销，可以把这类冗余数据作为派生属性保存起来。

派生属性既可以在原有类中定义，也可以定义新类，并用新类的对象保存它们。每当修改了基本对象之后，所有依赖于它的、保存派生属性的对象也必须相应修改。

本章小结

面向对象设计就是用面向对象观点建立求解空间模型的过程。通过面向对象分析得出的问题域模型为建立求解空间模型奠定了坚实基础。分析与设计本质上是一个多次反复迭代的过程，而面向对象分析与面向对象设计的界限尤其模糊。

优秀设计是使得目标系统在其整个生命周期中总开销最小的设计，为获得优秀的设计结果，应该遵循一些基本准则。本章结合面向对象方法学固有的特点，讲述了面向对象设计准则，并介绍了一些有助于提高设计质量的启发式规则。

重用是提高软件生产率和目标系统质量的重要途径，它基本上始于设计。本章结合面向对象方法学的特点，介绍了软件重用的含义。

用面向对象方法设计软件，原则上也是先进行总体设计（即系统设计），然后再进行详细设计（对象设计），当然，它们之间的界限非常模糊，事实上是一个多次反复迭代的过程。

习题

1. 面向对象设计应该遵循哪些准则？简述每条准则的内容，并说明遵循这条准则的必要性。
2. 简述面向对象系统分解过程需要遵循的原则。

第 10 章

面向对象实现

学习目标

基本要求：了解面向对象程序设计语言选择的依据；掌握面向对象的软件测试方法。

重点：面向对象的语言实现；面向对象的软件测试方法。

难点：面向对象的语言实现；面向对象的软件测试方法。

面向对象设计的结果既可以用面向对象语言实现，也可以用非面向对象语言实现。

使用面向对象语言时，由于语言本身充分支持面向对象概念的实现，因此，编译程序可以自动把面向对象概念映射到目标程序中。

使用非面向对象语言编写面向对象程序，则必须由程序员自己把面向对象概念映射到目标程序中。

所有非面向对象语言都不支持一般 / 特殊结构的实现，使用这类语言编程时要么完全回避继承的概念，要么在声明特殊类时，把对一般类的引用嵌套在它里面。

10.1 面向对象的程序设计语言

10.1.1 面向对象语言的优点

应该选用面向对象语言还是非面向对象语言，关键不在于语言功能强弱。从原理上说，使用任何一种通用语言都可以实现面向对象概念。当然，使用面向对象语言，实现面向对象概念，远比使用非面向对象语言方便。

但是，方便性也并不是决定选择何种语言的关键因素。选择编程语言的关键因素是语言的一致的表达能力、可重用性及可维护性。从面向对象观点看来，能够更完整、更准确地表达问题域语义的面向对象语言的语法是非常重要的，因为这会带来下述几个主要优点：

1. 一致的表示方法

面向对象开发基于不随时间变化的、一致的表示方法。这种表示方法应该从问题域到 OOA，从 OOA 到面向对象设计（OOD），最后从 OOD 到面向对象编程 (OOP)，始终稳定不变。一致的表示方法既有利于在软件开发过程中始终使用统一的概念，也有利于维护人员理解软件的各种配置成分。

2. 可重用性

为了能带来可观的商业利益，必须在更广泛的范围中运用重用机制，而不是仅仅在程序设计这个层次上进行重用。因此，在 OOA、OOD 到 OOP 中都显式地表示问题域语义，其意义是十分深远的。随着时间的推移，软件开发组织既可能重用它在某个问题域内的 OOA 结果，也可能重用相应的 OOD 和 OOP 结果。

3. 可维护性

尽管人们反复强调保持文档与源程序一致的必要性，但是，在实际工作中很难做到交付两类不同的文档，并使它们保持彼此完全一致。特别是考虑到进度、预算、能力和人员等因素时，做到两类文档完全一致几乎是不可能的。因此，维护人员最终面对的往往只有源程序本身。

这里以 ATM 系统为例，注释在程序内部表达问题域语义对维护工作的意义。假设在维护该系统时没有合适的文档资料可供参阅，于是维护人员浏览程序或使用软件工具扫描程序时，就会看到“ATM”“账户”“现金兑换卡”等程序内部显示陈述的问题域语义，而不是只看到源代码，这对维护人员理解所要维护的软件将有很大帮助。

因此，在选择编程语言时，应该考虑的首要因素，是哪个语言能最好地表达问题域语义。

10.1.2 面向对象语言的技术特点

面向对象语言借鉴了历史上许多程序语言的特点，从中吸取了丰富的营养。

当今的面向对象语言，20 世纪 50 年代诞生的 LISP 语言中引进了动态联编的概念和交互式开发环境的思想，20 世纪 60 年代推出的 SIMULA 语言中引进了类的概念和继承机制，此外，还受到 20 世纪 70 年代末期开发的 Modula_2 语言和 Ada 语言中数据抽象机制的影响。面向对象语言的技术特点如下：

1. 具有支持类与对象概念的机制

所有面向对象语言都允许用户动态创建对象，并且可以用指针引用动态创建的对象。

允许动态创建对象，就意味着系统必须处理内存管理问题，如果不及时释放不再需要的对象所占用的内存，动态存储分配就有可能耗尽内存。

有两种管理内存的方法，一种是由语言的运行机制自动管理内存，即提供自动回收“垃圾”的机制；另一种是由程序员编写释放内存的代码。自动管理内存不仅方便而且安全，但是必须采用先进的垃圾收集算法才能减少开销。

某些面向对象的语言允许程序员定义析构函数（Destructor）。析构函数与构造函数相反，当对象结束其生命周期，如对象所在的函数已调用完毕时，系统自动执行析构函数。析构函数往往用来做“清理善后”的工作。每当一个对象超出范围或被显式删除时，就自动调用析构函数。

2. 具有实现整体 / 部分（即聚集）结构的机制

面向对象语言有两种实现方法，分别使用指针和独立的关联对象实现整体 / 部分结构。

大多数现有的面向对象语言并不显式支持独立的关联对象，在这种情况下，使用指针是最容易的实现方法，通过增加内部指针可以方便地实现关联。

3. 具有实现一般 / 特殊（即泛化）结构的机制

继承是面向对象语言的重要机制。借助继承，可以扩展原有的代码，应用到其他程序中，而不必重新编写这些代码。面向对象的程序设计通过继承实现一般结构，除此之外，面向对象的程序设计也提供解决名字冲突（即特殊化）的机制。所谓解决名字冲突，指的是处理在多个基类中可能出现的重名问题，这个问题仅在支持多重继承的语言中才会遇到。

某些语言拒绝接受有名字冲突的程序，另一些语言提供了解决冲突的协议。不论使用何种语言，程序员都应该尽力避免出现名字冲突。

4. 具有实现属性和服务的机制

在第 8 章中，介绍了面向对象分析中重要的部分——对象，它是属性值及其相应服务的一种封装。除此之外，对于实现属性的机制应该着重考虑以下几个方面：支持实例连接的机制，属性的可见性控制，对属性值的约束。同样对于服务来说，主要应该考虑下列因素：支持消息连接（即表达对象交互关系）的机制，控制服务可见性的机制，动态联编。所谓动态联编，是指应用系统在运行过程中，当需要执行一个特定服务的时候，选择（或联编）实现该服务的适当算法的能力。动态联编机制使得程序员在向对象发送消息时拥有较大自由。

5. 提供类型检查

程序设计语言可以按照编译时进行类型检查的严格程度来分类。如果语言仅要求每个变量或属性隶属于一个对象，则是弱类型的；如果语法规定每个变量或属性必须准确地属于某个特定的类，则这样的语言是强类型的。面向对象语言在这方面差异很大。

C++ 和 Eiffel 则是强类型语言。混合型语言（如 C++、Objective_C 等）甚至允许属性值不是对象而是某种预定义的基本类型数据（如整数、浮点数等），这可以提高操作的效率。

强类型语言主要有两个优点：

一是，有利于在编译时发现程序错误；二是，增加了优化的可能性。通常使用强类型编译型语言开发软件产品，使用弱类型解释型语言快速开发原型。总的说来，强类型语言有助于提高软件的可靠性和运行效率，现代的程序语言理论支持强类型检查，大多数新语言都是强类型的。

6. 提供类库

大多数面向对象语言都提供一个实用的类库。存在类库，许多软构件就不必由程序员重复编写了，这为实现软件重用带来很大方便。

类库中往往包含实现通用数据结构（例如动态数组、表、队列、栈、树等）的类，通常把这些类称为包容类。在类库中还可以找到实现各种关联的类。

更完整的类库通常还提供独立于具体设备的接口类（例如，输入 / 输出流），此外，用于实现窗口系统的用户界面类也非常有用，它们构成一个相对独立的图形库。

7. 效率高

许多人认为面向对象语言的主要缺点是效率低。产生这种印象的一个原因是，某些早期的面向对象语言是解释型的而不是编译型的。

事实上，使用拥有完整类库的面向对象语言，有时能比使用非面向对象语言得到运行更快的代码。因为类库中提供了更高效的算法和更好的数据结构，例如，程序员无须编写实现哈希表或平衡树算法的代码了，类库中已经提供了这类数据结构，而且算法先进、代码精巧可靠。

认为面向对象语言效率低的另一个理由是这种语言在运行时使用动态联编实现多态性，这似乎需要在运行时查找继承树，以得到定义给定操作的类。

事实上，绝大多数面向对象语言都优化了这个查找过程，从而实现了高效率查找。只要在程序运行时始终保持类结构不变，就能在子类中存储各个操作的正确入口点，从而使得动态联编成为查找哈希表的高效过程，不会由于继承树深度加大或类中定义的操作数增加而降低效率。

8. 提供持久对象的保存

任何应用程序都对数据进行处理，如果希望数据能够不依赖于程序执行的生命周期而长时间保存下来，则需要提供某种保存数据的方法。希望长期保存数据主要出于以下两个原因：

（1）为实现在不同程序之间传递数据，需要保存数据；

（2）为恢复被中断了的程序的运行，首先需要保存数据。

一些面向对象语言，没有提供直接存储对象的机制。这些语言的用户必须自己管理对象的输入/输出，或者购买面向对象的数据库管理系统。

通过在类库中增加对象存储管理功能，可以在不改变语言定义或不增加关键字的情况下，就在开发环境中提供这种功能。然后，可以从“可存储的类”中派生出需要持久保存的对象，该对象自然继承了对象存储管理功能。这就是 Eiffel 语言采用的策略。

理想情况下，应该使程序设计语言语法与对象存储管理语法实现无缝集成。

9. 具有参数化类

在实际的应用程序中，常常看到这样一些软件元素（即函数、类等软件成分），从它们的逻辑功能看，彼此是相同的，所不同的主要是处理的对象（数据）类型不同。例如，对于一个向量（一维数组）类来说，不论是整型向量，浮点型向量，还是其他任何类型的向量，针对它的数据元素所进行的基本操作都是相同的（例如，插入、删除、检索等），当然，不同向量的数据元素的类型是不同的。如果程序语言提供一种能抽象出这类共性的机制，则对减少冗余和提高可重用性是大有好处的。

所谓参数化类，就是使用一个或多个类型去参数化一个类的机制。

有了这种机制，程序员就可以先定义一个参数化的类模板（即在类定义中包含以参数形式出现的一个或多个类型），然后把数据类型作为参数传递进来，从而把这个类模板应用在不同的应用程序中，或用在同一应用程序的不同部分。C++ 语言也提供了类模板。

10. 提供开发环境

软件工具和软件工程环境对软件生产率有很大影响。由于面向对象程序中继承关系和动态联编等引入的特殊复杂性，面向对象语言所提供的软件工具或开发环境就显得尤其重要了。至少应该包括下列一些最基本的软件工具：编辑程序，编译程序或解释程序，浏览工具，调试器（Debugger）等。

编译程序或解释程序是最基本、最重要的软件工具。编译与解释的差别主要是速度和效率不同。利用解释程序解释执行用户的源程序，虽然速度慢、效率低，但却可以方便灵活地进行调试。编译型语言适于用来开发正式的软件产品，优化工作做得好的编译程序能生成效率很高的目标代码。有些面向对象语言（如 Objective_C）除提供编译程序外，还提供一个解释工具，从而给用户带来很大方便。

某些面向对象语言的编译程序，先把用户源程序翻译成一种中间语言程序，然后再把中间语言程序翻译成目标代码。这样做可能会使得调试器不能理解原始的源程序。在评价调试器时，首先应该弄清楚它是针对原始的面向对象源程序，还是针对中间代码进行调试。如果是针对中间代码进行调试，则会给调试人员带来许多不便。此外，面向对象的调试器，应该能够查看属性值和分析消息连接的后果。

在开发大型系统的时候，需要有系统构造工具和变动控制工具。因此应该考虑语言本身是否提供了这种工具，或者该语言能否与现有的这类工具很好地集成起来。经验表明，传统的系统构造工具（例如，UNIX 的 Make）目前对许多应用系统来说都已经太原始了。

10.1.3 选择面向对象语言

开发人员在选择面向对象语言时，还应该着重考虑以下一些实际因素。

1. 将来能否占主导地位

在若干年以后，哪种面向对象的程序设计语言将占主导地位呢？为了使自己的产品在若干年后仍然具有很强的生命力，人们可能希望采用将来占主导地位的语言编程。根据目前占有的市场份额，以及专业书刊和学术会议上所做的分析、评价，人们往往能够对未来哪种面向对象语言将占据主导地位做出一定预测。

2. 可重用性

采用面向对象方法开发软件的基本目的和主要优点，是通过重用提高软件生产率。重用可以使成本降低、软件质量提高、错误可以更快地被纠正以及恰当地使用重用可以改善系统的可维护性。因此，应该优先选用能够最完整、最准确地表达问题域语义的面向对象语言。这样可以使得软件的重用率得到提升。

3. 类库和开发环境

决定可重用性的因素，不仅仅是面向对象程序语言本身，开发环境和类库也是非常重要的因素。事实上，语言、开发环境和类库这 3 个因素综合起来，共同决定了可重用性。

考虑类库的时候，不仅应该考虑是否提供类库，还应该考虑类库中提供了哪些有价值的类。随着类库的日益成熟和丰富，在开发新应用系统时，需要开发人员自己编写的代码将越来越少。

为便于积累可重用的类和重用已有的类，在开发环境中，除了提供前述的基本软件工具外，还应该提供使用方便的类库编辑工具和浏览工具。其中的类库浏览工具应该具有强大的联想功能。

4. 其他因素

应该考虑的其他因素还有对用户学习面向对象分析、设计和编码技术所能提供的培训服务；在使用这个面向对象语言期间能提供的技术支持；能提供给开发人员使用的开发工具、开发平台、发行平台；对机器性能和内存的需求；集成已有软件的容易程度以及软件开发成本等。

10.2 提高程序设计质量

良好的程序设计对面向对象实现来说尤其重要，不仅能明显减少维护或扩充的开销，而且有助于在新项目中重用已有的程序代码。高质量的程序设计，既包括传统的程序设计风格准则，也包括为适应面向对象方法所特有的概念（例如，继承性）而必须遵循的一些新准则。

10.2.1 提高可重用性

面向对象方法的一个主要目标，就是提高软件的可重用性。软件重用有多个层次，在编码阶段主要涉及代码重用问题。代码重用有两种： 一种是本项目内的代码重用；另一种是新项目重用旧项目的代码。

内部重用是指找出设计中相同或相似的部分，然后利用继承机制共享它们。要实现外部重用则必须有长远眼光，需要反复考虑精心设计。虽然实现外部重用比实现内部重用需要考虑的面更广，但是，有助于实现这两类重用的程序设计准则却是相同的。下面讲述主要的准则：

1. 提高方法的内聚

一个方法（即服务）应该只完成单个功能。如果某个方法涉及两个或多个不相关的功能，则应该把它分解成几个更小的方法。

2. 减小方法的规模

应该减小方法的规模，如果某个方法规模过大（代码长度超过 50 行可能就太大了），则应该把它分解成几个更小的方法。

3. 保持方法的一致性

保持方法的一致性有助于实现代码重用。一般说来，功能相似的方法应该有一致的名字、参数特征（包括参数个数、类型和次序）、返回值类型、使用条件及出错条件等。

4. 把策略与实现分开

从所完成的功能看，有两种不同类型的方法。一类方法负责做出决策，提供变元，并且管理全局资源，可称为策略方法。另一类方法负责完成具体的操作，但却并不做出是否执行这个操作的决定，也不知道为什么执行这个操作，可称为实现方法。

策略方法应该检查系统运行状态，并处理出错情况，它们并不直接完成计算或实现复杂的算法。策略方法通常紧密依赖于具体应用，这类方法比较容易编写，也比较容易理解。

实现方法仅仅针对具体数据完成特定处理，通常用于实现复杂的算法。实现方法并不制定决策，也不管理全局资源，如果在执行过程中发现错误，它们应该只返回执行状态而不对错误采取行动。由于实现方法是自含式算法，相对独立于具体应用，因此，在其他应用系统中也可能重用它们。

为提高可重用性，在编程时不要把策略和实现放在同一个方法中，应该把算法的核心部分放在一个单独的具体实现方法中。为此需要从策略方法中提取出具体参数，作为调用实现方法的变元。

5. 全面覆盖

如果输入条件的各种组合都可能出现，则应该针对所有组合写出方法，而不能仅仅针对当前用到的组合情况写方法。例如，如果在当前应用中需要写一个方法，以获取表中第一个元素，则至少还应该为获取表中最后一个元素再写一个方法。

此外，一个方法不应该只能处理正常值，对空值、极限值及界外值等异常情况也应该能够作出有意义的响应。

6. 尽量不使用全局信息

应该尽量降低方法与外界的耦合程度，不使用全局信息是降低耦合度的一项主要措施。

7. 利用继承机制

在面向对象程序中，使用继承机制是实现共享和提高重用程度的主要途径。

（1）调用子过程。最简单的做法是把公共的代码分离出来，构成一个被其他方法调用的公用方法。可以在基类中定义这个公用方法，供派生类中的方法调用，如图 10.1 所示。

（2）分解因子。有时提高相似类代码可重用性的一个有效途径，是从不同类的相似方法中分解出不同的因子（即不同的代码），把余下的代码作为公用方法中的公共代码，把分解出的因子作为名字相同算法不同的方法，放在不同类中定义，并被这个公用方法调用，如图 10.2 所示。使用这种途径通常额外定义一个抽象基类，并在这个抽象基类中定义公用方法。把这种途径与面向对象语言提供的多态性机制结合起来，让派生类继承抽象基类中定义的公用方法，可以明显降低为增加新子类付出的工作量，因为只需在新子类中编写其特有的代码。

图 10.1　子过程的调用　　图 10.2　分解因子法

（3）使用委托。继承关系的存在意味着子类即父类，因此，父类的所有方法和属性应该都适用于子类。这种继承关系又称为白盒重用，“白盒”指的是可见性，通过继承，父类的内部结构对子类来说是可见的。但是，当且仅当确实存在一般 / 特殊关系时，使用继承才是恰当的。继承机制使用不当将造成程序难于理解、修改和扩充。

当逻辑上不存在一般 / 特殊关系时，为重用已有的代码，可以利用委托机制。委托通过对象合成技术达到和继承一样的效果。对象合成技术是通过将对象进行合成从而获得新的功能，对象合成需要用来进行合成的对象具备良好定义的接口。这种类型的重用被称为黑盒重用，“黑盒”指的是不可见性，通过合成，一个对象的内部结构对于另一个对象来说是不可见的。

（4）把代码封装在类中。程序员往往希望重用其他方法编写的、解决同一类应用问题的程序代码。重用这类代码的一个比较安全的途径，是把被重用的代码封装在类中。

例如，在开发一个数学分析应用系统的过程中，已知有现成的实现矩阵变换的商品软件包，程序员不想用 C++ 语言重写这个算法，于是他定义一个矩阵类把这个商品软件包的功能封装在该类中。

10.2.2　提高可扩充性

上一小节所述的提高可重用性的准则，也能提高程序的可扩充性。此外，下列的面向对象程序设计准则也有助于提高可扩充性。

1. 封装实现策略

应该把类的实现策略（包括描述属性的数据结构、修改属性的算法等）封装起来，对外只提供公有的接口，否则将降低日后修改数据结构或算法的自由度。

2. 不要用一个方法遍历多条关联链

一个方法应该只包含对象模型中的有限内容。违反这条准则将导致方法过分复杂，既不易理解，也不易修改扩充。

3. 避免使用多分支语句

一般说来，可以利用 DO_CASE 语句测试对象的内部状态，而不要用来根据对象类型选择应有的行为，否则在增添新类时将不得不修改原有的代码。应该合理地利用多态性机制，根据对象当前类型自动决定应有的行为。

4. 精心确定公有方法

公有方法是向公众公布的接口。对这类方法的修改往往会涉及许多其他类，因此，修改公有方法的代价通常都比较高。为提高可修改性，降低维护成本，必须精心选择和定义公有方法。私有方法是仅在类内使用的方法，通常利用私有方法来实现公有方法。删除、增加或修改私有方法所涉及的面要窄得多，因此代价也比较低。

10.2.3 提高健壮性

程序员在编写实现方法的代码时，应该既考虑效率又考虑健壮性。通常需要在健壮性与效率之间做出适当的折中。必须认识到，对于任何一个实用软件来说，健壮性都是不可忽略的质量指标。为提高健壮性应该遵守以下几条准则。

1. 能够应对用户的操作错误

软件系统必须具有处理用户操作错误的能力。当用户在输入数据时发生错误，不应该引起程序运行中断，更不应该造成“死机”。任何一个接收用户输入数据的方法，对其接收到的数据都必须进行检查，即使发现了非常严重的错误，也应该给出恰当的提示信息而不是“死机”，并准备再次接收用户的输入。

2. 检查参数的合法性

对公有方法，尤其应该着重检查其参数的合法性，因为用户在使用公有方法时可能违反参数的约束条件。

3. 不要预先确定限制条件

在设计阶段，往往很难准确地预测出应用系统中使用的数据结构的最大容量需求。因此不要预先设定限制条件。如果有必要和可能，则应该使用动态内存分配机制，创建未预先设定限制条件的数据结构。

4. 先测试后优化

为在效率与健壮性之间做出合理的折中，应该在为提高效率而进行优化之前，先测试程序的性能。人们常常惊奇地发现，事实上大部分程序代码所消耗的运行时间并不多。应该仔细研究应用程序的特点，以确定哪些部分需要着重测试（例如，最坏情况出现的次数及处理时间，可能需要着重测试）。经过测试，合理地确定为提高性能应该着重优化的关键部分。如果实现某个操作的算法有多种，则应该综合考虑内存需求、速度及实现的简易程度等因素，经合理折中选定适当的算法。

10.3 面向对象的软件测试方法和策略

软件测试的经典策略是从“小型测试”开始，逐步过渡到“大型测试”。用软件测试的专业术语描述，就是从单元测试开始，逐步进入集成测试，最后进行系统测试。对于传统的软件系统来说，单元测试集中测试最小的可编译的程序单元（过程模块），一旦把这些单元都测试完之后，就可以把它们集成到程序结构中去；在集成过程中还应该进行一系列的回归测试，以发现模块接口错误和新单元加入到程序中所带来的副作用；最后，把软件系统作为一个整体来测试，以发现软件错误。测试面向对象软件的策略与上述策略基本相同，但也有许多新特点。

10.3.1 面向对象的单元测试——类测试

当考虑面向对象的软件时，单元的概念改变了。“封装”导致了类和对象的定义，这意味着类和类的实例（对象）包装了属性（数据）和处理这些数据的操作（也称为方法或服务）。现在，最小的可测试单元是封装起来的类和对象。一个类可以包含一组不同的操作，而一个特定的操作也可能存在于一组不同的类中。因此，对于面向对象的软件来说，单元测试的含义发生了很大变化。

测试面向对象的软件时，不能再孤立地测试单个操作，而应该把操作作为类的一部分来测试。例如，假设有一个类层次，操作 X 在超类中定义并被一组子类继承，每个子类都使用操作 X，但是，X 调用子类中定义的操作并处理子类的私有属性。由于在不同的子类中使用操作 X 的环境有微妙的差别，因此有必要在每个子类的语境中测试操作 X。这就说明，当测试面向对象的软件时，传统的单元测试方法是不适用的，不能再在“真空”中（即孤立地）测试单个操作。

1. 类测试的内容

对一个类进行测试就是检验这个类是否只做规定的事情，确保一个类的代码能够完全满足类的说明所描述的要求。在运行了各种类的测试后，如果代码的覆盖率不完整，这可能意味着该类设计过于复杂，需要简化成几个子类，或者需要更多的测试用例来进行测试。

2. 类测试的时间

类测试可以在开发过程中的不同位置进行。在递增的反复开发过程中，一个类的说明和实现在一个工程中可能会发生变化，所以应该在软件的其他部分使用该类之前进行测试，当一个类的实现发生变化时，要执行回归测试。

一般在完全说明一个类、并且准备对其编码后不久，就开发一个类测试的测试用例。确定早期测试用例有利于开发人员理解类说明，也有助于获得独立代码检查的反馈。

3. 类测试的测试人员

同传统测试一样，类测试通常由开发人员完成，由于开发人员对代码极其的熟悉，可以方便使用基于执行的测试方法。

4. 类测试的方法

类测试的方法有代码检查和执行测试用例。代码检查法比较简单，但是和基于执行的测试用例相比，代码检查有以下两个不利之处：

- 代码检查易受人为因素影响；
- 代码检查在回归测试方面需要更多的工作量，常常和原始测试差不多。

尽管基于执行的测试方法克服了以上的缺点，但是确定测试用例和开发测试驱动程序也需要很大的工作量。一旦确定了一个类的可执行测试用例，就必须执行测试驱动程序来运行每一个测试用例，并给出每一个测试用例的结果。

一些传统测试方法如等价分类法、因果图法、边界值分析法、逻辑覆盖法、路径覆盖法和插桩法都可以使用。

5. 类测试程度

可以根据已经测试了多少类实现和多少类说明来衡量测试的充分性。通常，还要结合风险分析来确定测试需要进行到的程度。

10.3.2　面向对象的集成测试

在面向对象程序中，相互调用的功能是散布在程序的不同类中的，类通过消息相互作用，申请和提供服务。类的行为与它的状态密切相关，状态不仅仅是体现在类数据成员的值，也许还包括其他类中的状态信息。因此传统的自顶向下或自底向上的集成策略就没有意义了。

面向对象的程序由若干对象组成，程序中对象的正确交互对程序正确性是非常关键的。交互测试的重点是确保对象（对象的类被测试过）的消息传递能正确进行。交互测试的执行可以使用嵌入到应用程序中的交互对象，或者在独立的测试工具提供环境中，交互测试通过使得该环境中的对象相互交互而执行。

面向对象集成测试能够检测出类相互作用时才会产生的错误。单元测试保证成员函数行为的正确性，集成测试关注系统的结构和内部的相互作用。面向对象的集成测试可以分成两步进行，先进行静态测试，再进行动态测试。

静态测试主要针对程序的结构进行，检测程序结构是否符合设计要求。主流测试软件都提供了一种“可逆性工程”的功能，即通过源程序得到类关系图和函数功能调用关系图，用于检测程序结构和程序的实现是否有缺陷、是否达到了设计要求。

动态测试在设计测试用例时，需要静态测试得到的功能调用结构图，以及需求说明中的类关系图或者实体－关系图为参考，确定不需要被重复测试，从而优化测试用例，减少测试工作量，使得测试能够达到一定覆盖标准。测试所要达到的覆盖标准可以是达到类所有的服务要求提供的一定覆盖率；依据类间传递的消息，达到对所有执行线程的一定覆盖率；达到类的所有状态的一定覆盖率；也可以借助一些测试工具来得到程序代码的覆盖率等。

具体设计测试用例，可以参考下列步骤：

- 先选定检测的类，仔细给出类的状态和相应的行为、类或成员函数间传递的消息、输入或输出的界定等。
- 确定覆盖标准。
- 利用结构关系图确定待测类的所有关联。
- 根据程序中类的对象构造测试用例，确认使用什么输入激发类的状态、使用类的服务和期望产生什么行为等。

10.3.3 面向对象的系统测试

通过单元测试和集成测试，仅能保证软件开发的功能得以实现，但不能确认它是否满足用户的需要。所以，对完成开发的软件必须经过规范的系统测试。系统测试是测试整个系统以确定是否能够满足所有需求行为，测试的目的是找出系统中存在的缺陷和发现导致实际操作和系统需求之间存在差异的缺陷。

在系统测试层次，不再考虑类之间相互连接的细节。和传统的系统测试一样，面向对象软件的系统测试也集中检查用户可见的动作和用户可识别的输出。为了导出系统测试用例，测试人员应该认真研究动态模型和描述系统行为的脚本，以确定最可能发现用户交互需求错误的情景。

由于系统测试不考虑内部结构和中间结果，因此，面向对象软件的系统测试与传统软件的系统测试区别不大，具体内容包括：

（1）功能测试：测试是否满足开发要求，是否能够提供设计所描述的功能，用户的需求是否都得到满足。功能测试是系统测试最常用和最必需的测试，通常会以正式的软件说明书为测试标准。

（2）强度测试：测试系统能力的最高实际限度，即软件在一些超负荷的情况下的功能实现情况。如要求软件某一行为的大量重复、输入大量的数据或大数值数据、对数据库进行大量复杂查询等。

（3）性能测试：测试软件的运行性能。这种测试常常与强度测试结合进行，需要事先对被测软件提出性能指标，如传输连接的最长时限、传输的错误率、计算的精度、记录的精度、响应的时限和恢复的时限等。

（4）安全测试：验证安装在系统内的保护机构能否对系统进行保护，使之不受各种非常的干扰。安全测试时需要设计一些测试用例试图突破系统的安全保密措施，检验系统是否有安全保密漏洞。

（5）恢复测试：采用人工的干扰使软件出错，中断软件使用并检测系统的恢复能力。

（6）可用性测试：测试用户对系统的使用是否满意（如操作是否方便、用户界面是否友好等）。

（7）安装 / 卸载测试：检验系统的安装 / 卸载功能是否符合需求。

本章小结

面向对象技术在软件工程中的推广使用，使得传统的设计方法和测试方法受到了极大的冲击，由于面向对象技术所引入的新特点，传统的软件测试方法已不能有效地测试面向对象软件，因此，必须针对面向对象程序的特点，建立新的面向对象设计和测试方法。

在本章中，首先介绍了面向对象程序语言的优点和技术特点，其次探讨了如何提高程序设计的质量。并且从单元测试、集成测试、系统测试三个步骤简单介绍了面向对象的软件测试方法和简单策略。

习题

1. 面向对象语言的优点是什么？
2. 实现代码重用的设计准则是什么？
3. 面向对象实现选择程序设计语言的依据是什么？
4. 请简述面向对象软件的测试过程。
5. 什么是面向对象的系统测试？系统测试具体测试内容包括哪些？

第11章 软件项目管理

学习目标

基本要求：了解软件项目规模和软件开发成本的估算方法；了解软件开发成本估算模型；了解软件项目进度安排、软件项目计划内容及软件项目计划类型；了解甘特图与任务网络图；了解能力成熟度模型相关概念、级别划分和对应的关键过程域及主要工作。

重点：软件开发成本估算；软件项目进度安排；COCOMO 模型；甘特图与任务网络图；CMM 模型。

难点：COCOMO 模型；甘特图与任务网络图。

项目管理已经成为一种广泛应用于各行各业的技术管理过程。同其他任何工程项目一样，软件项目也存在一个非常重要的问题，即软件项目管理问题，但相比较，软件项目因其异常复杂而更难以管理。对软件项目实施有效的管理是软件成败的关键。事实证明，很多软件项目失败的原因，并非在于开发人员的水平不够，而是因为管理的不善。软件项目管理关注计划和资源分配以保证在预算内按时完成质量合格的项目。软件项目管理开始于技术工作开始之前，在软件从概念到实现的过程中持续进行，最后终止于软件项目工程结束。

软件项目管理是为了使软件项目能够按照预定成本、进度、质量顺利完成，而对成本、人员、进度、质量、风险等进行分析和管理等活动，软件项目管理包括启动过程组、计划过程组、执行过程组、控制过程组、收尾过程组。一般来说，软件项目管理的内容主要包括成本管理、质量管理、软件配置管理，成本管理是软件项目管理的主要内容之一。成本管理就是根据企业的情况和项目的具体要求，利用公司既定的资源，在保证项目的进度、质量达到用户满意的情况下，对软件项目成本进行有效的组织、实施、控制、跟踪、分析和考核等一系列管理活动，最大限度地降低项目成本，提高项目利润，其主要任务包括：①估算软件项目的成本，作为签订合同或项目立项的依据；②在软件开发过程中按计划管理经费的使用。质量管理就是确保产出的软件，满足用户明确需求、隐含需求的能力的所有特性，其主要任务包括：①按照软件质量评价体系控制质量要素，制定软件质量保证计划；②对阶段的软件产品进行评审；③对最终产品进行验证和确认，确保软件产品的质量。软件配置管理，贯穿于整个软件生命周期，它为软件研发提供了一套管理办法和活动原则，其主要任务包括：①制订配置管理计划；②对程序、文档和数据的各种版本进行管理，确保软件的完整性和一致性。

软件项目管理过程从制订项目计划活动开始，而制订项目计划的基础是项目工作量的估算和项目完成期限的估算。为了估算项目工作量和项目完成期限，首先要估算软件的规模。

11.1 软件规模的估算

软件项目的规模估算是一件非常复杂的事情，因为软件本身的复杂性、历史经验的缺乏、估算工具的缺乏以及一些人为失误，导致软件项目的规模估算往往和实际情况相差甚远。因此，估算错误已被列入软件项目失败的四大原因之一。

下面介绍两种软件项目规模的估算方法。

11.1.1　面向规模的度量

用软件项目的代码行（Line of Code, LOC）数表示软件项目的规模是十分自然和直观的。代码行数可以通过人工或软件工具直接测量。几乎所有的软件开发组织都保存软件项目的代码行数记录。利用代码行数不仅能度量软件的规模，还可以度量软件开发的生产率、开发每行代码的平均成本、文档与代码的比例关系、每千行代码存在的软件错误个数等。

代码行技术是比较简单的定量估算软件规模的方法。这种方法依据以往开发类似产品的经验和历史数据，估计实现一个功能所需要的源程序行数。

为了使得程序规模的估计值更接近实际值，可以由多名有经验的软件工程师分别做出估计。每个人都估计程序的最小规模（a）、最大规模（b）和最可能的规模（m），分别算出这 3 种规模的平均值 $\overline{a}$、$\overline{b}$ 和 $\overline{m}$ 之后，再用下式计算程序规模的估计值：

$$L=\frac{\overline{a}+4\overline{m}+\overline{b}}{6}$$

用代码行技术估算软件规模时，当程序较小时常用的单位是代码行（LOC）数，当程序较大时常用的单位是千行代码（kLOC）数。

例如，某软件公司统计发现该公司每一万行 C 语言源代码形成的源文件约为 250 KB。某项目的源文件大小为 3.75 MB，则可以估计该项目源代码大约为 15 万行，该项目累计投入工作量为 240 人月，每人月费用为 10 000 元，则该项目中 LOC 的价值为

(240 × 10 000)/150 000=16(元 /LOC)

该项目的人月均代码行数为

150 000/240=625(LOC/ 人月)

代码行技术的优点是简单易行，但缺点也很明显。代码行技术的缺点包括源程序仅是软件的一个成分，用它的规模代表整个软件的规模不太合理，不同语言实现同一个软件所需要的代码行数并不相同，不适用于非过程语言。若在估算中使用，很难达到要求的详细程度（计划者必须在分析和设计远未完成之前就要估算出需要生产的 LOC）。

11.1.2　面向功能的度量

面向功能的软件度量是对软件和软件开发过程的间接度量。面向功能度量的关注点在于程序的功能性和实用性，而不是对 LOC 计数。一种典型的生产率度量法叫做功能点度量，该方法利用软件信息域中的一些计数度量和软件复杂性估计的经验关系式而导出功能点（Function Points，FP）。功能点通过填写如图 11.1 所示的表格来计算。首先确定五个信息域的特征，并在图中相应位置给出计数。信息域的值以如下方式定义：

用户输入数：各个用户输入是面向不同应用的输入数据，对它们都要进行计数。输入数据应有别于查询数据，它们应分别计数。

用户输出数：各个用户输出是为用户提供的面向应用的输出信息，它们均应计数。这里的输出是指报告、屏幕信息、错误信息等，在报告中的各数据项不应再分别计数。

用户查询数：查询是一种联机输入，它导致软件以联机输出的方式生成某种即时的响应。每一个不同的查询都要计数。

文件数：每一个逻辑主文件都应计数。这里的逻辑主文件是指逻辑上的一组数据，它们可以是一个大的数据库的一部分，也可以是一个单独的文件。

外部接口数：对所有被用来将信息传送到另一个系统中的机器可读写的接口（即磁带或磁盘上的数据文件）均应计数。

信息域参数	计数		加权因数 → 简单	中间	复杂		加权计数
用户输入数	□□□	×	3	4	6	=	□□□
用户输出数	□□□	×	4	5	7	=	□□□
用户查询数	□□□	×	3	4	6	=	□□□
文件数	□□□	×	7	10	5	=	□□□
外部接口数	□□□	×	5	7	10	=	□□□
总计数	→						□□□

图 11.1　功能点度量的计算

一旦收集到上述数据，就可以计算出与每一个计数相关的复杂性值。图 11.1 计算出的总计数，也称为未调整的功能点数 UFP。使用功能点方法的机构要自行拟定一些准则以确定一个特定项是简单的、平均的还是复杂的。计算功能点使用如下关系式：

$$\text{FP}=\text{总计数}\times(0.65+0.01\times\sum_{i=1}^{14}F_i)$$

式中：F_i 按表 11.1 估算，F_i 取值为 0,1,…,5，表示 F_i 在 FP 中起作用的程度。当 F_i=0 时，表示否定或 F_i 不起作用，F_i=5 时，表示肯定或 F_i 作用最大。

表 11.1　F_i 定值表

序号 i	问　题	F_i 取值 0,1,…,5
1	系统是否需要可靠的备份和恢复	
2	系统是否需要数据通信	
3	系统是否有分布处理的功能	
4	性能很关键吗	
5	系统是否运行在现存的实用的操作环境中	
6	系统是否需要联机数据登录	
7	联机数据登录是否需要在多窗口或多操作之间切换以完成输入	
8	主文件是否需要联机更新	
9	输入、输出、文件、查询是否复杂	
10	系统内部处理是否复杂	

续表

序号 i	问　　题	F_i 取值 0,1,⋯,5
11	程序代码是否可重用	
12	设计中是否包括了转移和安装	
13	系统是否可以重复安装在不同机构中	
14	系统是否被设计成易修改和易使用	

【例 11.1】某医院要开发一个电话挂号的软件管理系统，其需求描述如下，计算该软件系统的未调整功能点数。

许多医院存在高峰期挂号排队时间长，就诊等待时间长，倒号现象频发的问题。因此，构建一个网上预约挂号系统，通过推荐患者使用该系统进行出诊信息查询和医生预约，可以缓解就诊压力、节约患者的时间，并且可以在一定程度上保证预约者和就诊者一致，有利于提高医院的服务质量。

需求描述：让患者能够及时挂号，并能顺利就诊，而可能的子目标包括患者能够注册账号；患者能够登录账号；患者能够查询预约记录；患者能够取消已有预约；患者能够查询出诊信息。关键成功因素，要保证系统 24 小时正常稳定运行，系统里的信息要是实时变化的，即可以预约的医生要和实际在值班的医生要匹配，不能出现挂上号了却没有医生就诊的情况。

解析：该系统用户输入数据有“病人名”“挂号时间”“完成的挂号”和“取消挂号”，其中前 3 项的加权因数为“简单”，最后一项的加权因数为“中间”。

该系统用户输出数据有“病情说明”“挂号登记表”“支持细节”“挂号信息”“未就诊病人清单”“每天工作安排”和“每周工作安排”，其中第 1 项的加权因数为“简单”，第 2 项至第 5 项的加权因数为“中间”，最后 2 项的加权因数为“复杂”。

该系统用户查询数据有“按名字查询”“按日期查询”“核实病人”“查看挂号登记表”和“查看完成的挂号”，其中前 2 项的加权因数为“简单”，后 3 项的加权因数为“中间”。

该系统文件有“病人记录”，其加权因数为“中间”。

该系统无外部接口。

上述数据确定后，查阅图 11.1 得到每项加权因数为的具体数，用下式计算未调整的功能点数。

$$\text{UFP} = 3\times3+1\times4+1\times4+4\times5+2\times7+2\times3+3\times4+1\times10=79$$

一旦计算出功能点数，则以类似 LOC 的方法来度量软件项目的开发效率、成本等。

（1）生产率：每人月完成的功能点数。

（2）平均成本：每功能点的平均成本。

（3）文档与功能点比：每个功能点的平均文档页数。

（4）代码出错率：每个功能点的平均错误个数。

功能点度量法没有直接涉及软件系统本身的算法复杂性。因此，它适合算法比较简单的商业信息系统的软件规模度量，对于算法较复杂的软件系统，如实时系统软件、大型嵌入式系统软件等就不适用了。1986 年 Jones 推广了功能点的概念，引入特征点度量，使之适用于算法复杂性较高的工程系统。

功能点度量的优点比较明显，它与程序设计语言无关，它不仅适用于过程式语言，也适用于非过程式语言；因为软件项目开发初期就能基本上确定系统的输入、输出参数，所以功能点度量能作为一种估算方法适用于软件项目的开发初期。

功能点度量的缺点在于，涉及的主观因素比较多，如各种加权函数的取值；信息域中的某些数据不易收集；FP的值只是抽象的数字，无直观的物理意义。

基于LOC和FP的各种优缺点，在具体使用时应根据度量对象而有选择性地使用。

11.2 工作量的估算

为使软件开发项目能够按期完成，而且不超过预算，成本估计和管理控制是关键。软件开发成本主要是指软件开发过程中所花费的工作量及相应的代价。它不同于其他物理产品的成本，它不包括原材料和能源的消耗，主要是人的劳动消耗。人的劳动消耗所需代价是软件产品的开发成本。另一方面，软件产品不存在重复制造过程，它的开发成本是一次性开发所花费的代价来计算的。因此软件开发成本的估算应从软件计划、需求分析、设计、编码、单元测试、集成测试到确认测试，即整个软件开发的全过程所花费的代价作为依据。

11.2.1 软件开发成本估计方法

对于一个大型的软件项目，由于项目的复杂性，开发成本的估算不是一件简单的事，要进行一系列的估算处理，主要靠分解和类推的手段进行。基本估算方法分为如下三类：

1. 自顶向下的估算方法

这种方法是从项目的整体出发，进行类推。即估计人员根据已完成项目所耗费的总成本（或总工作量），推算将要开发的软件的总成本（或总工作量），然后按比例将它分配到各开发任务中去，再检验它是否能满足要求。这种方法的优点是估算量小，速度快。缺点是对项目中的特殊困难估计不足，估算出来的成本盲目性大，有时会遗漏待开发软件的某些部分。

2. 自底向上的估计法

这种方法是把待开发的软件细分，直到每一个子任务都已经明确所需要的开发工作量，然后把它们加起来，得到软件开发的总工作量。这是一种常见的估算方法。它的优点是估算各个部分的准确性高。缺点是不仅缺少各项子任务之间相互联系所需要的工作量，还缺少许多与软件开发有关的系统级工作量（配置管理、质量管理、项目管理）。所以往往估计值偏低，必须用其他方法进行校验和校正。

3. 差别估计法

这种方法综合了上述两种方法的优点，把待开发的软件项目与过去已完成的软件项目进行比较，不同的部分则采用相应的方法进行估算。这种方法的优点是可以提高估算的准确程度，缺点是不容易明确“类似”的界限。

除以上几种方法外，有些机构还采用专家估算法。所谓专家估算法，是指由多位专家进行成本估算。这样可以避免单独一位专家可能出现的偏见。具体是先由各个专家进行估算，然后采用各种方法把这些估算值合成一个估算值。

11.2.2 成本估算模型

开发成本估算模型通常采用经验公式来预测软件项目计划所需要的成本、工作量和进度。需要注意的是现在还没有一种估算模型能够适用于所有的软件和开发环境，也不能保证每一种模型得到的数据都是准确的。因此必须慎重使用这些成本估算模型得到的数据。下面介绍两种著名的成本估算模型。

1. IBM 模型

1977 年，IBM 的 Walston 和 Felix 总结了 IBM 联合系统分部（FSD）负责的 60 个项目的数据。其中各项目的源代码行数从 400 行到 467 000 行，开发工作量从 12 到 11758 人月，共使用 29 种不同语言和 66 种计算机。利用最小二乘法拟合，提出了如下的估算公式：

E=5.2 × L × 0.91　　L 是源代码行数（以 kLOC 计量），E 是工作量（以 PM 计量）；

D=4.1 × L × 0.36　　D 是项目持续时间（以月计量）；

S=0.54 × E × 0.6　　S 是人员需要量（以人计量）；

DOC=49 × L × 1.01　　DOC 是文档数量（以页计量）。

IBM 模型是一个静态单变量模型，只要估算出了源代码的数量，就可以对工作量、文档数量等进行估算了。一般一条机器指令为一行源代码。一个软件的源代码行数不包括程序注释、作业命令、调试程序在内。对于非机器指令编写的源程序，如汇编语言或高级语言程序，应转换成机器指令源代码行数来考虑。在应用中有时要根据具体实际情况，对公式的参数进行修改。

2. COCOMO 模型

这是由 Boehm 提出的、TRW 公司开发的结构型成本估算模型，是一种精确、易于使用的成本估算方法。在该模型中使用的基本量有以下几个：

DSI：源指令条数，定义为代码或卡片形式的源程序行数。若一行有两个语句，则算做一条指令。它包括作业控制语句和格式语句，但不包括注释语句。并且 kDSI ＝ 1000DSI。

MM：表示开发工作量，度量单位为人月。

TDEV：表示开发进度，度量单位为月，它由工作量决定。

在 COCOMO 模型中，考虑开发环境，软件开发项目的总体类型可分为三种：组织型、嵌入型和介于上述两种软件之间的半独立型。

COCOMO 模型按其详细程度分成三级：基本 COCOMO 模型、中间 COCOMO 模型、详细 COCOMO 模型。基本 COCOMO 模型是一个静态单变量模型，它用一个以已估算出来的源代码行数（LOC）为自变量的（经验）函数来计算软件开发工作量。中间 COCOMO 模型则在用 LOC 为自变量的函数计算软件开发工作量（此时称为名义工作量）的基础上，再用涉及产品、硬件、人员、项目等方面属性的影响因素来调整工作量的估算。详细 COCOMO 模型包括中间 COCOMO 模型的所有特性，但用上述各种影响因素调整工作量估算时，还要考虑对软件工程过程中每一步骤（分析、设计等）的影响。

基本 COCOMO 模型的工作量和进度公式见表 11.2。

表 11.2　基本 COCOMO 模型工作量和进度公式

总体类型	工　作　量	进　　度
组织型	$MM=2.4(kDSI)^{1.05}$	$TDEV=2.5(MM)^{0.38}$
半独立型	$MM=3.0(kDSI)^{1.12}$	$TDEV=2.5(MM)^{0.35}$
嵌入型	$MM=3.6(kDSI)^{1.20}$	$TDEV=2.5(MM)^{0.32}$

利用上面公式，可求得软件项目或分阶段求得各软件任务的开发工作量和开发进度。以上经验模型，都是从已有软件项目中进行回归分析得到的，带有极大的经验成分。对同一个项目，

使用不同的经验模型，得到软件开发的成本不一定相同。

对于预测的结果，只要预测成本和实际成本相差不到 20%，开发时间的估计相差不到 30% 以内，就足以给软件工程提供很大的帮助了。

11.3 项目进度计划和把控

软件开发项目的进度安排有两种考虑方式：

（1）系统最终交付日期已经确定，软件开发部门必须在规定期限内完成；

（2）系统最终交付日期只确定了大致的年限，最后交付日期由软件开发部门确定。

后一种安排能够对软件项目进行细致分析，最好地利用资源，合理地分配工作，而最后的交付日期可以在对软件进行仔细地分析之后再确定下来；但前一种安排在实际工作中常遇到，如不能按时完成，用户会不满意，甚至还会要求赔偿经济损失，所以必须在规定的期限内合理地分配人力和安排进度。

进度安排的准确程度可能比成本估算的准确程度更重要，同时进度的安排也是一件困难的任务，进度安排好坏往往会影响整个软件项目能否按期完成，因此在安排软件开发进度时，既要考虑各个子任务之间的相互联系，尽可能并行地安排任务，又要预见潜在的问题，提供意外事件的处理意见。

11.3.1 进度安排的方法

软件项目的进度安排与任何一个多任务工作的进度安排基本差不多，因此，只要稍加修改，就可以把用于一般开发项目的进度安排的技术和工具应用于软件项目。软件项目的进度计划和工作的实际进展情况需要采用图示的方法描述，特别是表现各项任务之间进度的相互依赖关系。以下介绍几种有效的图示方法。在这几种图示方法中，有几个信息必须明确标明。

- 各个任务的计划开始时间，完成时间；
- 各个任务完成的标志（即○文档编写和△评审）；
- 各个任务与参与工作的人数，各个任务与工作量之间的衔接情况；
- 完成各个任务所需的物理资源和数据资源；

1. 甘特图

甘特图用水平线段表示任务的工作阶段；线段的起点和终点分别对应任务的开工时间和完成时间；线段的长度表示完成任务所需的时间。图 11.2 给出了一个具有 5 个任务的甘特图。如果这 5 条线段分别代表完成任务的计划时间，则在横坐标方向附加一条可向右移动的纵线。它可随着项目的进展，指明已完成的任务（纵线扫过的）和有待完成的任务（纵线尚未扫过的）。从甘特图上可以很清楚地看出各子任务在时间上的对比关系。在甘特图中，每一任务的完成不是以能否继续下一阶段任务为标准，而是必须交付应交付的文档与通过评审为标准。因此在甘特图中，文档编制与评审是软件开发进度的里程碑。甘特图的优点是标明了各任务的计划进度和当前进度，能动态地反映软件开发进展情况；缺点是难以反映多个任务之间存在的复杂的逻辑关系。

2. PERT 技术和 CPM 方法

PERT 技术叫做计划评审技术，CPM 方法叫做关键路径法，它们都是安排开发进度，制订软件开发计划最常用的方法。它们都采用网络图来描述一个项目的任务网络，也就是从一个项目的开始到结束，把应当完成的任务用图或表的形式表示出来。通常用两张表来定义网络图，一张表给出与一特定软件项目有关的所有任务（也称为任务分解结构），另一张表给出应当按照什么样的次序来完成这些任务（也称为限制表）。

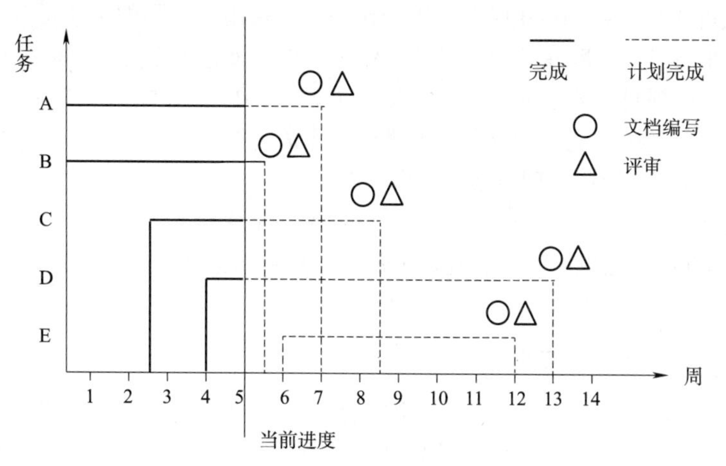

图 11.2　甘特图

PERT 技术和 CPM 方法都为项目计划人员提供了一些定量的手段。

（1）确定关键路径，决定项目开发时间的任务链。

（2）应用统计模型，对每一个单独的任务确定最可能的开发持续时间的估算值。

（3）计算边界时间，以便为具体的任务定义时间窗口。边界时间的计算对于软件项目的计划调度是非常有用的。

例如，某软件项目在进入编码阶段之后，考虑安排三个模块 A、B、C 的开发工作。其中，模块 A 是公用模块，模块 B 与 C 的测试依赖于模块 A 调试的完成。模块 C 是利用现成已有的模块，但对它要在理解之后做部分修改。最后直到 A、B 和 C 做组装测试为止。这些工作步骤按图 11.3 来安排。在此图中，各边表示要完成的任务，边上均标注任务的名字，如“A 编码”表示模块 A 的编码工作。边上的数字表示完成该任务的持续时间。图中有数字编号的结点是任务的起点和终点，0 号结点是整个任务网络的起点，8 号结点是终点。图中明确地表明了各项任务的计划时间，以及各项任务之间的依赖关系。

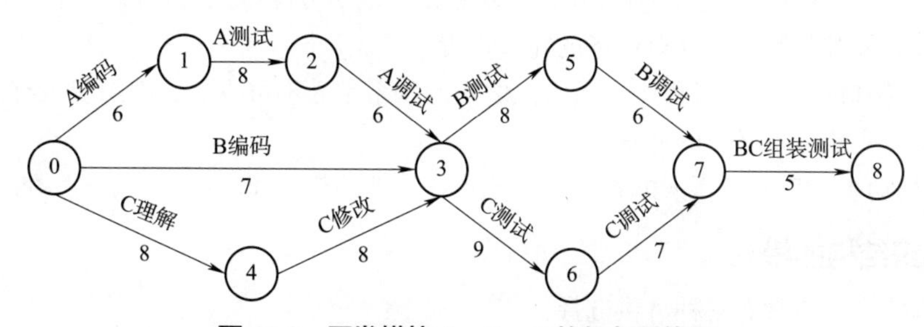

图 11.3　开发模块 A、B、C 的任务网络图

在组织较为复杂的项目任务时，或是需要对特定的任务进一步做更为详细的计划时，可以使用分层的任务网络图。

11.3.2 制订开发进度计划

Pressma 给出了在整个定义与开发阶段工作量分配的一种建议方案。这个分配方案称为 40-20-40 规则。它指出在整个软件开发过程中，编码的工作量仅占 20%，编码前的工作量占 40%，编码后的工作量占 40%。40-20-40 规则只用来作为一个指南。实际的工作量分配比例必须按照每个项目的特点来决定。一般在计划阶段的工作量很少超过总工作量的 2% ~ 3%，除非是具有高风险的巨额投资的项目。需求分析可能占总工作量的 10% ~ 25%。花费在分析或原型化上面的工作量应当随项目规模和复杂性成比例地增加。通常用于软件设计的工作量在 20% ~ 25%，而用在设计评审与反复修改的时间也必须考虑在内。

由于软件设计已经投入了工作量，因此其后的编码工作相对来说困难要小一些，用总工作量的 15% ~ 20% 就可以完成。测试和随后的调试工作约占总工作量的 30% ~ 40%。所需要的测试量往往取决于软件的重要程度。

11.3.3 项目计划与大学生涯规划

项目计划包括项目目标的确立、实施方案的制定、预算的编制、预测的进行、人员的组织、政策的确立、执行程序的安排及标准的选用。项目计划既有系统性又有灵活性。项目计划的制订，对于项目成功地完成非常关键，意义非凡。

11.4 人员安排和组织

参加软件项目的人员组织起来，发挥最大的工作效率，对成功地完成软件项目极为重要，而软件开发是以团队协作的方式进行。因此开发组织采用什么形式，如何使开发人员高效地协同工作，要针对软件项目的特点来决定，同时也与参与人员的素质有关。

11.4.1 软件项目组织原则

构建一个好的软件组织来进行软件开发，是一切软件项目开发能够顺利进行的必要条件之一。组织松散、责任不明确是开发质量软件的大忌。针对软件项目不同于其他工程项目的特性，软件项目的组织形式可以由开发人员的工作习惯来决定，而其中人的因素是不容忽视的。在建立软件开发组织时，应遵循如下的组织原则：

（1）尽早落实责任：在软件项目开始策划之时，就要分配好人力资源，指定专人负责专项任务。负责人有权进行管理，并对任务的完成负责。

（2）减少接口：在开发过程中，人与人之间的联系是必不可少的，组织应该有合理的分工，好的组织结构，应减少不必要的通信。

（3）责权均衡：项目负责人的责任不应比委任给他的权力还大。

11.4.2 组织结构的模式

组织结构的模式通常有三种可供选择：

（1）按项目划分的模式。软件人员按项目组成小组，小组成员自始至终参加所承担项目的各项任务，负责完成软件产品的定义、设计、实现、测试、复查、文档编制甚至包括维护在内的全过程。

（2）按职能划分的模式。把参加开发项目的软件人员按任务的工作阶段划分成若干专业小组。待开发的软件产品在每个专业小组完成阶段加工（即工序）以后，沿工序流水线向下传递。例如，分别建立计划组、需求分析组、设计组、实现组、系统测试组、质量保证组、维护组等。各种文档按工序在各组之间传递。这种模式在小组之间的联系形成的接口较多，但便于软件人员熟悉小组的工作，进而变成这方面的专家。各个小组的成员定期轮换有时是必要的，为的是减少每个软件人员因长期做单调的工作而产生的乏味感。

（3）矩阵形模式。这种模式实际上是以上两种模式的复合。一方面，按工作性质，成立一些专业组，如开发组、业务组、测试组等；另一方面，每一个项目又有项目经理人员负责管理。每个软件人员属于某一个专业组，又参加某一项目的工作。

11.4.3　程序设计小组的组织形式

通常认为程序设计工作是按独立方式进行的，程序人员独立地完成任务。但这并不意味着互相之间没有联系。人员之间联系的多少和联系的方式与生产率直接相关。程序设计小组内人数少，如2～3人，且人员之间的联系比较简单。但在增加人员数目时，相互之间的联系复杂起来，并且不是按线性关系增长。已经进行中的软件项目在任务紧张、延误了进度的情况下，不鼓励增加新的人员给予协助。除非分配给新成员的工作是比较独立的任务，并不需要对原任务有更细致的了解，也没有技术细节的牵连。

小组内部人员的组织形式对生产率也有影响，常用的组织形式有3种。

1. 主程序员制小组

小组的核心由一位主程序员、2～5名技术员、一位后援工程师组成。主程序员负责小组全部技术活动的计划、协调与审查工作，还负责设计和实现项目中的关键部分。技术员负责项目的具体分析与开发，以及文档资料的编写工作。后援工程师支持主程序员的工作，为主程序员提供咨询，也做部分分析、设计和实现的工作。并在必要时能代替主程序员工作。主程序员制小组还可以由一些专家（如通信专家或数据库设计专家）、辅助人员和秘书（如软件资料员协助工作）。这种集中领导的组织形式能否取得好的效果，很大程度上取决于主程序员的技术水平和管理才能。

2. 民主制小组

在民主制小组中，遇到问题，组内成员之间可以平等地交换意见。这种组织形式强调发挥小组每个成员的积极性，要求每个成员充分发挥主动精神和协作精神。这种组织形式适合于研制时间长、开发难度大的项目。

3. 层次式小组

在层次式小组中，组内人员分为3级：组长（项目负责人）负责全组工作，包括任务分配、技术评审和走查、掌握工作量和参加技术活动。他直接领导2～3名高级程序员，每位高级程序员通过基层小组，管理若干位程序员。这种组织结构只允许必要的人际通信。比较适用于项目本身就是层次结构的课题。

这种结构比较适合项目本身就是层次结构的课题。可以把项目按功能划分成若干子项目，把子项目分配给基层小组，由基层小组完成。基层小组的领导与项目负责人直接联系。这种组织方式比较适合于大型软件项目的开发。

以上三种组织形式并非一成不变的，可以根据实际情况，组合起来灵活运用。总之，软件开发小组的主要目的是发挥集体的力量进行软件研制，小组应该培养“团队”的精神进行程序设计，消除软件的“个人”性质。

【例 11.2】假设要开发一个软件项目，用户已经提供了完整的需求说明。现在你被任命为该软件项目的负责人，你的软件开发小组以前做过的软件项目与现在要开发的软件项目相似，但是可能规模更大更复杂一些。你打算采用什么样的项目组织形式？理由是什么？你计划采用什么样的软件开发模型？理由是什么？

解析：软件项目小组内部人员的组织形式有主程序员制小组、民主制小组和层次式小组三种，它们各有优缺点。对于本项目而言，项目组的组织结构采用主程序员制小组形式较为合适。因为要开发的软件项目与以前做过的软件项目相似，开发人员已经积累了丰富的经验，没有多少难题需要克服。采用主程序员制小组形式可以减少通信开销，充分发挥技术骨干的作用，统一意志、统一行动，提高生产率，加快开发进度。

本项目的软件开发模型采用瀑布模型较为合适。因为针对要开发的系统，用户已经提供了完整的需求说明，软件需求已经很明确了，软件项目组又有开发类似项目的经验，所以采用开发人员都熟悉的瀑布模型来开发本项目。

11.5 能力成熟度模型

软件过程是软件开发人员开发和维护软件及相关产品（如项目计划、设计文档、代码、测试用例和顾客手册）的一套行为、方法、实践和转化过程。软件过程的优劣代表了软件开发的水平。如何改进软件过程是项目管理的一个重要内容。

11.5.1 能力成熟度模型概述

能力成熟度模型（Capability Maturity Model，CMM）是美国卡内基梅隆大学软件工程研究所（SEI）在美国国防部资助下于 20 世纪 80 年代末建立的，用于评价软件机构的软件过程能力成熟度，经过几年的使用在 1991 年和 1993 年两次修改，现已成为具有广泛影响的模型。起初其主要目的在于为大型软件项目的招标、投标活动提供一种全面而客观的评审依据，发展到后来，又同时被应用于许多软件机构内部的过程改进活动。

CMM 定义了当一个软件组织达到不同的过程时应该具有的软件工程能力。它描述了软件过程从无序到有序、从特殊到一般、从定性管理到定量管理、最终到达可动态优化的成熟过程。CMM 提供了一个框架，将不同软件组织所拥有的不同软件过程，根据其过程的成熟度划分成由低到高的 5 个级别，并给出了该过程中 5 个成熟阶段的基本特性和应遵循的原则、采取的行动，以帮助软件组织改进其软件过程。

CMM 将软件过程的成熟度分为 5 个等级，如图 11.4 所示，这 5 个级别是初始级（又称为 1 级）、可重复级（又称为 2 级）、已定义级（又称为 3 级）、已管理级（又称为 4 级）和优化级（又称为 5 级）。CMM 这 5 个成熟度级别确定了用于度量一个软件机构的软件过程成熟度和评价其软件过程能力的一种顺序等级，它为软件机构的过程改进提供了由低到高、由浅入深的明确方向和目标。

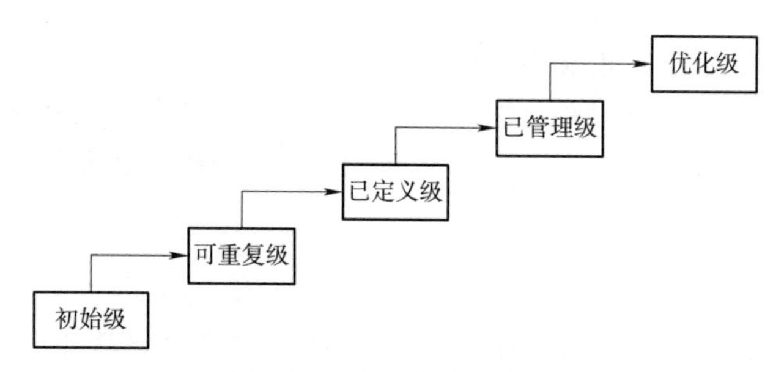

图 11.4　软件过程成熟度模型

CMM 对 5 个成熟度级别特性的描述，说明了级别之间软件过程的主要变化。从 1 级到 5 级，反映了一个软件机构其软件过程的优化过程。每一个成熟度级别都是软件机构改进其软件过程的一个台阶，后一个成熟度级别是前一个级别中的软件过程的进化目标。CMM 的每个成熟度级别中都包含一组过程改进的目标，满足这些目标后，一个机构的软件过程就从当前级别进化到下一个成熟度级别中，而每提高一个成熟度级别，就表明该软件机构的软件过程得到了一定程度的完善和优化，过程能力得到增强。CMM 就是以这种方式支持软件机构在软件过程中的过程改进活动。软件机构可以利用 CMM 所建立的评定标准对过程改进活动做出计划。

11.5.2　能力成熟度模型的 5 个等级划分

1. 初始级

这个级别的软件过程的特点是无秩序的，偶尔甚至是混乱的，项目进行过程中常放弃当初的计划；管理无章，缺乏健全的管理制度，几乎没有什么过程是经过定义的；开发的项目成效不稳定，所开发产品的性能依赖于个人的努力。

2. 可重复级

在可重复级，软件机构建立了基本的项目管理过程去跟踪成本、进度、功能的实现及质量。实现了管理制度化，建立了基本的管理制度和规程，管理工作有章可循。已确定了项目标准，并且软件机构能确保严格执行这些标准。对新项目的策划和管理过程是基于以前类似的软件项目的实践经验，使得有类似应用经验的软件项目能够再次取得成功。软件项目的策划和跟踪稳定性较好，为管理过程提供了可重复以前成功实践的项目环境。软件项目工程活动处于项目管理体系的有效控制之下，执行着基于以前项目的准则且合乎现实的计划。

3. 已定义级

这个等级的开发过程，包括技术工作和管理工作均已实现标准化、文档化；建立了完善的培训制度和专家评审制度；全部的技术活动和管理活动均稳定实施；在已建立的产品生产线上，成本、进度、功能和质量都受到控制且软件产品的质量具有可追溯性；对项目进行中的过程、岗位和职责均有共同的理解。

4. 已管理级

在这个级别中，软件机构对软件产品和过程建立了定量的质量目标；过程中活动的生产率和质量是可度量的，软件过程在可度量的范围内运行；实现了项目产品和过程的控制；可预测过程和产品质量趋势，如预测偏差，实现及时纠正。

5. 优化级

在优化级，软件机构以防止缺陷出现为目标，集中精力进行不断的过程改进，采用新技术、新方法，拥有识别软件过程薄弱环节的能力并有充分的手段来改进；软件机构可取得软件过程有效的统计数据和反馈信息，并可据此进行分析，从而得到软件工程实践中最佳的新方法。

11.5.3 关键过程域

除去初始级以外，其他 4 个等级都有若干个指导软件机构改进软件过程的要点，称为关键过程域。关键过程域是一组相关的活动，完成了这些活动，就达到了被认为是对改进过程能力非常重要的一组目标。每一个关键过程域是一组相关的活动，且这些活动都有一些达标的标准，用以表明每个关键过程域的范围、边界和意图。为达到关键过程域的目标所采取的手段可能因项目而异，但一个软件机构为实现某个关键过程域，必须达到该关键过程域的全部目标。只有一个机构的所有项目都已达到某个关键过程域的目标，才能说该软件机构的以该关键过程域为特征的过程能力规范化了

对于基于不同应用领域及环境的不同项目，实现关键过程域目标的途径也不同。达到一个成熟度等级，必须实现该等级上的全部关键过程域。要实现一个关键过程域，就必须达到该关键过程域的所有目标。每个关键过程域的目标总结了它的关键实践，可以用来判断一个机构或项目是否有效地实现了关键过程域。目标说明了每一个关键过程域的范围、界限和意义。在一个具体的项目或机构环境中，当调整关键过程域的关键实践时，可以根据关键过程的目标，判断这种调整是否合理。类似地，当评价完成关键过程域的替代方法是否恰当时，可以使用目标来确定这种方法是否符合关键过程域的意义。见表 11.3。

表 11.3 各成熟度等级对应的关键过程域和主要工作

级　别	关键过程域	主要工作
1. 初始级		• 过程活动杂乱无序 • 开发过程的可重复性差
2. 可重复级	• 需求管理 • 软件项目策划 • 软件项目跟踪和监控 • 软件子合同管理 • 软件质量保证 • 软件配置管理	• 客户与软件项目间对客户要求有共同理解 • 制定软件工程和软件管理的合理的计划 • 建立适当的对实际进展的跟踪和监控 • 选择合格的软件承包方，并有效管理 • 提供对软件项目所采用的过程和产品质量的适当的可视性 • 需求变更和产品基线控制
3. 已定义级	• 软件机构过程焦点 • 软件机构过程定义 • 培训大纲 • 集成软件管理 • 组间协调 • 软件产品工程 • 同行专家评审	• 规定软件机构在提高整体过程能力，改进软件过程活动方面的责任 • 开发和维持一批便于使用的软件过程财富 • 培训个人的技能和知识，以高效执行其任务 • 根据项目的要求裁剪和优化，将软件工程活动和管理活动集成为一个协调的定义良好的软件过程 • 制定组间合作的方法 • 一致的执行妥善定义的软件工程过程 • 通过设计评审、结构化走查或其他学院式评审方法实施同行评审

续表

级　别	关键过程域	主要工作
4. 已管理级	• 定量过程管理 • 软件质量管理	• 为已定义的过程建立一套详细的性能度量机制 • 为产品和过程设立质量目标，度量软件过程和产品
5. 优化级	• 过程变更管理 • 缺陷预防 • 技术变更管理	• 用第四级建立的度量机制，不断地改进软件机构中的软件过程 • 识别缺陷出现的原因，防止它们再次出现 • 识别能带来好处的新技术，以有序的方式引进这些新技术，能在不断变化的环境中高效率的创新

11.5.4　软件评估过程

利用 CMM 对软件机构进行成熟度评估，评估过程如下：

（1）建立评估组。评估组成员应对软件过程、软件技术和应用领域很熟悉，有实践经验且能够提出自己的见解。

（2）评估组准备。评估组具体审定评估问题，决定对每一个问题要求展示那些材料和工具。

（3）项目准备。评估组与被评估机构领导商定选择那些处于不同开发阶段的项目和典型的标准实施情况作为评估对象。将评估时间安排通知被评估项目负责人。

（4）进行评估。对被评估机构的管理人员和项目负责人说明评估过程。评估组与项目负责人一起就所列出的问题逐一对照审查，保证对问题的回答有一致的解释，从而取得一组初始答案。

（5）初评。对每个项目和整个机构作出成熟度等级初评。

（6）讨论结果。讨论初评结果。使用备用资料及工具演示，进一步证实某些问题的答案，从而决定可能的成熟度等级。

（7）作出最后的结论。由评估组综合问题的答案、后继问题的答案以及背景证据，作出最终评估结论。

本章小结

软件工程包括技术和管理两方面的内容，是技术与管理紧密结合的产物。本章主要介绍了软件项目管理。

软件项目的管理过程主要包括启动一个软件项目，度量、估算软件的开发成本，制订软件开发计划的进度安排，在开发后对进度进行严格控制并保证软件能按计划进行。

面向规模和功能的度量都普遍用于产业界。面向规模的度量使用代码行作为测量的基本参数。功能点则是从信息域的测量及对问题复杂度的主观评估中导出的。

软件项目通常有 3 种组织模式。在软件项目管理中，软件项目从制订项目计划开始。

软件开发中进度安排非常重要。进度安排一般遵循 40-20-40 规则，采用的图示法有甘特图等。

软件开发组织可以采用民主制小组、主程序员制小组和层次式小组的形式。

软件配置管理的目标是，使变化能够更正确且更容易被适应，在需要修改软件时减少为此而花费的工作量。

软件机构的软件过程成熟度直接关系到软件产品的质量，能力成熟度模型（CMM）是改进软件过程的有效策略，CMM 将软件过程的成熟度分为 5 个等级。

习题

一、填空题

1. 项目管理主要包括________、________、________。

2. 在项目初期，一般采用的成本估算方法是________。

3. 功能点方法中5类功能组件的计数项是______、______、________、________、________。

4. ________决定了项目在给定的金钱关系和资源条件下完成项目所需的最短时间。

5. ________是一种特殊的资源，以其单向性、不可重复性、不可替代性而有别于其他资源。

6. 在网络图中，箭线表示________。

7. ________是软件满足明确说明或者隐含的需求的程度。

8. 质量管理总是围绕着质量保证和________过程两个方面进行。

9. 组织结构的模式选择包括________、________、________。

10. 软件项目组织的原则是________、________、________。

二、选择题

1. 下列选项中属于项目的是（　　）。

A. 上课　　B. 社区保安　　C. 野餐活动　　D. 每天的卫生保洁

2. SEI能力成熟度模型把软件开发企业分为5个成熟度级别，其中（　　）重点关注产品和过程质量。

A. 重复级　　B. 确定级　　C. 管理级　　D. 优化级

3. 下列模型属于成本估算方法的有（　　）。

A. COCOMO模型　　B. McCall模型

C. McCabe度量法　　D. 时间估算法

4. 能力成熟度模型可以（　　）。

A. 使软件组织建立一个有规律的成熟的软件过程

B. 使用软件没有错误

C. 使软件开发人员掌握更多的技术

D. 避免开发人员跳槽

5. 针对功能点度量，下列说法正确的是（　　）。

A. 依赖于使用的语言

B. 不太适用于非过程化语言

C. 在设计完成的时候才能计算

D. 功能点数从直接度量软件信息域和评估软件复杂性的经验量化关系中获得

6. 有关软件项目进度安排的叙述，错误的是（　　）。

A. Gantt图常用水平线段来描述把任务分解成子任务，以及每个子任务的进度安排

B. Gantt图中线段的长度表示完成子任务所需要的时间

C. 工程网络图是一种有向图，用圆表示事件，用有向弧或箭头表示任务，有向弧或箭头的长度表示子任务持续的时间

D. 工程网络图只有一个开始点和一个终止点，开始点没有流入箭头，终止点没有流出箭头

7. 描述了建立一个过程能力所必须完成的活动的共同特性是（　　）。

A. 执行约定　　B. 执行能力　　C. 执行活动　　D. 目标

8. COCOMO 模型按其详细程度分为三级，其中（　　）COCOMO 模型是一个静态单变量模型，它用一个已估算出来的源代码行数为自变量的函数来计算软件开发工作量。

A. 基本　　B. 中间　　C. 详细　　D. 复杂

9. 在 CMMI 阶段表示法中，过程域（　　）属于已定义级。

A. 组织级过程焦点　　B. 组织级过程性能

C. 组织级改革与实施　　D. 因果分析和解决方案

10. 下述的（　　）属于 CMM 中的已管理级的关键过程域。

A. 缺陷预防　　B. 软件质量管理

C. 技术变更管理　　D. 过程变更管理

三、问答题

1. 请简述项目管理五个过程组及其关系。
2. 软件项目管理任务是什么？软件开发成本估算方法有哪些？
3. 什么是 IBM、COCOMO 成本估算模型？它们之间有什么不同？
4. 程序设计小组的组织形式有哪几种？

参考文献

[1] 田淑梅，廉龙颖，高辉 . 软件工程：理论与实践［M］. 北京：清华大学出版社，2011.

[2] 陈明 . 软件工程实用教程［M］. 北京：清华大学出版社，2012.

[3] 陶华亭，张佩英，邱罡，等 . 软件工程实用教程［M］. 2 版 . 北京：清华大学出版社，2012.

[4] 李代平 . 软件工程［M］. 3 版 . 北京：清华大学出版社，2011.

[5] 贾铁军，李学相，王学军，等 . 软件工程与实践［M］. 北京：清华大学出版社，2012.

[6] 沈文轩，张春娜，曾子维，等 . 软件工程基础与实用教程：基于架构与MVC模式的一体化开发［M］. 北京：清华大学出版社，2012.

[7] 赵池龙，程努华，姜晔，等 . 实用软件工程［M］. 北京：电子工业出版社，2011.

[8] 韩万江，姜立新 . 软件工程案例教程：软件项目开发实践［M］. 2 版 . 北京：机械工业出版社，2011.

[9] 王华，周丽娟 . 软件工程学习指导与习题分析［M］. 北京：清华大学出版社，2012.

[10] 吕云翔，刘浩，王昕鹏，等 . 软件工程课程设计［M］. 北京：机械工业出版社，2009.

[11] 张燕 . 软件工程：理论与实践［M］. 北京：机械工业出版社，2012.

[12] 耿建敏，吴文国 . 软件工程［M］. 北京：清华大学出版社，2012.

[13] 陆惠恩，张成姝 . 实用软件工程［M］. 2 版 . 北京：清华大学出版社，2012.

[14] 李军国，吴昊，郭晓燕，等 . 软件工程案例教程［M］. 北京：清华大学出版社，2013.

[15] 吕云翔 . 软件工程理论与实践［M］. 北京：机械工业出版社，2017.

[16] 郑人杰，马素霞，殷人昆 . 软件工程概论［M］. 2 版 . 北京：机械工业出版社，2014.

[17] 贲可荣，何智勇 . 软件工程：基于项目的面向对象研究方法［M］. 北京：机械工业出版社，2009.

[18] 吕云翔，赵天宇，丛硕 . UML 与 Rose 建模实用教程［M］. 北京：人民邮电出版社，2016.

[19] 摩尔 . 软件工程导论［M］. 马振晗，胡晓，译 . 北京：清华大学出版社，2008.

[20] 刘冰 . 软件工程实践教程［M］. 2 版 . 北京：机械工业出版社，2012.

[21] 张海藩 . 软件工程导论［M］. 5 版 . 北京：清华大学出版社，2008.